普通高等教育高职高专土建类"十二五"规划教材

建筑装饰施工技术

（第2版）

主　编　贾鸿儒　张爱云
副主编　越二寅　丁明清

U0230047

中国水利水电出版社
www.waterpub.com.cn

内 容 提 要

本书在编写中，不同模块的课题下包含了不同的学习情境，通过仿真工程式教学来提高学生对课题内容的理解。

本书的主要内容有：建筑装饰基础模块，包括建筑装饰装修施工的认识、施工组织与管理；家庭装饰装修施工技术模块，包括客厅装饰装修施工、卧室装修施工、厨房、卫生间装修施工、餐厅装修施工、阳台装修施工、儿童房装修施工技术等；公共空间装饰装修施工技术模块，包括公共机房装修施工、酒店标准间装修施工、KTV包厢装修施工、玻璃幕墙施工、洗浴中心装修施工技术等。

本书可作为建筑装饰专业及相关专业教学用书，也可作为建筑装饰行业的培训教材及从事该行业技术人员的参考书。

图书在版编目（CIP）数据

建筑装饰施工技术/贾鸿儒，张爱云主编 . —2 版
—北京：中国水利水电出版社，2012.2（2013.9 重印）
普通高等教育高职高专土建类"十二五"规划教材
ISBN 978 - 7 - 5084 - 9485 - 2

Ⅰ.①建… Ⅱ.①贾…②张… Ⅲ.①建筑装饰-工
程施工-高等职业教育-教材 Ⅳ.TU767

中国版本图书馆 CIP 数据核字（2012）第 024526 号

书　名	普通高等教育高职高专土建类"十二五"规划教材 **建筑装饰施工技术（第 2 版）**
作　者	主编 贾鸿儒 张爱云
出版发行	中国水利水电出版社 （北京市海淀区玉渊潭南路 1 号 D 座　100038） 网址：www.waterpub.com.cn E - mail：sales@waterpub.com.cn 电话：（010）68367658（发行部）
经　售	北京科水图书销售中心（零售） 电话：（010）88383994、63202643、68545874 全国各地新华书店和相关出版物销售网点
排　版	中国水利水电出版社微机排版中心
印　刷	北京市北中印刷厂
规　格	210mm×285mm　16 开本　13.5 印张　409 千字
版　次	2010 年 7 月第 1 版　2010 年 7 月第 1 次印刷 2012 年 2 月第 2 版　2013 年 9 月第 2 次印刷
印　数	4001—8000 册
定　价	**27.00 元**

普通高等教育高职高专土建类"十二五"规划教材
（建筑装饰工程技术专业）
编 委 会

前言

随着经济的发展和人民生活水平的提高，人们对室内装修和环境质量的要求也越来越高，加之近年来各种新材料、新工艺的应用，对建筑装饰施工从业人员提出了新的要求。结合这一实际情况，本书从装饰行业不同的模块，运用项目驱动的形式，以课题和相应的任务为载体，全面系统地介绍了建筑装饰各项工程施工技术，主要内容包括建筑装饰装修工程的基础知识，施工组织与管理，客厅、卧室、厨房、卫生间、餐厅、阳台、儿童房、公共机房、酒店标准间、KTV包厢装修施工、玻璃幕墙施工以及洗浴中心装修施工技术。

本书根据高等职业教育的特点，在编写过程中力求做到内容精练、通俗易懂、体系完整、反映新技术、新工艺、新材料，注重工程实际，以实训操作为主导，把理论知识与实践技能有机地、紧密地结合起来。根据本课程的教学特点，书中配有大量插图，各章还附有重点内容的思考题和实训课题，以便于教师组织教学和学生自学，符合高等职业教育的特色和培养目标。

本书可作为建筑装饰专业及相关专业教学用书，也可作为建筑装饰行业的培训教材及从事该行业技术人员的参考书。

本书的编写由甘肃林业职业技术学院贾鸿儒、山东水利职业学院张爱云担任主编，甘肃林业职业技术学院越二寅、广州华立科技职业学院丁明清担任副主编，太原电力高等专科学校罗艳霞、甘肃西北信诚监理公司曾令富、甘肃林业职业技术学院关琰芳参与编写，在编写过程中得到了各方面的大力支持和帮助，在此表示诚挚的感谢。

在本书的编写中，参考和应用了大量的文献和资料，在此向这些老师们表示诚挚的感谢。

由于时间仓促，水平有限，书中疏漏之处在所难免，恳请专家、同行和读者批评指正。

编 者

2010 年 3 月

目 录

模块 1　基　础　知　识

课题 1　建筑装饰装修施工概述

1.1.1　学习目标

<table>
<tr><td>

知识点

1. 了解装饰装修施工技术的意义、内容和特点
2. 熟悉装饰装修施工的基本方法与施工质量管理
3. 掌握建筑装饰装修施工的常用机具、不同施工机具的性能特点与使用方法

</td><td>

技能点

1. 掌握建筑装饰装修施工的基本方法，并结合实际对照不同功能区域的施工方法
2. 了解常用建筑装修施工机具的使用原理
3. 掌握装饰装修施工的主要机具及使用方法

</td></tr>
</table>

　　建筑装饰装修施工技术是依据装饰设计的基本原理，采用适当的材料和正确的结构，以科学的工艺方法，对室内外各空间和可移动设备进行的装修和布置，来营造一个实用、美观、具有整体效果的室内外环境的一种工作方式。

1.1.2　学习内容

1.1.2.1　建筑装饰装修的作用、特点、分类和基本要求

一、建筑装饰装修的作用

（1）保护建筑结构部件，提高建筑结构的耐久性。

由墙、柱、梁、楼板、楼梯等主要建筑部件，在使用过程中必定会受到室内外各种因素影响。对于室内环境而言，要做到对墙、地面的保护和装饰，使其免受室内人为活动引起的部件表面的破坏，对于室外环境而言，要注意对外墙面、柱、管等表面的保护和装饰，使其免受室外恶劣的自然条件和人为、机械活动引起的破坏，从而增强结构的坚固性，延长建筑物的使用寿命。

（2）改善和提高建筑物的围护功能，满足建筑物的使用要求。

对建筑物各个部位进行装饰装修处理，可以加强和改善建筑物的热工性能、提高保温隔热效果，起到节约能源作用；可以提高建筑物的防潮、防水性能；可以增加室内光线反射，提高室内采光亮度；可以改善建筑物室内音质效果，提高建筑的隔音吸音能力。另外，对建筑物各部位的装饰装修处理，还可以改善建筑物的内、外整洁卫生条件，满足人们的使用要求。

（3）美化建筑的内、外环境，提高建筑的艺术效果。

建筑装饰装修是建筑空间艺术处理的重要手段之一。建筑装饰装修通过对色彩、质感、线条及纹理的不同处理来弥补建筑设计上的某些不足，做到在满足建筑基本功能的前提下美化建筑，改善人们居住、工作和生活的室内外空间环境，并由此提升建筑物的艺术审美效果。

二、建筑装饰装修工程的特点

（1）工程量大。建筑装饰装修工程，量大、面广、项目繁多。在一般民用建筑中，平均每 m² 的

建筑面积就有 3~5m² 的内墙抹灰；对于高档次建筑装饰，其装饰工程量更大。

（2）施工工期短。工作量琐碎繁杂，难以把工程划分的很细，要求一工多能，手工作业比重较大。

（3）耗用劳动量大。由于设计工作非标准化，施工机械化程度低，手工作业、湿作业多，造成操作人员劳动强度大，生产效率低。一般建筑装饰装修工程所耗用的劳动量占建筑施工总劳动量的30%左右。

（4）占建筑总造价的比例较高。由于建筑装饰装修材料价格较昂贵，使得建筑装饰费用较高。一般占建筑的总造价30%以上，高档装饰则超过50%。

（5）材料、工艺更新速度快。进入新世纪后，中国已研制并生产出很多新型建筑装饰材料，新的施工工艺也不断涌现、层出不穷，推动了建筑装饰装修业的技术进步，同时也对业内人员提出了新的、更高的要求。要求业内人员不断学习、努力进取并提高整个行业的技术水平，以适应建筑装饰装修业发展的需要，也对建筑装饰职业教育提出了更高的要求。

三、建筑装饰装修工程分类

1. 按装饰装修部位分类

（1）室内装饰装修。室内装饰装修的部位包括：楼地面、踢脚、墙裙、内墙面窗台、门窗、洞口、柱、梁、顶棚、楼梯、栏杆扶手等。

也可按建筑室内空间每一个细划部位来予以分类，进行不同功能空间的装饰装修，主要有客厅、卧室、书房、厨房、卫生间等室内空间的装饰装修。

还可按室内空间的三个界面（顶、墙、地）分类进行不同的装饰装修。

（2）室外装饰装修。室外装饰装修的部位主要有：外墙面、散水、勒脚、台阶、坡道、窗台、窗楣、雨棚、壁柱、腰线、挑檐、女儿墙及压顶等。各部位的装饰装修要求和施工方法不尽相同。

2. 按装饰装修的材料不同分类

目前市场上可用于建筑装饰装修的材料种类繁多，从普通的各种装饰装修材料到各种新型材料，层出不穷、数不胜数。其中常用的有以下几类。

（1）各种灰浆材料类。如水泥砂浆、混合砂浆、石灰砂浆等。这类材料可用于内、外墙面、楼地面、顶棚等部位的抹灰装修层。

（2）水泥石渣材料类。即以各种颜色、质感的石渣作骨料，以水泥作胶凝剂的装饰材料。如水刷石、干粘石、剁斧石、水磨石等。这类材料装饰的立体感效果较强，除水磨石主要用于楼地面外，其余多用于外墙面的装饰装修。

（3）各种天然、人造石材类。如天然大理石、天然花岗石、青石板，人造大理石、人造花岗石、预制水磨石、釉面砖、外墙面砖、陶瓷锦砖（俗称马赛克）等。可分别用于内、外墙面及楼地面等部位的装饰装修。

（4）各种卷材类。如各种纸基壁纸、塑料壁纸、玻璃纤维贴墙布、无纺贴墙布、织锦缎。

（5）其他材料。如玻璃类的有与玻璃砖、雕花玻璃、玻璃马赛克；金属类的有铝箔、金箔以及铝塑复合；新型材料如膜和功能材料等。

四、建筑装饰装修工程的基本要求

1. 耐久性

外墙装饰装修的耐久性包含两个方面的含义，一方面是使用上的耐久性，指抵御使用上的损伤、性能减退等；另一方面是装饰装修质量的耐久性。它包括粘结牢固和材质特性等。

影响外墙装饰装修耐久性的主要因素有：

（1）大气污染与材质的抵抗力。

（2）机械外力磨损撞击与材质强度、安装粘结牢固程度。

（3）色彩变异与材质色彩的保持度。

（4）风雨干湿、冻融循环与材质的适应性。

外墙装饰装修的耐久性要由各项衡量标准来确定，其中装饰装修材料的性能指标和装饰装修施工的技术标准是关键的两个环节。一种新材料的问世，必须有科学的技术性能指标和使用要求才能得以推广。

2. 安全牢固性

牢固性包括外墙装饰的面层与基层连接方法的牢固和装饰装修材料本身应具有足够的强度。

面层材料与基层的连接分为粘结和镶嵌两大类。采用粘结连接，必须选用恰当的粘结材料及按合理的施工程序进行操作，才能收到好的效果。镶嵌类连接方式的牢固性主要靠紧固件与基层的锚固强度以及被镶嵌板材的自身强度来保证。此外，紧固件的防锈蚀也是很关键的一环。只有恰当地选择紧固方法和保证紧固件的耐久使用，才能保证装饰装修材料的安全牢固。

3. 经济性

装饰装修工程的造价往往占土建工程总造价的 30%～50%，个别装饰要求较高的工程可达 60%～65%。外墙装饰是装饰装修工程的重要组成部分之一，除了通过简化施工、缩短工期取得经济效果外，装饰装修材料的选择是取得经济效益的关键。

选择材料的原则是：

(1) 根据建筑物的使用要求和装饰装修等级，恰当地选择材料。

(2) 在不影响装饰装修质量的前提下，尽量用低档材料代替高档材料。

(3) 选择工效快、安装简便的材料。

(4) 选择耐久性好、耐老化、不易损伤、维修方便的材料，如：某些贴面砖的装饰，一旦面砖剥落维修较为困难。

1.1.2.2 建筑装饰装修施工技术质量管理

建筑装饰装修工程随着社会和科学技术的发展，新材料、新工艺、新结构的不断涌现，对施工技术过程中资金控制、材料质量控制、施工进度控制等方面都有了更高的要求。

一、投资控制

建筑装饰装修工程合理的投资是在满足建设单位所需功能、艺术效果的条件下，付出最少的建设资金。投资控制的监理工作主要注意以下几点：

(1) 建筑装饰装修工程的投资控制主要是在工程项目建设的前期进行可行性研究，协助建设单位正确地进行投资决策，控制好估计投资总额。

(2) 在设计阶段对设计方案、设计标准、总概算和概算进行审查，设计应要求在满足建设工程质量目标及使用功能的前提下，不超过计划投资并尽可能地节约投资费用。当监理控制工作中发现设计方案超出投资预算时，应及时向建设单位提出，由建设单位决定是否需要重新修改设计方案，以便控制投资。

(3) 在建设准备阶段协助建设单位确定合同标底和合同造价。

(4) 在施工阶段审核设计变更，核实已完工作量，进行工程进度款的签证及各方索赔控制。当在施工过程中，如遇到建设单位提出较大的设计变更时，要认真分析，慎重对待，充分研究设计变更对投资和进度带来的影响，并把分析后的利弊结果提交建设单位，由建设单位最后审定是否要作设计变更。

(5) 在工程竣工阶段配合审计部门审核工程结算。

二、进度控制

装饰装修工程的监理进度控制主要是在装饰装修工程项目建设前期通过周密分析确定合理的工期目标，作为招标文件的工期要求，纳入承包合同；在装饰装修工程项目具体实施期间通过运筹学、网络计划技术等科学手段审查施工组织设计和进度计划，分析进度目标逐层分解与细化措施的可行性，并在计划实施中紧密跟踪，排除干扰，做好协调与监督，使工期目标逐步实现，最终保证装饰装修工程项目建设总工期的实现。

由于每个装饰装修工程风格不同，工艺复杂深度也不一样，加上诸多专业工种交叉施工，所以进度计划的监理控制要抓住重点，理顺组织关系，实行科学、严谨的管理监督控制，实现每个控制节点的进度目标。这就要求装饰监理在审查施工单位报审的进度计划中，要有单项工程量，劳动力安排，在整体计划中还要求给水电、空调制冷、暖通、设备安装等施工安装留有穿插作业时间。在施工进度控制中严格监督施工单位按期完成计划内工程项目，对工期滞后项目及时发现分析原因，并要求施工单位采取有效纠偏措施，尽量避免进度计划的再调整，不得任由延误进度的累积，影响总工期目标。

装饰监理在每周定期召开的工程例会上，要针对现场前期施工进度情况，提出见解，合理统筹协调施工，对施工难度大，有可能会延长工期的项目尽量为施工单位提供施工方便条件，以达到全局进度计划的实施目的。

三、质量控制

装饰装修工程的监理质量控制贯穿于装饰装修工程项目实施的全过程，包括设计方案的选评，设计方案的磋商与图纸审核，控制设计变更；通过审查承包单位的资质，检查进场材料、构配件及设备的质量，对施工组织设计（方案）的审查等进行质量预控；通过重要技术复核、工序操作检查、隐蔽工程验收和工序成果检查认证来监督承包合同标准和国家相关标准的贯彻执行情况；通过阶段验收和竣工验收把好质量关等，是建设工程项目全过程质量控制的关键阶段。装饰监理需要具备丰富的经验和专业知识，在施工中能够及时发现质量问题，提出见解，讨论分析，降低施工中出现的质量缺陷，保证产品质量。

1. 设计方案

建筑装饰装修是以美学原理为依据，融建筑技术和建筑艺术为一体。一定的装饰效果在很大程度上要依靠一定的技术手段来实现，因此需要考虑设计方案的可操作性和利用各种装饰装修材料的特点，运用不断更新变化的设计技巧来实现这一艺术性很强的作品。为此，处理好装饰设计，装饰材料与施工管理等环节之间的关系，不断提高这方面的知识，掌握其内在施工关键性环节的管理，以促进在装饰装修施工中有针对性、指导性地进行监理是非常重要的。

2. 装饰装修材料

在装饰装修工程中，一般主要设备和材料的投资占整个装饰装修工程投资约60%～70%，对投资控制极为重要。装饰监理要充分研究主要材料、设备的用途和功能，了解建设单位的需求，保证主要材料、设备的选用及采购既经济实惠，又能满足使用功能要求，从而降低造价。

装饰装修工程所用材料的质量优劣对质量目标的影响非常关键。由于现在的装饰装修材料品种较多，质量好坏不一，很难识别，所以要对进场材料严格按装饰装修工程投标时的材料品种、质量进行验收控制。应要求施工单位对所有装饰装修材料在进场前，提前通知监理单位，对材料的品种、规格、外观、尺寸等进行验收，并将产品的合格证明书、中文说明书及相关性能的检测报告对照设计和标准的要求进行检查，进口产品还应按规定进行商品检验，对于须进行抽样检验复试的材料必须在监理人员的见证下，现场抽样送具有相应资质的测试单位进行复试检测，在得到合格的检测结果后方可正式使用。对未经验收或验收不合格的工程材料、构配件、设备等应拒绝签认，并应签发监理工程师通知单，以书面通知施工单位限期将不合格的撤出施工现场。

施工单位定购材料时一定要有厂家样品，材料成批进场时严格按样品验收，发现与样品不符坚决不准进场。严格检查原材料的搬运、存放，避免因二次搬运、存放过程造成材料变形、破损、变质、环境污染等质量缺陷。

3. 施工过程

《建筑装饰装修工程质量验收规范》（GB 50210—2001）中规定："建筑装饰装修工程施工前应有主要材料的样板或做样板间（件），并应经有关各方面确认。"因此，装饰监理应要求施工单位在大面积装饰装修开始施工前，提供主要材料的样板或制作样板间，会同建设单位、设计单位确认后，施工单位方可按照样板施工。当有多家单位施工时，为避免做法不统一而造成返工现象，可指定一家单位先做单项样板，经有关单位同意后统一按单项样板施工，保证整个工程的整体艺术效果。

装饰装修施工方案的施工过程质量核查一般应包括以下内容。

4

（1）需要在场外加工预制的构件和外协项目的施工措施和质量控制措施。

（2）现场制作的半成品、成品、零配件的安装就位方案，安全防范措施。

（3）协调并配合与设备安装单位的交叉施工措施。

依据施工总进度计划定期或按部位组织施工单位的主要现场管理人员，进行施工现场的全面联合检查，检查内容以施工质量、进度、安全三方面为主。在检查中发现问题及时要求进行整改，通过联合检查达到相互促进、相互提高的目的。

4．技术措施

施工单位要根据设计图纸、施工合同和规范要求进行施工组织设计（方案）。该施工组织设计（方案）要由承包单位公司及相关部门审核批准后，报监理和建设单位准许方可施工。施工单位应按有关的施工工艺标准或经审定的施工技术方案施工，并应对施工全过程实行质量控制。施工单位应遵守有关环境保护的法律法规，并应采取有效的措施控制施工现场的各种粉尘、废气、废弃物、噪声、振动对周围环境造成的污染和危害。

施工单位应遵守有关施工安全劳动保护、防火和防盗的法律法规，应建立相应的管理制度，并应配备必要的设备、器具和标识。

5．质量保证措施

建筑装饰装修工程的施工质量应符合设计要求和《建筑装饰装修工程质量验收规范》（GB 50210—2001）的规定。

违反设计文件和《建筑装饰装修工程质量验收规范》（GB 50210—2001）规定施工而造成的质量问题由该施工单位建筑装饰装修工程施工中，严禁违反设计文件擅自改动建筑主体承重结构或主要使用功能，严禁未经设计确认和建设单位有关部门批准擅自拆改水、暖、电、燃气、通风等设施。

建筑装饰装修凡涉及隐蔽验收的分项工程必须向建设单位及装饰监理报验，合格后方可进行下一道工序的施工。

制定保证设备设施使用功能、维修功能和检查功能的措施，避免因装修后影响设施的正常使用和维修。

6．施工质量控制

施工单位应按施工方案制定的施工程序施工。施工单位应做好各道工序的交接检查，对隐蔽工程必须进行验收并按规定做好记录，对不合格部位，坚决不允许施工单位进入下一道工序施工。装饰工程的隐蔽工程应重点验收保温、防腐、隔音、受力构件的锚固、电线管路、通风管道和防火等，并督促施工单位认真填写隐蔽工程验收记录。

建筑装饰装修工程应在基体和基层的质量验收合格后施工。对既有建筑装饰装修前，应对基层进行处理并达到《建筑装饰装修工程质量验收规范》（GB 50210—2001）的要求。

管道、设备等安装及调试应在建筑装饰装修工程施工前完成，当必须同步进行时，应在饰面层施工前完成。装饰装修工程不得影响管道、设备等的施工和维修。涉及煤气管道的建筑装饰装修工程必须符合有关安全管理的规定。

严格按相关规范、质量评定标准、设计要求及样板标准进行分项工程的验收，并按规定填写检查验收记录。施工单位在单项部位施工后，及时进行自检，并认真按要求填写检查记录，在自检合格的基础上报监理检查。对所检查出的不合格部位，坚决进行整改，装饰监理要严格复查整改情况。

7．成品保护

建筑装饰装修工程施工过程中应做好半成品、成品的保护工作，防止污染及损坏。成品保护是保证工程质量的重要环节，因此要求施工单位要认真制定各工序的成品保护措施，加强相互爱护成品的思想，养成自觉保护成品的习惯，加强成品保护的管理检查。

制定成品保护措施应切实可行，应建立健全完善的工序交接检查制度，加强隐蔽工程验收。制定保证设施的使用功能、维修功能、检查功能的措施，避免因后序装修工程影响设施的正常使用和维修。

建筑装饰装修工程要保证文明施工，施工作业面要保持干净整洁，严禁将装修材料乱堆乱放。

四、合同管理

装饰装修承包合同是监理单位站在公正立场采取各种控制、协调与监督措施，履行纠纷调解职责的依据，也是实施投资控制、进度控制和质量控制目标的出发点和归宿。装饰装修工程建设监理过程中的合同管理主要是根据监理合同的要求，对工程承包合同的履行、变更和分包进行监督、检查，对合同双方的争议进行调解和处理，以保证合同的依法全面履行。在装饰装修合同管理中着重做好以下几方面工作。

（1）合同分析，装饰监理最好能参加合同的制定与谈判，认真弄清楚一个合同的各项内容，找出合同的缺陷，以及发现和提出需要解决的问题，同时，对引起合同变化的事件进行分析研究，以便采取相应措施。

（2）建立合同目录、编码和档案，使用计算机辅助合同管理。

（3）合同履行的监督、检查。根据合同监督、检查所获的信息进行统计分析，及时发现合同执行中存在问题，根据法律、法规和合同的规定加以解决，以提高合同的履约率，使工程项目能够顺利建成。

（4）索赔是合同管理中的重要工作，对于索赔，装饰监理应当以公正的态度对待，按照事先规定的索赔程序做好处理索赔的工作。拟订各种工程文件、记录、指示、报告信件时，应当全面、细致、准确、具体，切记少用或不用口头协议。特别注意工程变更对合同的影响，应当对每一份变更进行可行性分析，防止由此而引起的索赔。

五、信息管理

在实施监理的过程中，装饰监理对所得到的信息进行收集、整理、处理、存储、传递、应用等一系列工作。进行信息管理的基础工作是建立一个以监理为中心的信息流结构；确定信息目录和编码，运用计算机进行科学管理。应建立信息管理制度以及会议制度等。例如，定期召开协调会议、沟通信息，便于工程顺利进行。

六、组织与协调

组织协调包括监理组织内部人与人，机构与机构之间协调。例如总监理工程师与各专业监理工程师之间、各专业监理工程师之间的人际关系，以及纵向监理部门与横向监理部门之间关系协调。组织协调还存在于项目监理组织与外部环境组织之间，其中主要是与项目业主、设计单位、施工单位、材料和设备供应单位以及与政府有关部门、社会团体、咨询单位、科学研究、工程毗邻单位之间的协调。为了做好组织调协工作，需要建立健全长效性的组织协调机制，包括协调内容、协调方式和具体的协调历程，采取指令等方式进行协调；设置专门机构或专人协调；召开各种类型的会议进行协调。例如每周一次的监理会，临时协调会等。只有做好了协调工作，各专业、各工种、各项资源以及时间、空间等方面才能实现有机的配合，使工程项目成为运行一体化的整体。

此外，根据《建设工程安全生产管理条例》及相关法律、法规的规定，安全管理也是监理工作中的一项重要内容。

1.1.2.3　建筑装饰装修施工的基本方法

作为一项装饰工程，影响质量好坏的因素很多，因此，对装饰监理最基本的要求，一是对现有材料的了解，二是对施工方法的全面理解与熟悉程度。对于不同的材料的理解，除了应对装饰材料的基本特征具有深刻的理解外，还应该清楚不同材料的施工特性，对具体的施工过程、施工顺序、施工方法、不同的构造等有全面的认识。

施工方法的出现、发展和改进很大程度上取决于不同的材料。目前，装修施工中常用的施工方法有抹、钉、卡等，总体可以分为：涂抹法、粘贴法、构筑法、装配法、综合法。

一、涂抹法

涂抹法就是将一种或几种液体材料用喷涂或抹揩的方法将其装修到建筑物或装饰构造表面的施工方法，这也是装修施工中最常用的施工方法，主要用于对室内外、墙面装饰，各种装饰构造表面处理等。

涂抹装饰施工的主要特点如下。

（1）涂抹材料的黏度和稠度对施工质量的要求较高，一般要求涂料的平流性好。

（2）涂抹施工对基层的要求较高，基层是否平整直接决定了表面的施工效果。

（3）施工简单，工效高。

二、粘贴法

粘贴法就是采用胶合材料将一种材料贴在另一种材料的表面上。胶合材料最常用的是胶黏剂，它在一定的条件下容易固化。装修施工中，粘贴是最常用的方法之一。如壁纸的粘贴、各种饰面板的粘贴等。

粘贴法施工具有如下特点。

（1）一般均为手工操作，无需机械设备。

（2）工艺简单，操作方便，工效高。

（3）采用胶粘的方法，可保证饰面表面完整无损，除清洁整理外，无需任何修补工序。

（4）胶黏剂的选择应恰当，胶合表面要洁净，无粉尘杂物、无污染。胶层厚薄要适宜，太厚易变脆、老化；太薄胶合不牢固。

（5）通过掺入各种助剂可以改变其原有性能，如加速或延缓固化，增强耐水、耐腐蚀性等。

三、构筑法

根据装饰装修设计的造型要求，需要在原有室内表面的基体上重新塑造出新造型；原有的建筑结构不能满足饰面的要求，需要建造新的基体。这种改变原有建筑结构、表面和形式并重新加以建造的方法称为构筑法。如龙骨架的制作安装、增设装饰柱、各种花格的制作与安装、门窗套的制作等均属此类。构筑法施工有如下特点。

（1）工艺复杂，但能充分体现施工技术水平。

（2）对设备、技术水平及加工精度要求高。

（3）结构复杂，操作难度较大。

（4）施工工期相对较长。

四、装配法

通过合适的连接件和专用配件将各种装饰物成品或半成品、各种材料采取机械定位的手段连接于建筑基体上的方法，称为装配法。如金属板的镶嵌、轻钢龙骨装配式吊顶、T形龙骨板材吊顶等。装配法施工依赖于各种连接件和专用配件，连接方式有刚性的也有柔性的，结构形式应是可拆卸的。

装配法施工有如下特点。

（1）要求施工精度高。

（2）操作方便，工作效率高，工时短。

（3）施工制成的成品形状规整，表面无损伤。

（4）施工有较强的顺序性，应制定合理的工艺流程。

（5）结构较复杂，技术要求高。

五、综合法

所谓综合法，就是上述四种方法中的两种或两种以上的混合施工方法。如钢骨架钙塑板隔墙的制作，其钢骨架的施工为构筑法，饰面板钙塑板的安装则为装配法。

1.1.2.4 建筑装饰装修常用施工机具

施工机具对装饰装修工程质量及工程进度都有重要的影响，对常用施工机具的熟悉程度直接决定着施工进度和施工质量。本小节主要介绍一些常用的建筑装饰装修施工机具,让学生在施工过程中通过不同的材料和装饰构造选用适当的施工机具,确保工程质量和施工进度。

1. 木工刨床

按照不同的工艺用途,木工刨床可分为平刨床、单面压刨床、双面刨床、三面刨床、四面刨床和精光刨床等。

图 1-1-1 木工平刨床

木工平刨床用来刨削工件的一个基准面或两个直交的平面。电动机经胶带驱动刨刀轴高速旋转,手按工件沿导板紧贴前工作台向刨刀轴送进。前工作台低于后工作台,高度可调,其高度差即为刨削层厚度。调整导板可改变工件的加工宽度和角度。拼缝刨床的结构与平刨床相似,但加工精度较高。平刨主要用于板材的拼合面的加工。如图 1-1-1 所示。

木工压刨床用于刨削板材和方材,以获得精确的厚度。单面木工压刨床的刨刀轴作旋转的切削运动,位于木料上下的四个滚筒使木料作进给运动,沿着工作台通过刀轴。双面木工刨床由两个刀轴同时加工,按刀轴布置方式的不同,可刨削工件的相对两面或相邻两面。三面木工刨床利用三个刀轴同时刨光工件的三个面。四面木工刨床利用 4~8 根刀轴同时刨光工件的四个面,生产率较高,适用于大批量生产。

2. 金属切割机

(1)小型钢材切割机。用于切割角铁、钢筋、水管、轻钢龙骨等。

1)规格。常见规格有 12 英寸、14 英寸、16 英寸几种,功率为 1450W 左右,转速为 2300~3800r/min。切割机外形如图 1-1-2 所示。

2)工作原理。该机根据砂轮磨削特性,利用高速旋转的薄片砂轮进行切割。

3)操作注意事项。操作时用底板上夹具夹紧工件,按下手柄使砂轮薄片轻轻接触工件,平稳匀速地进行切割。因切割时有大量火星,需注意要远离木器、油漆等易燃物品。调整夹具的夹紧板角度,可对工件进行有角度切割。当砂轮磨损到一半时,应更换新片。

(2)电动铝合金切割锯。铝合金切割锯是切割铝合金构件的机具。

1)电动铝合金切割锯常用规格有 10 英寸、12 英寸、14 英寸,功率为 1400W,转速为 3000r/min。

2)操作电动铝合金切割锯时应注意,压下手柄后,将合金锯片轻轻与铝合金工件接触,然后再用力把工件切下。

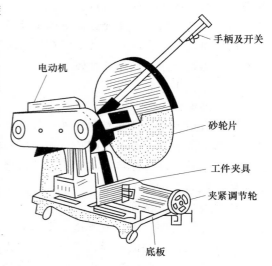

图 1-1-2 小型钢材切割机

3. 石材切割机

石材切割机主要用于天然(或人造)花岗岩等石料板材、瓷砖、混凝土及石膏等的切割,广泛应用于地面、墙面石材装修工程施工中。

该机分干、湿两种切割片。湿切割片主要用于对一些质地坚硬的石材进行裁切,起到对切割的冷却作用,在切割石材之前,先将小塑料软管接在切割机的给水口上,双手握住机柄,通水后再按下开关,并匀速推进切割。石材切割机外形如图 1-1-3 所示。

干切割片，干切割片主要用于对一些质地松软的石材进行裁切，由于裁切材料软，所以不用加冷却装置，可以直接进行裁切。

4. 电动圆锯

在使用时双手握稳电锯，开动手柄上的开关，让其空转至正常速度，再进行锯切工件。

在施工时，常把电动圆锯反装在工作台面下，并使圆锯片从工作台面的开槽处伸出台面，以便切割木板和木方条。

5. 轻型电钻

轻型电钻是用来对金属材料或其他类似材料或工件进行小孔径钻孔的电动工具。

电钻的规格以钻孔直径表示，有 10mm、13mm、25mm 等。转速为 950～2500r/min，功率为 350W 或 450W。轻型电钻操作时注意钻头平稳进给，防止跳动或摇晃，要经常提出钻头，去掉钻渣，以免钻头扭断在工件中。轻型电钻外形如图 1-1-4 所示。

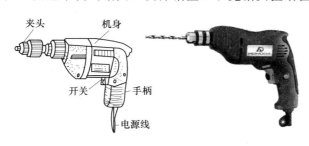

图 1-1-3 石材切割机

6. 冲击电钻

冲击电钻，亦称电动冲击钻，它是可调节式旋转带冲击的特种电钻。

（1）用途。冲击电钻广泛应用于建筑装饰工程以及安装水、电、煤气等方面。

（2）规格。冲击电钻的规格以最大钻孔直径表示，用做钻混凝土时，有 13mm、20mm 等几种；用做钻钢材时，有 8mm、10mm、13mm、20mm、25mm 几种；用做木材钻孔时，最大孔径可达

图 1-1-4 轻型电钻

40mm。功率为 300～700W，转速为 650～2800r/min。

（3）使用注意事项。

1）使用前应检查工具是否完好，电源线是否有破损，以及电源线与机体接触处有无橡胶护套。

2）按额定电压接好电源，选择合适的钻头，调节好按钮，将刀具垂直于墙面钻孔。

3）使用时有不正常的杂音应停止使用，如发现转速突然下降应立即放松压力，钻孔时突然刹停应立即切断电源。

4）移动冲击电钻时，必须握持手柄，不能拖拉电源线，防止擦破电源线绝缘层。

7. 射钉枪

射钉枪是装饰工程施工中常用的工具，它要使用射钉弹和射钉，由枪机击发射钉弹，以弹内燃料的能量将各种射钉直接打入钢铁、混凝土或砖砌体等材料中。

8. 电动曲线锯

电动曲线锯由电动机、往复机构、风扇、机壳、开关、手柄、锯条等零部件组成。中齿锯条适用于锯割有色金属板材、层压板；细齿锯条适用于锯割钢板。

（1）特点。电动曲线锯具有体积小、质量小、操作方便、安全可靠、适用范围广的特点，是建筑装饰工程中的理想的锯割工具。

（2）用途。装饰装修工程中，电动曲线锯常用于铝合金门窗安装、广告招牌安装及吊顶工程等。

（3）规格。电动曲线锯的规格以最大锯割厚度表示，锯割金属可用 3mm、6mm、10mm 等规格的电动曲线锯，如锯割木材规格可增大 10 倍左右。空载冲程速率为 500～3000 冲程/min，功率为 400～650W。电动曲线锯外形如图 1-1-5 所示。

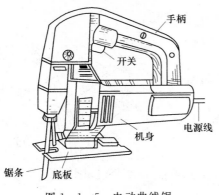

图 1-1-5　电动曲线锯

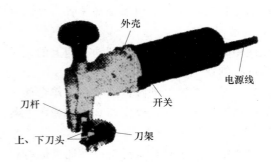

图 1-1-6　电动剪刀

（4）操作注意事项。

1）锯割前应根据加工件的材料种类，选取合适的锯条。若在锯割薄板时发现工件有反跳现象，表明锯齿太大，应调换细齿锯条。

2）锯割时，向前推力不能过猛，若卡住应立刻切断电源，退出锯条，再进行锯割。

3）在锯割时不能将曲线锯任意提起，以防损坏锯条。使用过程中，发现不正常声响、水花、外壳过热、不运转或运转过慢时，应立即停锯，检查修复后再用。

9. 电动剪刀

（1）特点。电动剪刀使用安全、操作简便、美观适用。

（2）组成。电动剪刀主要由单项串激电动机、偏心齿轮、外壳、刀杆、刀架、上、下刀头等组成。电动剪刀外形如图 1-1-6 所示。

（3）规格。电动剪刀的规格以最大剪切厚度表示。剪切钢材时，有 1.6mm、2.8mm、4.5mm 等规格，空载冲程速率为 1700～2400 冲程/min，额定功率为 350～1000W。

（4）使用注意事项。

1）检查工具、电线的完好程度，检查电压是否符合额定电压。

2）使用前要调整好上、下机具刀刃的横向间距，刀刃的间距是根据剪切板的厚度决定的。

3）注意电动剪刀的维护，要经常在往复运动中加注润滑油，如发现上下刀刃磨损或损坏，应及时修磨或更换。

4）使用过程中，如有异常响声等，应停机检查。

10. 空气压缩机

空气压缩机（气泵）主要用于为装修施工机具提供动力来源，如喷油漆和喷涂料，压力为 0.5～0.8MPa，可供气量为 0.8m³，并可自动调压，电动机功率为 2.5kW。空气压缩机外形如图 1-1-7 所示。

11. 气动射钉枪

1.1.3　课后作业

【理论思考题】

1. 什么是建筑装饰施工技术？意义、内容和特点有哪些？

图 1-1-7　空气压缩机

2. 装饰装修施工的基本方法有哪些（分别举例说明）？

3. 列举 10 种常用的装修施工机具，说明各自的特点和应用领域。

【实训题】

参观施工工地或实训室施工机具。

课题 2　建筑装饰装修施工组织与管理

1.2.1　学习目标

<table>
<tr><td>

知识点

1. 建筑装饰装修施工组织设计在装饰施工中的概念、目的和意义
2. 施工组织设计的内容
3. 掌握装饰施工程序设计

</td><td>

技能点

1. 掌握施工组织设计在装修施工中的作用
2. 结合工程项目掌握施工组织设计的主要内容

</td></tr>
</table>

1.2.2　学习内容

1.2.2.1　施工组织设计

一、施工组织设计的概念

建筑装饰装修工程施工组织设计，是工程项目施工的战略部署、战术安排，对项目施工起着控制、指导作用，是投标文件技术标的核心。

建筑装饰装修工程施工组织设计，是装饰装修施工企业管理的重要内容。是企业经营管理延伸到生产第一线的经营管理，是企业赢得经济效益和社会效益的重要管理手段之一。施工组织设计编制水平及其实施水平，反映了一个装饰装修施工企业的经营管理水平。

施工组织设计的任务，就是根据建设单位的要求对施工图纸资料，施工项目现场条件，完成项目施工所需的技术、人力、物力资源量，经营管理方式，拟定出最优的施工方案。在技术上、组织上、施工管理运作上，做出全面、合理、科学的安排，保证优质、高效、经济和安全环保地完成施工任务。

施工组织设计是一项系统工程，它涵盖了施工组织学、工程项目管理学，而且与企业管理学、建筑经济技术学等学科相关。

近年来，国内装饰工程项目施工招标方式已经产生了很大变化，招标方对投标中技术标的要求水平逐步提高，尤其是较重大的施工项目及由外方直接管理或参与管理的施工项目，招标方对技术标要求的内容的深度也在逐步提高。投标过程中，开标时招标方对投标方技术标的要求以及评标过程中对施工组织设计的评审已经得到明确的验证。

施工组织设计是技术标的核心，它不仅在招标方评标过程中起着举足轻重的作用，而且与施工合同一样具有法律约束力。施工过程中，工程监理方认为必要时，随时可依据施工组织设计监督检查工程施工的任何环节。

建筑装饰装修企业，在经营管理和科技含量都在提高，建筑装饰装修市场竞争日益激烈，各建筑装饰装修企业为适应市场需要，提高市场竞争力，都加大了施工组织设计编制工作的力度，编制方法和水平都有很大提高。许多施工企业的施工组织设计文件，已经突破了多年沿袭的土建工程施工组织设计的内容和形式，在施工管理中发挥了重要作用。

二、建筑装饰装修工程施工组织设计的特点

建筑装饰装修工程是建筑工程的延伸，建筑装饰装修工程施工组织设计与建筑工程施工组织设计有共同的规律，但也有其自身明显的特点：

（1）建筑装饰装修只是建筑的一部分，无论是新建还是改建项目的建筑装饰装修工程施工，都与建筑专业的各方面紧密相关。装饰装修工程有些与通风空调、消防、电气给排水等专业同步施工，也

有些是与以上专业综合施工。因此，装饰装修施工中对以上各专业及管理有关方的协调配合至关重要。

（2）建筑装饰装修工程施工工期较短。

（3）建筑装饰装修工程施工，材料品种规格多，工艺复杂，工种多。装饰装修工程施工组织设计中的项目拟定、安排的科学性至关重要。

（4）随着建材生产的发展，新技术、新型装饰装修材料不断出现，同时，社会生活时尚潮流也在变化，因此，对于新材料、新工艺的应用必须相适应。

（5）过去建筑装饰装修工程施工大部分工作是手工操作，现场制作或分散加工。现在装饰部件工厂集约化加工生产，现场组装已经成为发展趋势。在施工组织中应高度重视。

（6）由于装饰装修施工竣工后，直接交付业主使用，装饰装修施工中的设计材料、工艺、管理等各方面的节能环保要求十分突出。

三、建筑装饰装修工程施工组织设计的种类

根据建筑装饰装修工程施工不同的规模、不同的施工特点以及工程技术的复杂程度等因素，应相应地编制不同深度与类型的施工组织设计。施工组织设计是一个总名称。

（1）施工组织设计一般可分为施工组织总设计、单位工程施工组织设计和分部工程施工作业设计三类，如图 1-2-1 所示。

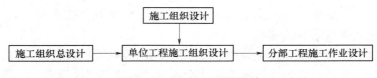

图 1-2-1　施工组织设计

施工组织总设计的对象是一个建筑群体。一个宾馆装修工程，施工项目包括客房、大厅、商业、餐厅、文体等诸多项目；施工专业包括装饰施工、机电施工；装饰装修施工中，既有现代装饰，又有仿古部分；一个项目施工就必须编制工程施工总设计。

（2）单位工程施工组织设计，其对象是某一具体建筑物或某建筑物中的某一施工标段。它有相对的独立性，但在施工工期、各项计划安排、人员组织等方面从属于施工组织总设计，受到施工组织总设计条件的制约。例如颐和园工程，施工组织总设计下，同时根据栋号施工的特点编制单位工程的施工组织设计。

（3）分部工程施工作业设计，是对单位工程施工中某分项工程更深入细致的施工设计，只有在技术复杂的工程或大型项目施工中才进行编制。因为不可能在单位工程施工组织设计中将过于详细的要求包括进去，而只能在分项工程施工作业设计中，详细拟定各种构造、材料、工艺、操作方法、技术质量标准、各种保证措施等，才能实现施工控制的目的和任务。

分部工程施工作业设计，不应被理解为施工组织设计中的施工工艺技术部分。实际上，分部工程施工作业设计是一个完整系统的计划，它一方面有相当的独立性，另一方面又受到单位工程施工及项目施工总设计的条件的制约。它所叙述的种种规定具有权威性以及连接过程中的科学性和系统性。而某些施工工艺虽然细致复杂，但与分部工程施工作业设计相比还是相对简单的，受其他方面条件的制约性也少。因此，分部工程施工作业设计不是施工工艺技术的范畴。

除了规模大、技术复杂的施工项必须编制分部工程施工作业设计外，在技术含量高、需要技术攻关的工程施工中也应当编制分部工程施工作业设计。

四、施工组织设计文件编制

（一）编制准备工作

（1）详细阅读招标文件和施工图纸，了解工程的特点规模、性质、风格、施工内容、质量、工期要求、技术难点和施工重点，并对有疑问的地方做好记录。

（2）到施工现场实地踏勘，核对施工现场建筑施工中遗留的问题或改建项目中的问题，弄清施工项目现场及周围环境特点、施工暂设、二次搬运等的条件，以及施工的难点，做好记录。

（3）将施工图及施工现场中存在的问题归纳成文件，按招标规定的方式和时间报招标单位。参加招标答疑会，做好会议记录，将招标答疑文件保存好。

（4）参加企业投标准备会，听取开发部的开发方针和意见，听取经营部、工程部关于施工项目班子的部署。

（二）施工组织设计编制

（1）据施工图纸及相关资料，列出主要施工空间和各分部分项工程表；对项目进行全面分析，找出施工中的重点和难点，确定施工部署（施工组织管理形式、施工阶段划分、施工工艺、工种安排、各项保障措施等）和施工难点的解决措施。

（2）根据经营部核算出的主要分项工程工作量清单套用定额进行测算。根据工期要求拟定施工劳动力计划、机具计划、施工材料计划、施工进度计划等。

（3）根据工程管理部的意见，落实项目经理部组成、项目经理部主要成员履历等资料。

（4）根据招标要求的格式和顺序编制技术标、施工组织设计文件。

（5）设计好施工平面布置图设计。

（6）技术标、施工组织设计文件编制完成后，报有关领导审批。

（三）施工组织设计编制要求

1. 针对性

（1）认真编写"工程概况"。根据招标文件、施工图纸、现场踏勘记录、招标答疑文件准确扼要地叙述工程概况，这项工作十分重要，它显示了投标单位对施工项目的理解和把握程度。

"工程概况"中着重点应有施工项目的主要分部分项工程及工程施工特点分析。它是施工组织设计中针对施工项目拟定和编制施工的准备、部署、施工工艺、各项保证措施、各项计划的前提和依据。

（2）编写"施工部署"。"施工部署"是施工的战略部署、战术安排。是施工组织设计文件体现针对性的重要组成部分。"施工部署"主要应有如下内容：

1）施工区段划分（各区段的施工特点）。

2）主要分部分项工程量表。

3）主要施工顺序、主要工艺流程（流水、交叉施工）；工程施工所需工种安排（说明主要工种的工作范围）。

4）重点施工空间说明。

5）施工现场平面布置图。

6）施工深化设计安排。

7）与业主、设计、监理、建筑各专业的协调配合措施等。

（3）招标要求投标方对施工质量和工期等作出承诺，施工组织设计中必须明确作出承诺回答。

（4）施工组织设计文件编制的内容、顺序、结构形式，必须符合招标文件要求。对施工项目需要的项目部人员、组织结构、劳动力、材料、机具设备、施工工艺、进度计划等几大要素作出安排。对于招标书中提出的与施工有关的问题，必须作出具体明确的回答，满足招标的要求。

（5）对招标书中提出或未提出，但工程项目施工中实际存在的难点、重点问题，必须编制出相应的对应措施和解决办法（甚至替甲方出谋划策），显示出自身的能力和实力。

（6）施工组织设计，必须根据招标要求和项目施工需要，准备好项目经理部主要成员工程履历、资质证明文件，及项目经理履历、资质证明文件。

2. 可行性

（1）在拟定工程施工项目部人员的组成时，所需任职人员的安排必须全面，避免缺职，以免造成现场管理失控。项目施工各部管理、各保证体系的人员职务安排必须前后一致，以使项目部各管理系统清晰、明确、高效、运作畅通。

（2）针对招标要求的施工质量目标、工期目标，拟定各项保证措施时，必须切合工程施工的特点需要。对以下可能出现的问题应拟定有相对应的可靠措施，证明该施工组织设计的可行性。

1）招标要求的超常规施工或提前竣工；（施工工作时间短于实际需要时间），或在特殊环境条件下（如外装修冬季施工、场地限制等）施工。

2）招标要求的或投标承诺的通过施工进一步降低成本。

3）落实施工中采用新技术、新工艺。

（3）施工所需的各种计划要齐全到位。劳动力计划拟定的人力资源，施工机具、设备计划的数量、品种、规格，要满足施工工程量、工期和施工管理的需要。施工需用材料总量计划应根据施工图纸分析做好。施工材料计划中的各种材料，应符合国家规定的质量检验标准及环保标准。

（4）对施工中的重点和难点，需要进行技术攻关的项目，应拟定相应的解决或攻关措施。

（5）施工质量、施工安全、环保文明施工保障等重要部分，从管理体系到具体管理措施应编制全面。

（6）根据施工项目编制分项工程所需的施工方案（施工工艺）。

3．科学性

编制工程施工劳动力计划、施工机具计划、材料计划、施工进度计划等，是一项科学性很强，要求相当严谨的工作。这些计划应以该项目分项工程工作量为基础，用定额进行测算拟定，计划的编制目标应达到节能降耗和高效。

（1）编制施工进度计划。

1）施工进度计划安排主要依据：主要分部分项工程工作量和用劳动定额测算的结果，施工区段划分及施工顺序的编排，现场施工条件的制约，外加工的成品、半成品情况、交叉、平行施工流程控制等情况编制。

2）施工进度计划编制还应考虑：各分项工程施工阶段的施工时程之间的互相搭接，互相影响及层次关系，以尽量缩短工期为原则。例如：①墙面基层工程大面积完成后，便可穿插工程面层收尾工作；②吊顶工程施工时，主要考虑吊顶上宽各项隐蔽工程的预先完成，并通过验收，同时注意隐蔽工程在标高上对吊顶标高施工的影响，避免因隐蔽工程未完成或标高未解决，影响吊顶工程施工；③工程施工面积较大，层次较多，单位功能空间面积较小，提供装饰施工流水作业的条件；④工程施工采用大量的成品、半成品由场外工厂化制作完成，到施工现场安装的新工艺就缩短了工期，减少了现场制作施工工序。

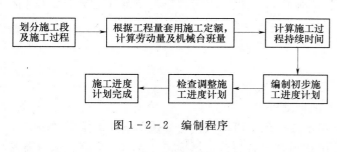

图 1-2-2 编制程序

3）施工进度计划的编制程序，如图 1-2-2 所示。检查调整施工进度计划：工期是否符合要求；劳动力、机械使用是否均衡；材料供应是否符合要求。

4）施工进度计划：应编制时标网络图及横道图，时标网络图应有检查控制的节点。

（2）编制施工材料计划。要有施工材料需用总量计划、施工材料进场计划（时间表）。施工材料进场计划应与施工进度计划在时间和工序上相对应。

（3）编制劳动力计划。应有劳动力投入总计划及劳动力投入动态图、进场时间表。劳动力投入动态图应与施工进度计划相对应。

（4）大型工程施工项目经理部组织机构图编制，除常规的现场任职人员外，还应加上工程指挥、工程总监、材料供应部门、成品半成品加工厂家、经济财务管理部门等。多个劳务队施工的情况应分清队伍组织等较明细的组织结构。

（5）应根据项目施工需要的工艺编制施工工艺。补充新编工艺应严格按照有关标准规范编制，并与原有工艺的编制格式相一致。

（6）在当前及今后环保要求日益增高的形势下，各种施工材料的检验标准在建筑装饰施工中至关重要。施工组织设计文件编制中，此项应作为重要内容。

4. 先进性

（1）施工组织设计的先进性，首先体现在施工管理上。施工组织设计编制中，应在施工管理部分重点叙述从企业到施工项目的先进管理模式。

（2）招标要求或施工图纸中提出的施工新材料、新工艺，或项目施工中涉及高科技、需要进行技术攻关的项目，必须编制出相应的技术措施和施工流程。

（3）应向业主、设计人员推荐经过实践已经成熟的施工新工艺技术。应向业主、设计人员全面介绍拥有的施工新机具。

（4）配合设计和经营部门，向业主重点介绍装饰装修部件成品场外工厂化、集约化加工，然后现场安装的新型施工技术。

（5）为体现施工组织设计的先进性，施工组织设计编制中，应具有本公司自己独有的施工革新、创新的有关内容、章节。

（6）施工组织设计文件编制中，在套用、引用范本、贯标文件、《作业指导书》时，应根据施工项目的内容和特点作适当的调改进行编辑，避免生搬硬套。

5. 技术标中施工组织设计编制的文字图表技术问题

（1）施工组织设计要求文字简练、明确，条理分明，逻辑清晰，避免一个问题前后多次重复，注意避免语法、修辞上（尤其是关键词语和数据）的错误。

（2）施工组织设计的打印字号、行距，内容编排顺序和方式，应严格按照招标要求，以免由于这些简单的技术问题导致废标。

（3）插图、表格要精致、整齐、一致、美观，同一图表最好不要分为两页，造成查阅困难。

（4）凡明标施工组织设计文件可加页眉和页脚（页码），页码必须与目录对应。尤其是在一个项目多标段同时投标的情况下，必须加打页眉和页脚，以免组标混乱差错。

（5）凡招标文件中已作暗标规定，施工组织设计文件任何地方都不得显示投标单位的名称、标志或任何能够显示出投标单位的标记。

1.2.2.2 施工程序设计

一、家庭装修工程的主要内容

一个家庭装修工程中，主要包括顶棚装修、墙面装修、地面装修、门窗制作与安装、厨房与卫生间装修、配套电器安装、细木工装修及家具制作等很多内容，可概括为结构工程、装修工程、安装工程和装饰工程四个类别，它们分别在装修工程中发挥不同的作用。结构工程在家庭装修中主要有阳台的封闭和改造、非承重墙的移位改造、电线电路的改造、上下水的改造、门窗的拆改、暖气管线和设施的改造等。结构工程为家庭装修其他工程做好前期准备。装修工程主要包括顶棚装修、墙体装修、地面装修、门窗装修等，是家庭装修工程的主要内容，是施工组织和管理的重点，也最能体现施工队伍的技术水平及综合素质。安装工程主要包括配套电器安装、照明灯线路安装、卫浴设备安装、厨房设备安装和其他配件的安装等内容，也是家庭装修工程的重要组成部分，其质量水平直接影响到家庭的日后使用。装饰工程主要包括室内配套家具制作、窗帘布艺设计安装、美术作品及艺术品的安装与摆放、各类装饰物的制作等内容，是对装修工程的进一步完善。

二、顶棚工程的目的和内容

家庭装修中顶棚工程的主要目的有三个：一是封闭室内的管道，使空间整洁、规矩；二是增加顶部艺术性，使顶部通过层次的增加提高装修的效果；三是调整室内空间的照明，使空间的照明协调、均匀、柔和。顶棚工程主要通过吊顶造型、花饰工程、照明灯及装饰灯的安装、饰面的涂刷和裱糊、饰面板的粘贴等来达到装修要求。

三、墙面工程的目的和内容

家庭装修中墙面工程的主要目的是保护结构，提高墙面的艺术性，便于日后维护清洁，提高使用过程中的安全性。墙面工程主要通过墙裙制作、暖气罩制作、墙面涂料涂刷、壁纸壁布的裱糊、安装非陶瓷墙砖，以及装饰板的粘贴、装饰角线的安装、壁灯的安装、开关插座的移位和增加、墙面装饰造型、挂镜线的安装等达到装修要求。

四、地面工程的目的和内容

家庭装修中地面工程的主要目的是保护结构安全，增强地面的美化功能，保证脚感舒适、使用安全、清理方便、易于保持。地面工程主要通过实木或复合地板的铺装、陶瓷地砖的铺粘、地毯或涂料的装饰等工程来达到装修要求。

五、门窗工程的目的和内容

家庭装修中门窗工程的目的是提高门窗的坚固性、安全性、隔音性、隔热性和防风雨能力，提高门窗的封闭性，增强门窗的美化作用，调整室内的采光。门窗工程通过窗户的加层或材料的调整、门窗的制作或更换、门窗套框的制作等达到装修设计的目的。

六、配套电器安装的目的和内容

家庭装修中配套电器安装的目的是提高室内环境质量，调控室内温度、湿度、气味，提高日常生活质量，减少家务劳作的强度和难度，使生活变得方便、舒适。配套电器安装通过电路的改造，插座的增加，空调、电热水器、抽油烟机等系列家用电器的安装、调试来实现。

1.2.2.3　施工程序组织

一、家庭装修施工组织的原则

家庭装修是子项目繁多的工程项目，其总的施工顺序应该是先进行结构工程，再进行装修工程，然后进行安装工程，最后是装饰工程。在总的施工顺序已定的情况下，制定具体施工程序还应注意掌握以下原则：

（1）成品保护的原则。在交叉作业和平行作业时，已经完成的装饰作品和成品必须采取严格的保护措施，如加以遮盖、封拦等，不要因其他工种施工操作对已完工装饰作品造成损坏和污染。

（2）工期最短的原则。组织交叉、平行作业的目的是缩短工期，施工组织要实现的一个基本目标也是用最快的速度、按设计要求完成工程。能否按约定的工期完成工程，是考核施工组织管理水平最主要的指标之一，所以，施工组织要以工期为标准，合理地组织施工，安排劳动力的投入。

（3）安全的原则。安全是产生效益、保证工期的基础。在装修施工中需要大量地使用电力、热力等能源，施工中材料、工艺也比较复杂，因此，确保施工安全，严防火灾、中毒等事故的发生，是施工组织者的重要职责。

二、家庭装修的整体施工程序

家庭装修作为一个工程项目，必须要有整体的实施计划，并科学地安排施工顺序，才能保证质量和工期。家庭装修安排施工顺序的一般原则应该是先里后外（即先基层处理，再做装饰构造，最后进行饰面装饰）、先上后下（即先做顶棚，再做墙面，最后装修地面）。

具体安排各工种的施工顺序如下。首先由瓦工对基层进行处理，清理顶、墙、地面，达到装修施工的要求，并同时进行水电线路的改造、改装。当基层处理达标后，木工开始进行吊顶作业，吊顶项目构造完工后，先不做饰面的处理，而是开始进行细木工装修，如制作木制暖气罩、门窗框套、木墙裙等。当细木工装修构造完成，并已涂刷一遍面漆进行保护后，墙、顶饰面的装修开始，如进行墙面、顶面的涂刷、裱糊等。墙面装修时，应预留空调等电器安装的孔洞及线路。地面装修应在墙面施工完成后进行，开始先进行地板、石材、陶瓷地砖等铺装，并安装踢脚板，铺装后应进行地面装修的养护。地面养护期后，进行细木工装修的油漆饰面涂刷作业，完工后装修工程基本结束。一般家庭装修在装修工程完工后，还要将配套的电器、设施、家具等安装、安置好，整个工程最后结束。家庭不同空间，装修的内容不同，使用的工种数量不同，如卫生间的装修木工使用很少，主要是瓦工作业，顺序就不同于卧室的施工顺序。

三、卧室装修的施工程序

卧室装修时管线较少，房间的规格也相对较好。在施工中，应遵循先顶面、再墙面、最后地面的总原则，以木工制作为主要内容，其他工种配合作业。

在施工中应特别注意以下问题：

（1）细木工装修未完工前，不能进行同空间的其他作业，以防污染和破坏木器表面，只能待上完第一道底漆后，才能进行墙体和顶面的涂刷和裱糊作业。

（2）在墙面工程施工时，一定要预留好空调等电器的安装线路，并做好电路的改造，防止后期安装时损坏墙和地面已装修好的部分。

四、厨房装修的施工程序

厨房装修应首先进行管线的调整，根据厨具设备的设计款式和规格，对水、电线路进行改造；然后进行吊顶工程作业和瓦工砌筑台柜槽等作业；砌筑工作完毕，经检验合格后，进行细木装修，制作门窗套框、暖气罩等；再进行墙体砖的粘贴作业，然后进行厨具的制作安装和地面装修作业，最后进行油漆工作业，表面装饰后接通煤气、上下水。

厨房装修中应特别注意：煤气接管不得改动，设计施工时也不得隐蔽煤气表盘。水、电线路改造完成，必须经检验合格后才能进行其他装修作业。制作安装厨具时，应按先吊柜、后底柜的顺序。

五、卫生间装修的施工程序

卫生间装修应首先进行水电线路的改造和调整，上水管路能够改为暗管的应尽量改为暗管，电路根据卫生间配套电器的数量和安装位置进行调整检验合格后，进行吊顶施工和细木装修，然后安装浴缸或制作浴房、浴缸，之后铺贴墙面瓷砖和浴缸裙板瓷砖墙面，施工完毕后，安装坐便器等卫生洁具和洗手台板等洗盥设备，最后进行铺贴地面和油漆作业。

1.2.3 课后作业

1. 什么是施工组织设计？其目的和意义有哪些？

2. 结合实际，工程项目施工组织设计的内容有哪些？列举说明装修施工程序设计。

模块 2　家庭装饰装修施工技术

课题 1　客厅装饰装修施工技术

2.1.1　学习目标

<table>
<tr><td>

知识点

1. 建筑装饰施工图纸、水电线路图纸
2. 轻钢龙骨石膏板吊顶、集成吊顶的构造类型及结构特点，选用合适的吊顶材料
3. 墙面处理的材料的选用，选择合理的施工流程，不同材料的特点及施工方法
4. 客厅地面装修材料的选用，了解不同材料的特点、施工工艺及处理方法
5. 客厅装修中，电气线路的走向，结合电流、电压等要素选用合适的线路材料
6. 电视主题墙装修材料的选用与施工方法
7. 客厅装修成品保护，施工质量验收标准及检验方法

</td><td>

技能点

1. 能识读客厅装修施工图，进行合理的施工组织设计
2. 根据材料及装饰构造的不同、能正确选用施工机具进行施工安装
3. 根据不同的功能区域选用合理的材料
4. 能按照轻钢龙骨石膏板吊顶施工工艺技术要求完成装修施工
5. 能按照乳胶漆墙面处理施工工艺和技术要求完成装修施工
6. 合理选用电气线路材料，再进行安装施工
7. 能正确判断施工质量问题，并能提出相应的预防措施

</td></tr>
</table>

2.1.2　相关知识

客厅是家人团聚、沟通感情的主要场所，更是集休闲、娱乐、会客、陶冶性情于一身的感情交流空间。客厅的装饰设计与施工、布置留给人的印象最深，它最能体现房间主人的性格、品位和文化底蕴。因此，客厅的装饰设计在整套住房的装饰设计中至关重要。

客厅的装饰设计，首先要着眼整体，兼顾到整个室内的空间、地面、墙体光线、环境以及家具的配置、色彩的搭配和处理等诸多要素，在设计装饰过程当中，保证以上要素的和谐统一。客厅装饰设计平面图及效果图如图 2-1-1、图 2-1-2 所示。

一、客厅装饰设计的基本要求

可以说，客厅是家居中活动最频繁的一个区域，因此如何装饰这个空间就显得尤其关键。一般来说，客厅装饰设计有如下的几点基本要求：

（1）空间的宽敞化。客厅装饰设计中，营造宽敞明亮的空间氛围至关重要，不管空间是大还是小，在室内装饰设计中都需要注意这一点，宽敞的感觉可以带来轻松的心境和欢愉的心情。

（2）空间的最高化。客厅是家居中最主要的公共活动空间，不管是否做吊顶装饰，都必须确保空间的高度。

（3）景观的最佳化。在室内装饰设计与施工中，必须确保从哪个角度所看到的客厅都具有美感，

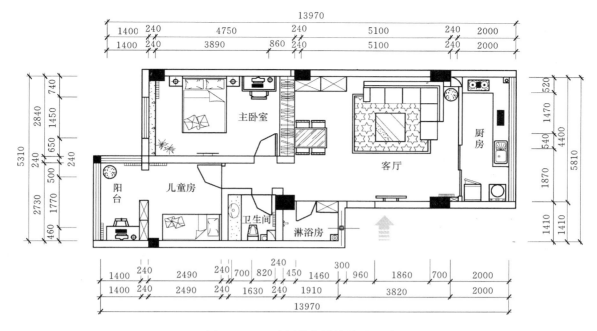

图 2-1-1　客厅装饰设计总平面图

图 2-1-2　客厅装饰设计效果图

这也包括主要视点（沙发处）向外看到的室外风景的最佳化，客厅应是整个居室装修最漂亮或最有个性的空间。

（4）照明的最亮化。客厅应是整个居室光线（不管是自然采光或人工采光）最亮的地方，当然这个亮不是绝对的，而是相对的。

（5）风格的多样化。对于业主来说，每一个家庭成员的个性或者审美特点并不完全相同，因此必须确保其风格被大众所接受。这种多样化的装饰设计与施工风格并非指装修得平凡一般，而是需要设计成相对和谐和比较容易接受的那一种风格。

（6）材料的通用化。在客厅装修施工中，必须确保所采用的装修材料，尤其是地面材质能适用于绝大部分或者全部家庭成员，例如在客厅铺设太光滑的砖材，可能就会对老人或小孩造成伤害或妨碍他们的行动。

（7）通道的最优化。客厅的布局应是最为顺畅的，无论是侧边通过式的客厅还是中间横穿式的客厅，都应确保进入客厅或通过客厅的顺畅。

（8）家具的适用化。客厅使用的家具，应考虑家庭活动的适用性和成员的适用性。这里最主要的考虑是老人和小孩的使用问题。

二、客厅的装饰设计

客厅的装饰设计，首先要着眼整体，兼顾到整个室内的空间、地面、墙体光线、环境以及家具的配置、色彩的搭配和处理等诸多要素，在装饰设计过程当中，保证以上要素的和谐统一。

1. 客厅墙体设计

客厅是家居设计最主要的部分之一，客厅的空间成为人们主要的活动空间，客厅使用面积占据家居的主要部分，因此客厅墙体的设计要求显得十分重要。客厅墙体的面积较大，容纳的因素较多，如图2-1-2所示，客厅墙体设计一般被称为"背景墙"设计，目前"背景墙"设计一般包括电视、音响、挂饰、彩色涂布，墙体本身由各种材料组配而成，在其周边可放置花草植物、陶瓷、漆器、玩具熊等工艺美术制品，这些与客厅的整体设计要和谐统一，装修风格、式样及色彩应对整个室内的装饰风格、式样、色调及家具起主导和衬托作用。墙体装饰不易过多过滥，以简洁为好，色彩应与客厅主体颜色相协调。

家居设计是一个整体，墙面设计也是如此，背景墙是由其他三面墙衬托的，设计要素也可以在其他三面墙上体现彼此相得益彰，如加挂一些装饰物件，悬挂一幅或一组画（山水画、字画），及精美浮雕等。

2. 顶棚和地面设计

顶棚与地面是组成客厅空间的两个水平面，顶棚的装饰处理对客厅空间的光线处理、层次处理及保持空间的完整性起到画龙点睛的作用。顶棚一般采用吊顶方式，如采用圆弧式或长方形吊顶，内装筒灯或射灯，也可以选用简单的石膏板吊线装饰空间。

地面是目前人们装饰客厅最重视的部分，花费的心力也最多，对地面的材料、色彩及质地的要求越来越高，并希望地面色彩、质地和图案能够撑得起客厅所有的布饰。实际上，地面材料的主要功能是，在保证客厅功能性需求的前提下，做到环保、整洁、防滑、耐磨。另外，地面与家具起着互相衬托的作用。地面材料可以选用釉面瓷砖、石材、实木地板或其他材料。选材时，质地、色彩固然重要，但也要选择辐射小、环保型材料。

3. 灯光设计

客厅装饰设计中，灯具不仅仅是照明器具，同时还具有装饰、艺术品位等方面的效果。在进行设计时，要根据客厅内的面积、高度、房间布局确定所需的光源体及光源的位置，并按照照度需要设计表源的功率，同时考虑装修设计的风格，作出恰当的选择。

首先要选择什么样的灯作为主光源。一般主光源为中央吊灯，款式要大方亮丽。同时还可增加一些向上、向下的灯具（壁灯、射灯），将使客厅的气氛更加温馨、雅致，立体感强。中央吊灯可选用传统的顶灯或枝形灯，若客厅面积较大，可在天花板四周装上错落有致的嵌顶灯。在沙发区，灯光应为可明暗调节的强光布局。若主人喜欢山水画，可在挂画前放置几盏射灯，四周其他墙壁上可点缀一些精巧的壁灯，这样的组合可使墙面、天花板、地面及家具和装饰品的灯照冷暖、明暗相配，和谐统一。

根据客厅的各种用途，可参照以下种类的灯具进行选择：

（1）背景灯：能够给整个房间提供一定亮度，起到烘托气氛的作用。

（2）展示灯（射灯）：为房间的特殊部位提供照明，如一幅挂画、一件雕塑、一组装饰品。

（3）照明灯：为看电视、看报纸、学电脑等具体功能提供照明。

（4）荧光灯：作为泛光使用，但不能调节亮度。

4. 色彩设计

客厅作为人们日常活动的主要场所，色彩应以典雅、明朗、整体感强的浅色调为主，局部可有一些色彩变化，或深、或浅，这样易产生舒畅、明快的环境氛围，但要注重与天花板、墙体及地板的色彩搭配。

5. 家具选购与摆设

以上设计工作完成以后，家具的选购、摆设就显得容易多了。客厅的家具要体现体贴舒适。选用家具时要尽量选用边缘是弧线，角度为圆角的，以免磕碰。配合客厅"主体墙"，家具可设计成一组组合柜系列，也可以设计成单一功能的电视柜和客厅低柜系列。

6. 艺术品在家庭装饰中的作用

当一个以及其他居室完成了主体装修后，"软装修"对最后的效果是否完美同样会起很大的作用。书画、精美瓷器艺术饰品的添加，能够体现出居室主人的文化修养、艺术品位及个人爱好。即便选用高档材料装修的客厅，如果没有恰当的艺术品点缀，仍会显得空洞、乏味。

2.1.3 学习情境

2.1.3.1 顶棚施工

一、任务和描述

按照设计要求，本客厅顶棚施工采用轻钢龙骨纸面石膏板吊顶，顶面施工如图2-1-3所示，根据现行国家标准《建筑用轻钢龙骨》（GB 11981—2001）的规定，建筑用轻钢龙骨型材制品是以薄壁镀锌钢板（带）、彩色喷塑钢板（带）或薄壁冷轧钢板（带）等为原料，经冷弯或冲压而成的薄壁型钢。用做吊顶的轻钢龙骨，其钢板厚度为0.27～1.5mm，这种龙骨具有自重轻、强度高、刚度大、防火性好、耐蚀性高、抗震性好、安装方便等优点，还可以使龙骨规格标准化，有利于大批量生产，提高吊顶工程的装配化程度。

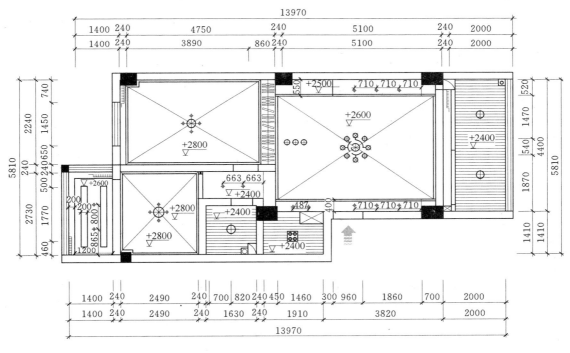

图 2-1-3 顶面设计图

二、任务要求

（一）构配件及材料要求

（1）轻钢骨架分U形、T形、H形、V形、C形骨架多种，并按荷载分上人和不上人。

（2）轻钢骨架主件为大、中、小龙骨；配件有吊挂件、连接件、挂插件。

（3）零配件有：吊杆、花蓝螺丝、射钉、自攻螺钉。

（4）按设计说明可选用各种罩面板、铝压缝条或塑料压缝条，其材料品种、规格、质量应符合设计要求。

（5）粘结剂：应按主材的性能选用，使用前做粘结试验。

（二）主要机具

主要机具包括：电锯、无齿锯、射钉枪、钳子、螺丝刀、扳手、方尺、钢尺、钢水平尺等。

（三）作业条件

（1）结构施工时，应在现浇混凝土楼板或预制混凝土楼板缝，按设计要求间距，预埋 $\phi6\sim\phi10$ 钢筋吊杆，设计无要求时按大龙骨的排列位置预埋钢筋吊杆，一般间距为 900～1200mm。

（2）当墙体和柱为砖砌墙时，应在顶棚的标高位置沿墙和柱的四周预埋防腐木砖。

（3）安装完顶棚内的各种管线及通风道，确定好灯位、通风口及各种露明孔口位置。

（4）各种材料全部配套备齐。

（5）顶棚罩面板安装前应做完墙、地湿作业工程项目。

（6）搭好顶棚施工操作平台架子。

（7）轻钢骨架顶棚在大面积施工前，应做样板间，对顶棚的起拱度，灯槽、通风口的构造处理，分块及固定方法等应经试装并经鉴定认可后，方可大面积施工。

三、任务实施

轻钢龙骨吊顶的施工工艺

现以轻钢龙骨纸面石膏板吊顶安装为例，说明轻钢龙骨吊顶的安装施工工艺，其工艺流程主要包括：交接验收→找规矩→弹线 →吊筋制作、安装→大龙骨安装→ 中龙骨安装→ 小龙骨安装 →罩面板安装→ 压条安装等。

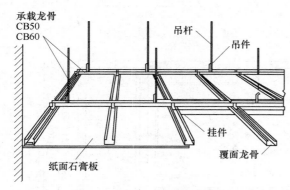

图 2-1-4　轻钢龙骨纸面石膏板顶棚吊杆示意图

轻钢龙骨纸面石膏板顶棚吊杆示意图如图 2-1-4 所示。

1. 轻钢龙骨安装前的准备工作

在轻钢龙骨安装前，应根据房间的大小和饰面板的尺寸种类，按设计要求合理布局，排列出各种龙骨的距离，绘制施工平面组装图，以施工组装平面图为依据，统计出各种龙骨、吊杆、吊挂件及其他配件的数量，然后备料。

2. 吊杆安装

（1）交接验收。在安装轻钢龙骨吊顶之前，对上一步工序进行交接验收，如结构强度、设备位置、电气线路以及灯具的布置等，均要进行认真检查，上一步工序必须完全符合设计要求和有关标准的规定，否则，不能进行轻钢龙骨的安装。

（2）找规矩。根据设计和客厅的实际情况，在吊顶标高处找出一个标准基平面与实际情况进行对比，核实存在的误差并进行调整，确定平面弹线的基准。

（3）弹线。放线是吊顶施工的标准，放线的内容主要包括：标高线、造型位置线、吊点布置线、大中型灯位线等。

弹线的顺序是先竖向标高，后平面造型细部，竖向标高线弹在墙上，平面造型和细部线弹在顶板上。

1）弹顶棚标高线：在弹顶棚标高线前，应先弹出施工标高基准线，一般常用 0.5m（称为五零线）为基线，弹在四周墙上。以施工标高基准线为准，按设计所定的顶棚标高，用仪器沿室内墙面将顶棚设计标高量出，并将此高度用墨线弹在墙、柱面上。如果顶棚有叠级造型者，其标高均应弹出。

2）弹水平造型线：对于规则的建筑空间，根据吊顶的平面设计，先在一个墙面上量出吊顶造型

位置距离，并按该距离画出平行于墙面的直线，再从另外三个墙面用同样的方法画出直线，便可得到造型位置外框线，再根据外框线逐步画出造型的各个局部的位置。然后以房间的中心为准，将设计造型按照先高后低的顺序，逐步弹在顶板上，并注意累计误差的调整。

对于不规则的建筑空间，可根据施工图纸测出造型边缘距墙面的距离，运用同样的方法，找出吊顶造型边框的有关基点，将各点连线形成造型线。

3）弹吊点位置线：根据造型线和设计要求，确定吊筋吊点的位置，并弹在顶板上。在一般情况下，吊点按一个每平方米均匀布置，灯具处、承载部位、龙骨交接处及叠级吊顶的叠级处应增设吊点。

4）弹吊具位置线：按照所有设计的大型灯具、电扇等的吊杆位置，用墨线弹在楼板的板底上，如果吊具、吊杆的锚固件必须用膨胀螺栓固定，应将膨胀螺栓的中心位置一并弹出。

（4）复检。在弹线完成后，对所有标高线、造型位置线、吊点布置线、吊具位置线等进行全面检查复核，如有遗漏和尺寸错误，均应及时补充和纠正。

（5）吊筋制作及安装。吊筋材料常采用钢筋、角钢、扁钢等，其规格应满足承载要求，吊筋与吊点的连接可采用焊接、钩挂、螺栓等方法，吊筋安装时应做防腐和防火处理。

吊点安装常采用膨胀螺栓、射钉、预埋铁件等方法。

1）预制钢筋混凝土楼板设吊筋，应在主体施工时预埋吊筋。如无预埋吊筋时，应用膨胀螺栓固定，并保证连接强度。

2）现浇钢筋混凝土楼板设吊筋，可以预埋吊筋、用膨胀螺栓或者用射钉固定吊筋。

3. 轻钢龙骨安装

（1）大龙骨安装。大龙骨也称为主龙骨，主龙骨按弹线位置就位，用吊挂件连接在吊筋上，将组装吊挂件的大龙骨，按分档线位置使吊挂件穿入相应的吊杆螺母，拧好螺母。然后安装洞口附加大龙骨，按照图集相应节点构造设置连接卡。最后固定边龙骨，采用射钉固定，设计无要求时射钉间距为1000mm。待全部主龙骨安装就位后，以一个房间为单位，将主龙骨进行调直、调平定位，将吊筋上的调平螺母拧紧，调平时，龙骨中间部分一般起拱高度不得小于房间短向跨度的3/1000。

（2）中龙骨安装。中龙骨也称次龙骨，主龙骨安装完毕即可安装中龙骨。中龙骨有通长和截断两种，通长者与主龙骨垂直，截断者（也叫横撑龙骨）与通长者垂直。按已弹好的中龙骨分挡线，卡放中龙骨吊挂件，中龙骨紧贴主龙骨安装，按设计规定的中龙骨间距，将中龙骨通过吊挂件，在交叉点用吊挂件将其固定在主龙骨上，吊挂件上端搭在主龙骨上，挂件U形腿用钳子卧入主龙骨内，并与主龙骨扣牢，不得有松动及歪曲不直之处。设计无要求时，一般中龙骨间距为500～600mm。中龙骨安装时应从主龙骨一端开始，高低叠级顶棚应先安装高跨部分，后安装低跨部分。当中龙骨长度需多根延续接长时，用中龙骨连接件，在吊挂中龙骨的同时相连、调直固定。

轻钢龙骨吊挂件、连接件示意图如图2-1-5～图2-1-7所示。

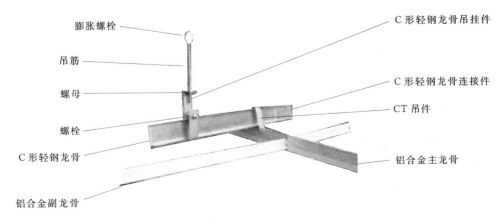

膨胀螺栓　　　　　　　　　　　　　　　　C形轻钢龙骨吊挂件

吊筋

螺母　　　　　　　　　　　　　　　　　　C形轻钢龙骨连接件

螺栓　　　　　　　　　　　　　　　　　　CT吊件

C形轻钢龙骨

铝合金主龙骨

铝合金副龙骨

图2-1-5　轻钢龙骨吊挂件

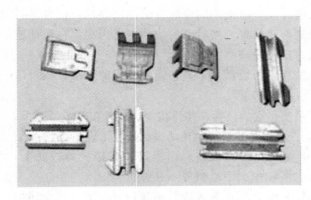

图 2-1-6 轻钢龙骨挂件示意图

（3）小龙骨安装（有时不用小龙骨）。按已弹好的小龙骨分挡线，卡装小龙骨吊挂件。按设计规定的小龙骨间距，将小龙骨通过吊挂件吊挂在中龙骨上，设计无要求时，一般间距为 500～600mm。当小龙骨长度需多根延续接长时，在吊挂小龙骨的同时，用小龙骨连接件将相对端头相连接，并调直后固定。当采用 T 形龙骨组成轻钢骨架时，应在安装罩面板时，每装一块罩面板之前之后各装一根卡挡小龙骨。

（4）附加龙骨、角龙骨、连接龙骨等的安装。靠近柱子周边，增加附加龙骨或角龙骨时，按具体

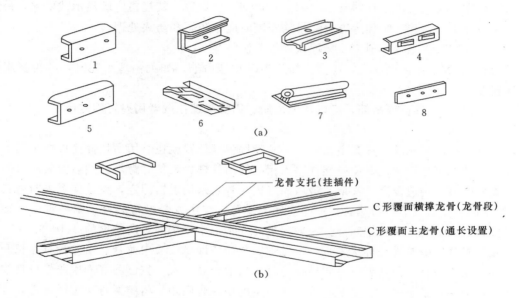

龙骨支托(挂插件)

C形覆面横撑龙骨(龙骨段)

C形覆面主龙骨(通长设置)

(b)

图 2-1-7 轻钢龙骨连接件及挂插件示意图
(a) 轻钢龙骨连接线（接长件）；(b) C 形龙骨挂插件
1, 2, 4, 5—U 形承载龙骨连接件；3, 6—C 形覆面龙骨连接件；
7, 8—T 形龙骨连接件

设计方案。凡是高低叠级顶棚、灯槽、灯具、窗帘盒等处，根据具体设计应增加连接龙骨。

不同形状的轻钢龙骨吊顶示意图如图 2-1-8～图 2-1-11 所示。

（5）灯具安装。一般轻型灯具可固定在中龙骨或附加的横撑龙骨上，较重的需吊在大龙骨或附加大龙骨上，重型灯具或电扇则不得与吊顶龙骨连接，而应另设吊筋吊挂。

（6）龙骨安装质量检查。上列工序安装完毕后，应对整个龙骨架的安装质量进行严格检查。

1）龙骨架荷重检查：在顶棚检修孔周围、高低叠级处、吊灯处和吊扇处等，根据设计荷载规定进行加载检查。加载后如果龙骨有翘曲，应增加吊筋予以加强，增加的吊筋数量和具体位置，应通过计算而定。

2）龙骨架安装及连接质量检查：对整个龙骨架的安装质量及连接质量进行彻底检查，吊杆距主龙骨端部距离不得大于 300mm；当大于 300mm 时，应增加吊杆。当吊杆与灯具等相遇时，应调整并增设吊杆。龙骨之间的连接件应错位安装。

3）各种龙骨的质量检查：对各种龙骨进行详细质量检查，如发现有翘曲或扭曲之处，以及位置不正、部位不对等，均应彻底纠正。

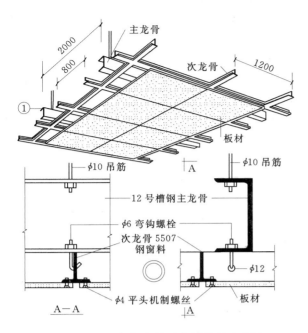

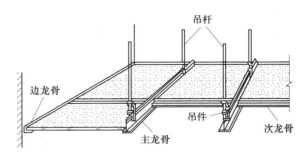

图 2-1-9　T形轻钢龙骨石膏板吊顶示意图

图 2-1-8　轻钢龙骨石膏板吊顶示意图

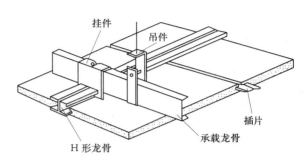

图 2-1-10　H形轻钢龙骨吊顶示意图

4. 纸面石膏板安装

（1）选板。普通纸面石膏板在安装以前，应根据设计的规格尺寸、花色品种进行选板，凡是有裂纹、破损、缺棱、掉角、受潮以及护面纸损坏者均不得使用，选好的板应平放于有垫板的木架上，以免沾水受潮。

（2）安装。在已安装好并经验收的轻钢龙骨下面，进行纸面石膏板安装。如果石膏板为长方形，应使纸面石膏板的长边（即包封边）与主龙骨平行，从顶棚的一端向另一端开始错缝安装（如果是正方形石膏板，则对缝安装），逐块排列，余量放在最后安装。一般石膏板与墙面之间应留 6mm 间

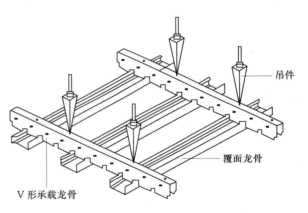

图 2-1-11　V形直卡式吊顶龙骨示意图

隙，板与板之间的接缝宽度不得小于板厚。每块石膏板用 3.5mm×25mm 自攻螺钉固定在中龙骨上，固定时应从石膏板中部开始，向两侧展开，螺钉间距 150～250mm，螺钉距纸面石膏板板边（纸面包封的板边）不得小于 10mm，不得大于 15mm，距切割后的板边不得小于 15mm，不得大于 20mm。钉头应略凹近板面，但不得将纸面打破，钉头应做防锈处理，并用石膏腻子抹平。

（3）石膏板安装质量标准。纸面石膏板安装完毕后，应对其安装质量进行检查，按照《建筑装饰装修工程质量验收规范》（GB 50210—2001）第 6.2.7 条至第 6.3.11 条执行。如：整个石膏板顶棚表面，用 2m 靠尺和塞尺检查，平整度偏差不超过 3mm；拉 5m 线，不足 5m 拉通线，用钢尺检查，接缝直线度不超过 3mm；用钢直尺和塞尺检查，接缝高低差不超过 1mm。

（4）石膏板缝处理。纸面石膏板安装质量检查合格后，根据板边类型及嵌缝规定进行嵌缝。可粘贴铝条或铝合金条盖缝，也可用石膏腻子嵌缝。如果用石膏腻子嵌缝，一般施工做法如下。

1）直角边纸面石膏板顶棚嵌缝。直角边纸面石膏板顶棚板缝，均为平缝，嵌缝时应用刮刀将嵌缝腻子均匀饱满地嵌入板缝内，并将腻子刮平（与石膏板面平齐）。

2）楔形边纸面石膏板顶棚嵌缝。楔形边纸面石膏板顶棚嵌缝，一般应采用三道腻子。

第一道腻子：应用刮刀将嵌缝腻子均匀饱满地嵌入缝内，将浸湿的穿孔纸带贴于缝处，用刮刀将纸带用力压平，使腻子从孔中挤出，然后再薄压一层腻子。用嵌缝腻子将石膏板上所有钉头处填平。

第二道腻子：等第一道腻子完全干燥后，再覆盖第二道嵌缝腻子，使之略高于石膏板表面，腻子宽200mm左右，另外在钉头处亦应再覆盖腻子一道，宽度较钉孔扩大出25mm左右。

第三道腻子：等第二道腻子完全干燥后，再薄压300mm宽嵌缝腻子一层，用清水刷湿边缘后用抹刀拉平，使石膏板面交接平滑，钉头处再覆盖嵌缝腻子一层，并用力拉平使与石膏板面交接平滑。

上述第三道腻子完全干燥后，在手动或电动打磨器上安装2号砂纸，将嵌缝腻子打磨光滑，打磨时不得将护纸磨破。

四、质量保证

（一）成品保护

（1）轻钢骨架及罩面板安装应注意保护顶棚内各种管线。轻钢骨架的吊杆、龙骨不准固定在通风管道及其他设备件上。

（2）轻钢骨架、罩面板及其他吊顶材料在入场存放、使用过程中应严格管理，保证不变形、不受潮、不生锈。

（3）施工顶棚部位时，对已安装的门窗，已施工完毕的地面、墙面、窗台等，应注意保护，防止污损。

（4）已装轻钢骨架不得上人踩踏，其他工种吊挂件不得吊于轻钢骨架上。

（5）为了保护成品，罩面板安装必须在棚内管道、试水和保温（对于地板辐射采暖）等一切工序全部验收后进行。

（二）检验方法

对于吊顶工程的各分项工程的检验批应按下列规定划分：

同一品种的吊顶工程每50间（大面积房间和走廊按吊顶面积30m² 为一间）应划分为一个检验批，不足50间也应划分为一个检验批。

检查数量应符合下列规定：每个检验批应至少抽查10％，并不得少于3间；不足3间应全数检查。

应注意的质量问题有：

（1）吊顶不平。原因在于大龙骨安装时吊杆调平不认真，造成各吊杆点的标高不一致。

（2）轻钢骨架局部节点构造不合理。在留洞、灯具口、通风口等处，应按图相应节点构造设置龙骨及连接件，使构造符合图册及设计要求。

（3）轻钢骨架吊固不牢。顶棚的轻钢骨架应吊在主体结构上，并应拧紧吊杆螺母以控制固定设计标高；顶棚内的管线、设备件不得吊固在轻钢骨架上。

（4）罩面板分块间隙缝不直。施工时注意板块规格，拉线找正，安装固定时保证平正对直。

（5）压缝条、压边条不严密平直。施工时应拉线，对正后固定、压粘。

2.1.3.2 墙面施工（乳胶漆墙面）

一、任务描述

乳胶漆内墙涂料的特点。

按照设计要求，客厅选用乳胶漆进行涂饰。乳胶漆是以合成树脂乳液为主要成膜物质，掺入适量的颜料、填料，以及保护胶体、增塑剂、耐湿剂、防冻剂、消泡剂、防霉剂等辅助材料，经过研磨或分散处理而制成的涂料。

乳胶漆可以在稍潮湿的墙面上施工，涂膜耐水、耐碱性能好，表面脏污可以擦洗，干燥迅速，装饰性好，使用和操作十分方便。乳胶漆花色品种多，分无光、平光、有光乳胶漆等三种，可以满足不

同装饰效果的需要，所以广泛应用于公共建筑和家庭装饰中。

二、任务要求

（一）施工准备

（1）材料为乳胶漆涂料。

（2）工具准备。基层处理用工具（尖头锤、刮铲、钢丝刷等）、涂料施涂用工机具（油刷、排笔、涂料辊、搅拌器、喷枪、弹涂器、空气压缩机等）。

（二）施工条件

（1）涂料工程应待抹灰、吊顶、地面等装饰工程和水电工程完工后方可进行。

（2）施工现场的温度不宜低于10℃，相对湿度不宜大于60％。

（3）涂料工程的基体或基层的含水率的控制小于10％。

三、任务实施

（一）乳胶漆施工的基层处理

乳胶漆可喷涂、辊（滚）涂、刷涂在混凝土、水泥砂浆、石棉水泥板和纸面石膏板等基层上。它要求基层具有足够的强度，无粉化、起砂或掉皮现象。

（1）清除基层表面灰尘和其他附着物，有油污的地方要把油污清除干净。

（2）有空鼓的地方将其敲掉，并进行重新抹面。

（3）有凸起的地方应将其磨平。

（4）有凸坑或孔洞的地方应将其填平。

（5）旧涂层要刮除干净后再进行如上的墙面处理。

（二）乳胶漆施工工艺

1. 乳胶漆喷涂施工工艺

喷涂施工的突出优点是涂膜外观质量好，工效高，适合于大面积施工，并可通过调整涂料黏度、喷嘴口径大小及喷涂压力而获得不同的装饰质感。

（1）喷涂施工的机具。主要有空气压缩机、喷枪及高压胶管等，也可以采用高压无气喷涂设备。

（2）一般喷涂工艺。

1）基层处理后，用稍作稀释的同品种涂料打底，或按所用涂料的具体要求采用其成品封底涂料，进行基层封闭涂装。

2）大面积喷涂前宜先试喷，以利于获得涂料黏度、喷嘴及喷涂压力的大小等施涂数据；同时，其样板的涂层附着力、饰面色泽、质感和外观质量等指标应符合设计要求，并经建设单位认可后再进行正式喷涂施工。

3）喷涂时，空气压缩机的压力控制在0.4～0.8MPa范围内，排气量一般为0.6m³/h。根据气压、喷嘴直径、涂料稠度适当调节气门，以将涂料喷成雾状为佳。

4）出料口与被喷涂的墙面垂直，喷嘴距墙面50cm左右，以喷涂后不流淌为宜，如图2-1-12所示。喷嘴应与被喷涂面作平行移动，运行中要保持匀速。纵横方向作S形连续移动，如图2-1-13所示。相邻两行喷涂面重叠宽度宜控制在喷涂宽度的1/3。当喷涂两个平面相交的墙角时，应将喷嘴对准墙角线。

顶棚和墙面一般喷两遍，两遍时间间隔约2h。若顶棚与墙面喷涂不同颜色的涂料时，应先喷涂顶棚，后喷涂墙面。

5）涂层不应出现有施工接茬，必须接茬时，其接茬应在饰面较隐蔽部位；每一独立单元墙面不应出现涂层接茬。如果不能将涂

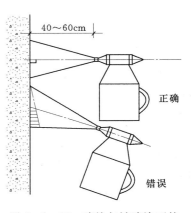

图2-1-12 喷枪与被喷涂面的
相对位置

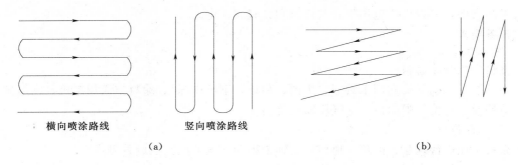

横向喷涂路线　　　　　竖向喷涂路线

（a）　　　　　　　　　　　　　　　　　　（b）

图 2-1-13　喷涂行走路线图

（a）正确的行走路线；（b）错误的行走路线

接茬留在理想部位时，第二次喷涂必须采取遮挡措施，以避免出现不均匀缺陷。若涂层接茬部位出现颜色不均匀时，可先用砂纸打磨掉较厚涂层，然后大面满涂，不应进行局部修补。

6）按设计要求进行面层较粗颗粒涂料喷涂时，涂层以盖底为佳，不宜过厚。喷嘴直径的选用，可根据涂层表面效果及所用喷枪性能适当选择，一般砂粒状喷涂可用 4.0～4.5mm 的喷嘴；云母片状可用 5.0～6.0mm 的喷嘴；细粉状可用 2.0～3.0mm 的喷嘴；外罩薄涂料时可用 1.0～2.0mm 的喷嘴。

2. 乳胶漆辊（滚）涂施工工艺

乳胶漆辊涂也称为滚涂，是将乳胶漆采用纤维毛辊（滚）筒类工具直接涂装于建筑基面上，或是先将底层和中层涂料采用喷或刷的方法进行涂饰，然后使用压花辊筒压出凹凸花纹效果，表面再罩面漆的浮雕式做法。采用辊涂施工的装饰涂层外观浑厚自然，或形成明晰的图案，具有良好的质感。

（1）辊涂施工的工具。辊涂所用的施工工具，最常用的是合成纤维长毛绒辊筒，绒毛长度为 10～20mm。有的表面为橡胶或塑料，此类压花辊筒主要用于在涂层上滚压出浮雕式图案效果。

（2）辊涂施工工艺。采用直接辊涂施工时，将蘸取涂料的毛辊先按 W 方式运动，将涂料大致辊涂于基层上，然后用不蘸取涂料的毛辊紧贴基层上下、左右往复运动，使涂料在基层上均匀展开，最后用蘸取涂料的毛辊按一定方向满辊一遍。阴角和上下口等转角和边缘部位，宜采用排笔或其他毛刷另行刷涂装饰和找齐。

浮雕式涂饰的中层涂料应颗粒均匀，用专用塑料或橡胶辊筒蘸煤油或水均匀滚压，注意涂层厚薄一致。完全固化干燥后（间隔时间宜多于 4h）再进行面层涂饰。

3. 乳胶漆刷涂施工工艺

乳胶漆刷涂施工主要用于较小面积的墙面涂饰工程，特别是装饰造型、美术涂饰或与喷涂、辊涂做法相配合的工序涂层施工。

（1）对基层的要求。基层表面应坚实、干净，没有浮土和油污；表面要平整，纹理质感均匀一致，否则由于光影的作用，会造成颜色深浅不一的感觉。新抹的水泥砂浆湿度大，碱性强，至少要一周后才能刷漆；水泥砂浆中不能加食盐类作为防冻剂，如加入则会使涂膜起皮脱落。

（2）使用时将乳胶漆充分搅拌，使颜色和稠度上下均匀一致。自己配色时，一定要选购耐碱、耐晒的酞菁系、氧化铁系的色浆，充分搅匀后才能使用，切忌用干的颜料粉直接掺入。

（3）刷第一遍乳胶漆。一般的涂料刷涂工程 2～3 遍即可完成，每一刷的涂刷拖长范围约为 20～30cm，反复涂刷 2～3 次即可，不宜在同一处过多涂抹，如果过多，易造成涂料堆积、起皱、脱皮、塌陷等弊病。两次涂刷衔接处要连续、严密，每一个单元的涂刷要一气刷完。刷涂顺序是先顶棚后墙面，墙面是按照先左后右、先上后下、先难后易、先边后面（先涂刷门窗口等边角部位，后涂刷大面）的顺序进行。

乳胶漆采用排笔涂刷，使用新排笔时，先用水泡湿，把活动的排笔毛埋掉，在乳胶漆中适当加入稀释剂并搅拌均匀，防止第一遍漆刷不开。涂刷时要上下顺刷，后一排笔紧接前一排笔。第一遍漆干燥以后，如果发现墙面还有凹凸不平或麻点，需要用腻子再修补一次，腻子干燥以后用砂纸磨光，扫除浮灰。

（4）刷第二遍乳胶漆。第二遍乳胶漆的操作要求与第一遍相同，但乳胶漆要稠些，不宜加入或少加入稀释剂，以防涂膜太薄露底。第二遍涂膜干燥以后用细砂纸将墙面上的小疙瘩和排笔磨掉（涂膜未干时，不要用手去拿墙面上的排笔毛，否则会留下划痕），打磨光滑后清扫干净。

（5）刷第三遍乳胶漆。操作方法与第二遍相同。由于乳胶漆涂膜干燥快，应连续迅速操作，涂刷从一头开始，逐渐刷向另一头，要上下顺刷相互衔接，避免出现干燥后接头。若间隔时间稍长，就容易看出接头，因此大面积涂刷时应配足人员，处理好接茬。

（6）乳胶漆是水乳型涂料，施工温度不得低于5℃，最佳施工温度为15℃以上。

4. 特殊情况的处理

刷漆前如在基础处理时发现墙体抹灰层有裂缝，应进行弥缝处理。缝隙上应延缝隙盖的确良（此种布薄，刮腻子后不明显突出墙面），再进行刮腻子处理，待干燥后涂刷乳胶漆就不再产生裂缝。

2.1.3.3 地面施工

一、任务描述

以如图2-1-14所示的二居室房间铺装强化木地板为例，铺装方法采用传统的实铺法，拼装花纹如图所示。在铺装前，先了解复合木地板的基本知识。

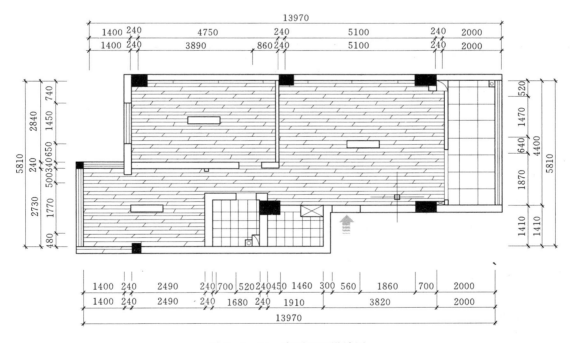

图2-1-14 客厅地面设计图

（一）复合木地板的特点

复合木地板也叫强化木地板是以高、中密度纤维板等为基材，表面覆盖耐磨层、装饰纸等，背面加平衡层制成。作为新型节能铺地材料，它具有独特的优势。复合木地板是基材选用人工速成林、小径林、枝丫材等木材，将其打磨碎加胶在高温高压下进行压制，克服了实木地板干缩湿胀的弱点，尺寸的稳定性和耐磨性也强于后者。

1. 复合地板主要性能优点

（1）与传统实木地板相比，规格尺寸大，铺设简便快捷，铺设后的地面整体效果好。

（2）图案、色彩、品种丰富，仿真各种天然或人造花纹，色泽均匀，视觉效果好。

（3）表面光洁度和耐磨性能远远高于实木地板，可防高跟鞋、家具的重压，抗压、抗冲击性能好。

（4）耐腐蚀、耐虫蛀、耐潮湿、抗静电，具有更高的阻燃性能，耐污染能力强。

（5）无需打蜡、抛光等表面处理，便于清洁、护理。

（6）尺寸稳定性好，因此可以保证在使用过程中地板间的缝隙较小，不易起拱。

（7）价格较便宜。

（8）相对于地砖而言重量轻，能减轻建筑的承载。

2. 复合地板主要缺点

（1）与实木地板相比，强化复合木地板由于密度较大，所以脚感稍差。

（2）复合木可修复性差，一旦损坏，必须更换。

（3）由于在生产过程中使用含有甲醛的胶粘剂，因此，该种地板存在一定的甲醛释放问题，若甲醛释放量超过一定标准，将对人身健康产生一定影响，并对环境造成污染。此外，还有其它一些挥发性有毒物质也对居住者构成一定威胁。

（二）复合木地板的规格

复合木地板的长度范围通常为800～2000mm，而宽度为182～225mm，厚度为6～12mm。消费者可根据房间的大小与地板款式和花色的匹配来进行规格的选择。

复合木地板由于表面装饰层很容易策划和设计，因此给复合木地板款式带来了丰富的表现力。按一块地板宽度方向，有几块地板图案就称为几拼板，可以分为单拼板、双拼板和三拼板。通常房间比较小的，宜采用双拼或三拼板，而房间比较大的则多选用单拼板。如图2-1-15所示。

图 2-1-15 强化复合木地板拼装图案

二、任务要求

复合木地板铺装前对室内条件要求如下。

1. 室内环境要求

安装环境温度应控制在10℃以上，相对湿度最好不高于80%且不低于40%，房间不渗水、漏雨；普通强化地板不适宜在浴室、洗手间、桑拿房及环境恶劣的公用场所使用。

2. 地面要求

（1）地面含水率不超过20%，否则地面应进行防潮处理，防潮处理方式可采用涂刷防水涂料或铺设塑料薄膜。

（2）地面基层应有足够的强度，其表面质量应符合国家有关标准的相关规定。

（3）地面平整度应满足铺装要求，用2m靠尺检测地面平整度，靠尺与地面的最大弦高不应大于5mm。

（4）墙面同地面的阴角处在200m内应互相垂直、平整，凹凸不平度小于1mm/m，超过误差部分须用水泥或快干粉进行找平，不垂直或无法平整处应与用户协商解决。

（5）地面应清洁无杂物。

（6）水泥地面应无开裂现象。

3．其他要求

如果是地采暖地面（电热或水暖），除应满足以上要求外，还应满足下列要求：

（1）在地板安装时，地面的含水率不应超过10％。

（2）在铺设地板前，应验证供热系统运行是否正常，并使所有剩余潮气蒸发出来。

（3）在地板安装前3～4天时，供热系统应降至适合的安装温度（房间内约18℃±3℃）。

（4）地采暖系统必须采用标准功能元件，供热时水泥地面的温度应不超过55℃。

（5）有地采暖系统的地面，严禁在地面上剔凿、钉钉、打洞等。

（6）地板铺装后，在使用中应确保地采暖系统供热温度均匀，避免局部区域地表温度太高，尽量保持地表恒温。

三、任务实施

铺设质量的好坏，直接影响强化复合木地板的美观、舒适和使用寿命。因此，必须重视科学的铺设方法，一定要规范施工。其铺设方法有以下几种：

（1）复合木地板悬浮铺设法。

（2）复合木地板毛地板龙骨铺设法。

（3）地面采暖辐射系统复合木地板铺设法。

（4）特殊场所如健身房、舞厅、室内篮球场等运动场所复合木地板毛地板龙骨铺设法。

（一）复合木地板悬浮铺设法

复合木地板一般采取悬浮式安装方法，连续铺装宽度方向不得超过6m，长度方向不超过15m。超过部分应加装过渡连接，相邻地板应预留伸缩缝隙，门口应截断。

1．施工前的准备

复合木地板选购的数量为铺设面积的总和，再加3％～5％左右裕量（房形异状还须增加损耗裕量）。

复合木地板专用胶为聚醋酸乙烯乳胶，常用的胶为D3、D4胶，一般随地板配套提供。

2．基层面处理

基层面要求平整、干燥、干净。基层面凸出处用铲刀铲平，铲平后若坡度或凹处明显，可用石膏粘结剂30％的粗砂抹平，待干透后扫去表面浮灰和其他杂质。力求平整度但不求光洁。

若在楼房底层或平房铺设复合木地板时，须作防潮层处理。一般可在地表面涂防水涂料、铺垫宝或将加厚农用薄膜铺设在地面上。若用农用薄膜铺底时，宜采用两层铺设法，第一层铺薄膜，铺时相互搭接200mm，两层的接缝相互错开，墙边还要上翘30～60mm（低于踢脚板）。

3．地板铺设

（1）安装前应检查地面是否平整、干燥、干净，门窗是否齐全，相关设施有无渗漏，并检查门与地面间隙是否足够，以便房门开闭自如。

（2）铺设地板的方向。长边方向通常与房间的光线方向相一致，或根据用户要求自左向右或自右向左依次铺装。

1）普通企扣地板。从房间的左侧开始安装第一排地板，将有槽口的一边向墙壁，加入专用垫块（铺装结束时，应取出），预留8～12mm的伸缩缝隙。测量出第一排尾端所需地板长度，预留8～12mm的伸缩缝后，锯掉多余部分，将锯下的不小于300mm长度的地板作为第二批地板的排头，相邻的两排地板短接缝之间不小于300mm。每排最后一片及房间最后一排地板须用专用工具撬紧。

2）锁扣地板。尽量从房间的门口开始安装第一排地板，将有榫舌的一边面向外，加入专用垫块（铺装结束时，应取出），预留8～12mm的伸缩缝；测量出第一排尾端所需地板长度，预留8～12mm的伸缩缝后，锯掉多余部分；将锯下的不小于300mm长度的地板作为第二排地板的排头，相邻的两排地板短接缝之间不小于300mm。地板长边与地面保持适当角度方向插入槽口，轻轻按下即可锁住地板。

（3）安装时随铺随检验，在试铺时应观察板面高度差与缝隙，检查合格后，才能施胶安装。最后一排地板，要通过测量其宽度，进行切割、施胶，用拉钩或螺旋顶使之严密。

（4）收口过桥安装。地板铺设长度超过 8m 或房间、厅、堂之间接口连接处，地板必须切断，留 8～12mm 的伸缩缝，并用收口条衔接，这样可以减少地板伸缩引起的起拱等现象。

（5）安装后 12h 内不得在地板上走动，其他后续作业应在 24h 后进行。

（6）踢脚板的安装。复合木地板可选用仿木塑料踢脚板、实木踢脚板和强化复合木踢脚板。在安装踢脚板时。先按踢脚板高度弹水平线，清理地板与墙缝中杂物，标出预埋木砖的位置，按木砖位置在踢脚板上钻孔，孔径应比木螺丝直径小 1～1.2mm，用木螺丝进行固定，踢脚板安装后务必把伸缩缝盖住。

（二）复合木地板毛地板龙骨铺设法

若要求客厅或办公室既耐磨又具有弹性和防潮的特性，可采用毛地板龙骨铺设法。

1. 铺设前准备

（1）毛地板：可采用 12～18mm 厚的胶合板或木板等材料，甲醛释放量应达到 E1 级（不大于 9mg/100g）。

（2）龙骨：可采用落叶松、白松、红松或杉木等，规格可为 20mm×40mm、30mm×40mm、30mm×50mm 或 40mm×50mm，含水率应与毛地板相同，并与当地含水率一致，最好采用防霉、防虫、防火、防水的"四防"龙骨。

2. 基层面处理

基层面要求平整、干燥、干净。基层面凸处铲平，凹处补平。

3. 防潮层处理

在楼房底层或平房铺设时，应作防潮层处理，可在地表面涂防水涂料或将加厚农用薄膜铺设在地面上。用农用薄膜铺底时，宜采用两层铺设法，相互搭接 20cm，接缝相互错开并用胶带粘结，墙边还要延伸（即上翘）5～6cm，但低于踢脚板。

4. 地板铺设

（1）龙骨铺设。

1）地面弹线。根据地板铺设方向，弹出龙骨铺设位置，龙骨间距应小于 350mm，每块地板至少应搁在三条龙骨上。龙骨应与墙面有 8～12mm 的伸缩缝。

2）龙骨固定。根据地面状况可采用电锤打眼法或射钉固定法。水泥地坪通常采用电锤打孔法，孔深度应大于 25mm，将防腐木塞打入孔中，把龙骨用铁钉固定在地面。龙骨应随时找平。

3）龙骨检查。龙骨固定后要进行全面的平直度和牢固性检查，合格后方可铺设毛地板。若地面下有水管或采暖设施，不宜采用此种铺设方法。

（2）毛地板铺设。毛地板铺设在龙骨上，每排之间应错缝安装，且错缝距离应大于 20cm，用铁钉或螺纹钉使毛地板与龙骨固定并找平。

（3）强化木地板铺设。在毛地板上将强化木地板按悬浮式铺设法进行铺设。

（三）地面采暖辐射系统复合木地板铺设法

1. 地暖系统用地板要求

地暖系统环境比较复杂，对地板的热传导性、尺寸稳定性要求较高。为确保热量更好地传导和避免地板变形，应选择厚度不大于 8mm 强化木地板。而普通的厚度超过 8mm 的实木地板、竹地板、实木复合地板及强化木地板不宜用于有地暖系统的场合。

2. 铺设前的要求

（1）施工前必须对地暖系统进行加温送水检测，水温至少达 50℃，地暖系统运行正常，并保温 12h 以上。确认无渗漏方可进行施工。未进行上述检测不可施工。

（2）不允许采用破坏地表的施工方法，以免破坏散热盘管。

（3）寒冷地区冬季施工时，应将地板提前存放在现场12h以上，以适应温差变化，减小地板变形。

（4）安装前应检查地面是否平整、干燥、干净，门窗是否齐全，相关设施有无渗漏，检查门与地面间隙是否足够。

3. 复合木地板铺设

地面采暖辐射系统复合木地板铺设采取悬浮式安装方法。

4. 注意事项

（1）布置房间时应考虑地板的散热，不宜摆放无腿家具，以避免散热不良而引起地板局部变形。

（2）初次使用或长时间未开启重新使用时，应缓慢升温（建议升温速率为1℃/h），防止升温速度过快引起地板开裂扭曲；同时应保持地面干燥。

（3）室内空气比较干燥时，应适当调整室内湿度。

5. 特殊情况处理

如楼房底层地面比较潮湿，普通防潮无法彻底隔潮，就要进行特殊处理。可以采用加砌地垄墙的办法、地垄墙上再开设通风孔，可以避免潮气对地板的侵蚀，引起木地板霉变。

四、质量保证

（一）工程验收

（1）地板安装完毕3天内进行验收。

（2）门及门套切割平直牢固，螺帽不得高出扣条表面，长度及位置合适。

（3）地板表面无胶迹、干湿花、鼓包、污斑、掉角、龟裂、划痕等外观质量问题。

（4）地板伸缩无锯齿状，与墙面距离为8～12mm。

（5）地板表面平整度控制在2m靠尺测量小于3mm。

（6）踢脚板接触面平整，转角平直，钉子眼补好。

（7）地板表面接缝高低差不大于0.15mm，缝隙不大于0.2mm。

（8）地板铺设应牢固、不松动，踩踏无异响。

（9）预留缝处专用垫块均取出。

（二）复合木地板的铺设质量事故分析

1. 地板拱起

铺装地板时，按地区湿度生产，考虑地板干缩性能与材性有关（HDF密度板、胶合板较稳定），复合木地板湿胀干缩较大，地板铺装完毕后，如果含水率没控制好，南方怕拱，地板鼓起来；北方怕抽，地板尺寸小，拼装离缝大。

解决办法：应首先拆除踢脚板，并在起拱起严重处用电动圆盘锯锯切一刀，使其不因为继续膨胀而再拱起，然后观察一两天，若不再拱起，把被据的该块地板换成新地板；若拱起严重，拆去踢脚板后，拆下旧地板，重铺，在拆除中，地板表面破损的，应换新地板。

2. 凹瓦变

地板表面不平，两个边缘的边向上卷起，形成凹弯曲，形似瓦片，这种变形叫作凹瓦片变形。引起凹瓦变的原因是木材湿胀、干缩这种特性下，地板背面受潮，靠近背面的木纤维膨胀量最大，而靠近上表面的纤维微量膨胀，各层面纤维膨胀量不均匀，致使地板背面的尺寸变得最宽，而上表面变化量缩小。

解决办法：瓦变形状变化微量；引起瓦变的地板处应立即拆除踢脚板，使地板下方造成对流排除潮气，使板面随着潮气蒸发慢慢恢复水平。

若瓦变较严重处应立即拆下瓦变地板，平放在阴处通风（不宜暴晒、暴吹），并在地板的上面加平整重物平压，使其恢复正常。

若每块地板瓦变弯曲挠度超过1%时，应把瓦变严重的每块地板重新更换。

3. 色差

多指复合木地板，同一块地板或者数块木地板，颜色深浅差距明显，一种是材质色泽深浅不一引起的色差，另一种是油漆批号不同引起的色差。

解决办法：要求铺装工人尽可能地把颜色相近的地板铺在一起，以满足要求。

4．地板漆面开裂

这是漆膜的一种老化现象，无论哪一种开裂都是由于漆膜的内部收缩力大大超过它的内聚力而造成的破裂。造成漆面开裂的具体原因如下。

（1）清洁板面时使用碱性较大的清洁剂，使板面产生化学反应，导致表面开裂。

（2）漆膜受到外来因素，如湿度、光热、潮湿、化学气体等影响而引起内部应力变化。

（3）板面含水率过高或涂层过厚引起。

（4）由于铺设后板面瓦变或起拱，使漆膜内外应力不一致引起。

2.1.3.4 客厅电气施工

本小节主要介绍吊顶射灯及光晕线路的改造与敷设，开关的位置改造与安装。客厅电气施工图如图2-1-16所示。

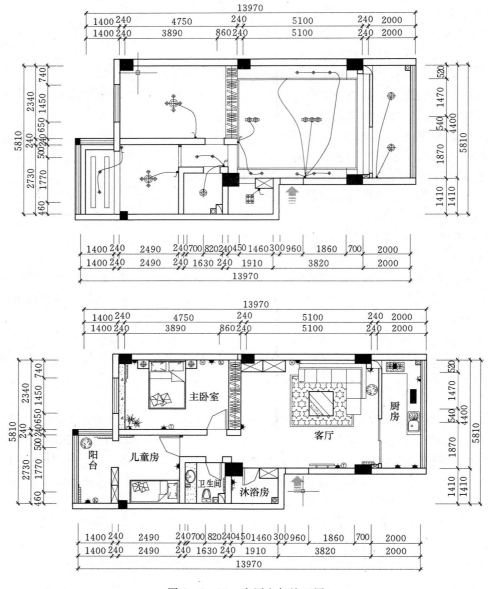

图 2-1-16 客厅电气施工图

一、任务描述

随着现代生活水平的提高，人们对住宅电气装置的要求也越来越高，人们不再满足照明、风扇、洗衣机、电冰箱、彩电等电气设备带来的方便，更加热衷追求可视电话、空调、大屏幕彩电、电脑等带来的享受。这就对电气设计和施工提出了更高的要求。在现代住宅客厅装饰中，电气改造最多的就是插座、开关和照明灯具线路等的改造。

二、任务要求

（一）客厅插座选择与布置

客厅是住宅中会客、娱乐等起居活动的中心，主要的家用电器有音响、空调、电话、电视、电脑等。

客厅布线一般应为8～10条线路：包括电源线、照明线（2.5mm² 铜芯线）、空调线（4mm² 铜芯线）、电视线（馈线）、电话线（4芯护套线）、电脑线（5类双脚线）、对讲器或门铃线（可选用4芯护套线，备用2芯）、报警线（指烟感，红外报警线，选用8芯护套线）、家庭影院、背景音乐。

客厅各线终端预留分布：在电视柜上方预留电源（5孔面板）、电视、电脑线终端。强电与弱电插座的水平距离以大于0.5m为宜，如果距离太近，强电对弱电信号产生电磁干扰，影响收看效果。空调线终端预留孔应按照空调专业安装人员测定的部位预留空调线。照明线开关，单头或吸顶灯，可采用单联开关；多头吊灯，可在吊灯上安装灯光分控器，根据需要调节亮度。在沙发的边沿处预留电话线口。在户门内侧预留对讲器或门铃线口。在顶部预留报警线口。客厅如果需要摆放冰箱、饮水机、加湿器等设备，根据摆放位置预留电源口，一般情况客厅至少应留5个电源线口。另外，在客厅布上家庭影院线和背景音乐线。

（二）客厅插座的安装高度及容量选择

一般情况下，地插座下口离地高度为完成后地面300mm，开关下口离地1.3m，空调插座下口离地1.8m。

插座底边距地300mm的缺点是：住户用装饰板进行墙裙装修时，需在墙上打龙骨架，则必须把插座移出来固定在龙骨架上，否则会被装饰板盖住，但如果在装饰板上开个口子，一是露出插座很不美观，装修不便，二是被低柜挡住，插、拔插头很不方便，三是低柜不能紧靠墙摆，要留出插、拔插头的空间，影响家具摆放。

底边距地1.8m的缺点是：住户装修墙裙一般是1m高，插座底边距墙裙顶的距离是0.8m，显得不协调，影响美观。

因此，根据装修情况，客厅插座底边距地可以为1.0m，既使用方便，也能与墙裙装修协调。

壁挂式空调机选用10A三孔插座，柜式空调机选用16A三孔插座，其余选用10A的多用插座。

三、任务实施

客厅线路改造的施工工艺

电路改造施工程序：施工人员对照设计图纸与业主确定定位点→施工现场成品保护→根据线路走向弹线→根据弹线走向开槽→开线盒→清理渣土→电管、线盒固定→穿钢丝拉线→连接各种强弱电线线头，不可裸露在外→封闭电槽→对强弱电进行验收测试。

电气安装

（1）灯具安装。

1）灯具重量大于3kg时，固定在螺栓或预埋吊钩上。

2）软线吊灯，灯具重量在0.5kg及以下时，采用软电线自身吊装；大于0.5kg的灯具采用吊链，且软电线编叉在吊链内，使电线不受力。

3）灯具固定牢固可靠，不使用木楔。每个灯具固定用螺钉或螺栓不少于2个。顶棚灯具开口，如图2-1-17所示。

其余参照《电气装置安装工程 电气照明装置施工及验收规范》（GB 50259—96）执行。

（2）强电开关、插座安装。

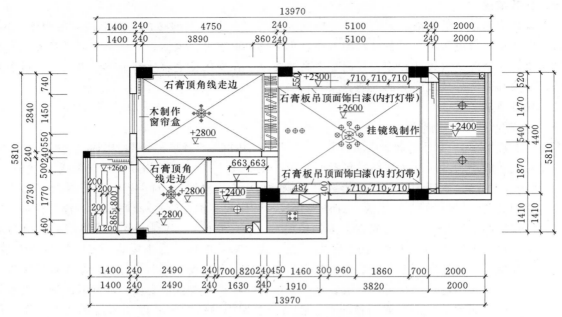

图 2-1-17 顶棚设计、灯具开口安装施工图

1）所有线路必须穿管，墙上开线槽深度不得超过 40mm。PVC 管埋入墙体，在线路布完并通电检查合格后方能暗埋，管壁距最终抹灰面不应小于 5mm，线管施工必须固定牢固。PVC 线管与接线盒必须使用锁母连接。线管转角处理用弯管簧将其导成圆弧形的转角，这样穿（换）线容易，不易损坏线材外皮。禁止在墙体开长横槽走电管。

墙面布线、开槽、抹灰项目用切割机开槽，施工锤剔凿，将槽口边缘打毛后抹灰，这样振动小，抹灰后拉接力更好，不易开裂。

2）相同型号并列安装及同一室内开关安装高度一致，且控制有序不错位，固定牢固，相邻开关插座在面板装上后间距紧密一致，间距一般为 1mm 左右。并列安装的插座距离相邻间距不小于 20mm。灯具根据设计分组控制，客厅主灯开关一般设为 2 组，不得随意建议客户使用电脑程序控制开关。

3）横装插座，面对插座的右极接相线，左极接零线，上接地线。

4）接线：先将盒内甩出的导线留出维修长度（15～20mm），削去绝缘层，注意不要碰伤线芯。如开关、插座内为接线柱，将导线按顺时针方向盘绕在开关、插座对应的接线柱上，然后旋紧压头。如开关、插座内为插接端子，将线芯折回头插入圆孔接线端子内（孔经允许压双线时），再用顶丝将其压紧，注意线芯不得外露。

所有线路接头在安装开关面板之前，不管通电与否，必须全部包扎，线头不得裸露在外。接地端子不得与零线端子直接连接。所有线路在穿线管内不得有接头。6mm² 以下的单股铜芯线宜采用缠绕法，缠绕要求大于 5 圈，缠绕后搪锡，搪锡应饱满，用绝缘带及黑胶布双重包扎。

5）为了避免交流电源对电视信号的干扰，电视馈线线管、插座与交流电源线管、插座之间应有 0.5m 以上的距离（特殊情况下电视信号线采用屏蔽线缆，间距也不得低于 0.3m）。

6）由客户确定原房屋开关插座及灯具是否保留，如要保留，必须在数量经客户认可后全部取下，妥善保管。

7）不得在预制板、现浇板、梁、柱上开槽。在预制构件处只能打掉抹灰层，使用黄蜡管。

8）直径 15mm 管内可穿 3 根 4mm² 铜芯线，4 根 2.5 mm² 铜芯线；直径 20mm 管内可穿 5 根 4mm² 铜芯线，7 根 2.5 mm² 铜芯线（管内导线截面积不大于穿线管内径面积的 40％）。

9）环绕音响线根据用户要求预埋到合适位置，留在墙外的部分不得低于 1.5m，这样能直接接入音响，避免音质衰减。音响线应埋接线盒。

四、质量保证

（1）同一房间、同一类型的开关、插座高度一致，相邻面板间的间距一致，安装牢固、盖板端正、位置合理、表面清洁。

（2）所有房间灯具使用正常。

（3）所有房间电源及空调插座使用正常。

（4）所有房间电话、音响、电视、网络线可正常使用。

（5）提供本次装修线路改造的竣工图给客户，标明导线规格及线路走向。

（6）所有安装的电器设备使用正常。

2.1.3.5 隔断施工（客厅）

一、任务描述

为满足人们日益多样化的生活和审美情趣的需求，在住宅设计中正在推广"大空间灵活分隔"的住宅形式。主要采用各种玻璃或罩面板与龙骨骨架组成隔墙或隔断。隔墙是直接做到顶，完全封闭式的分隔构件；隔断是不完全封闭的、留有通透空间的分隔构件，适合于既联系又分隔的空间。

隔墙与隔断作用基本相似，所以对它们有着共同的要求：自重轻；厚度薄，少占空间；用于厨房、厕所等特殊房间时应有防火、防潮的要求；便于拆装而又不损坏其他建筑物的构配件。

隔墙和隔断的作用只在于分隔空间，它们本身均不承受外来荷载，而且本身的自重都要由其他构件来支撑。根据隔墙和隔断的特性，应选择结构形式简单和轻质材料的做法。根据其材料和构造方法的不同，可分为立筋式隔墙、板材类隔墙和块材类隔墙等几种主要类型。

客厅与餐厅之间一般采用隔断或隔墙分割空间。主要有轻钢龙骨、铝合金龙骨或木龙骨作为骨架，用各种玻璃或轻质板材镶嵌而成。

二、任务实施

轻钢龙骨、铝合金龙骨隔断施工

1. 主要材料及配件要求

（1）轻钢龙骨主件。沿顶龙骨、沿地龙骨、加强龙骨、竖向龙骨、横向龙骨应符合设计要求。

（2）轻钢骨架配件。支撑卡、卡托、角托、连接件、固定件、附墙龙骨、压条等附件应符合设计要求。

（3）紧固材料。射钉、膨胀螺栓、镀锌自攻螺丝、木螺丝和粘结嵌缝料应符合设计要求。

（4）填充隔声材料。按设计要求选用。

（5）罩面和镶嵌材料。材料规格、厚度由设计人员或按图纸要求选定。

2. 主要机具

直流电焊机、电动无齿锯、手电钻、螺丝刀、玻璃刀、射钉枪、线坠、靠尺等。

3. 作业条件

（1）隔断施工前应先完成基本的验收工作，罩面和镶嵌材料安装应待屋面、顶棚和墙抹灰完成后进行。

（2）设计要求隔断有地枕带时，应待地枕带施工完毕，并达到设计程度后，方可进行轻钢骨架安装。

（3）根据设计施工图和材料计划，核实隔断的全部材料，使其配套齐备。

（4）所有的材料，必须有材料检测报告、合格证。

4. 轻钢或铝合金龙骨隔断施工工艺

（1）工艺流程：放线 → 安装门洞口框 → 安装沿顶龙骨和沿地龙骨 → 竖向龙骨分档 → 安装竖向龙骨 → 安装横向龙骨卡档 → 安装罩面板、镶嵌玻璃 → 施工接缝处理。

（2）放线。根据设计施工图，在已做好的地面或地枕带上，放出隔墙位置线、门窗洞口边框线，并放好顶龙骨位置边线。

（3）安装门洞口框。放线后按设计，先将隔墙的门洞口框安装完毕。

（4）安装沿顶龙骨和沿地龙骨。按已放好的隔墙位置线，按线安装顶龙骨和地龙骨，用射钉固定于主体上，其射钉钉距为600mm。

（5）竖龙骨分档。根据隔墙放线门洞口位置，在安装顶地龙骨后，按罩面板的规格900mm或1200mm板宽分档，分档规格尺寸为450mm，不足模数的分档应避开门洞框边第一块罩面板位置，使破边罩面板不在靠洞框处。

（6）安装龙骨。按分档位置安装竖龙骨，竖龙骨上下两端插入沿顶龙骨及沿地龙骨，调整垂直及定位准确后，用抽心铆钉固定；靠墙、柱边龙骨用射钉或木螺丝与墙、柱固定。如图2-1-18、图2-1-19所示。

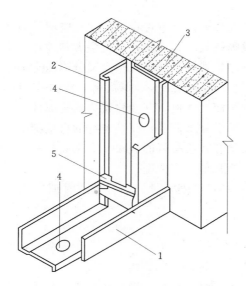

图2-1-18 沿地、沿墙龙骨固定
1—沿地龙骨；2—沿墙龙骨；3—墙或柱；
4—射钉及垫圈；5—支撑卡

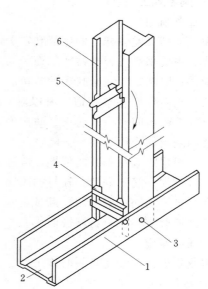

图2-1-19 竖向龙骨与沿地龙骨固定
1—沿地龙骨；2—橡皮条；3—铆钉；
4、5—支撑卡；6—竖向龙骨

图2-1-20 轻钢龙骨隔断示意图

（7）安装横向卡挡龙骨。根据设计要求，隔墙高度大于3m时应加横向卡档龙骨，采向抽心铆钉或螺栓固定。如图2-1-20所示。

（8）安装罩面板

1）检查龙骨安装质量、门洞口框是否符合设计及构造要求，龙骨间距是否符合石膏板宽度的模数。

2）镶嵌玻璃和铝合金条板。

三、质量保证

隔断装修施工质量标准以《建筑装饰装修工程质量验收规范》（GB 50210—2001）第7.3条的规定为准，严格遵守。

（一）成品保护

（1）轻钢龙骨和铝合金龙骨隔墙施工中，应保证已装项目不受损坏。

（2）轻钢或铝合金骨架、玻璃和罩面板入场，存放使用过程中应妥善保管，保证不变形，不受潮不污染、无损坏。

（3）已安装完的隔断不得碰撞，保持隔断不受损坏和污染。

（二）应注意的质量问题

（1）隔断变形：原因是竖向龙骨紧顶上下龙骨，没留伸缩量，超过2m长的墙体未做控制变形缝，造成隔断变形。隔断周边应留3mm的空隙，这样可以减少因温度和湿度影响产生的变形。

（2）轻钢或铝合金骨架连接不牢固：原因是局部节点不符合构造要求，安装时局部节点应严格按图规定处理。钉固间距、位置、连接方法应符合设计要求。

（3）罩面板不平。多数由两个原因造成：一是龙骨安装横向错位；二是板块分档尺寸不合适，板间拉缝不一致。

四、相关知识

木龙骨隔断墙以红、白松木做骨架，以玻璃、木质纤维板或胶合板为面板的墙体。它的加工速度快，劳动强度低，重量轻，隔声效果好，应用广泛。

木龙骨隔断的木龙骨由上槛、下槛、立柱和斜撑组成。按立面构造，木龙骨隔断可分为门窗或洞口隔断和半高隔断。

（一）木龙骨隔断施工工艺

木龙骨架的施工程序为：清理基层地面→弹线、找规矩→立边框墙筋→安装沿地、沿顶木龙骨→安装竖向龙骨→安装横向龙骨→安装罩面板、镶嵌玻璃→缝隙处理。

（二）木龙骨隔断墙施工

木龙骨架应使用规格为40mm×80mm的红、白松的大木方制作主框架，竖向龙骨的间距应考虑罩面板的尺寸，一般在400～600mm之间，如有门口，两侧应各立一根通天立龙骨。横龙骨应与竖龙骨相接，窗口的上、下边及门口的上边，应加横龙骨。面板用4～5mm厚的木板或镶嵌玻璃。

1. 弹线

根据设计图的要求，在楼地面和墙面上弹出隔断的位置线（中心线）和隔断厚度线（边线）。

2. 固定木龙骨

在固定木龙骨前，按300～500mm的间距确定固定点的位置，打孔并向孔内放置膨胀螺栓。如果用木楔铁钉钉固，就需打出直径20mm左右的孔，孔深50mm左右，再向孔内打入木楔，然后固定龙骨。对于半高矮隔断，主要靠地面固定和端头的建筑墙面固定。如果矮隔断的端头处无法与墙面固定，常采用铁件来加固端头处，如图2-1-21所示。

3. 木龙骨架与吊顶的连接

在一般情况下，隔断木龙骨的顶部与楼板底的连接，可采用射钉固定连接、膨胀螺栓连接、木楔圆钉固定等。如隔墙上部的顶部不是建筑结构，而是与装饰吊顶相接触时，其处理方法需要根据吊顶结构而确定。

对于设有开启门扇的隔断，考虑到门的启闭震动及人往来碰撞，其顶部应采取较牢固的固定措施，一般做法是使竖向龙骨穿过吊顶面与建筑楼板底面固定，需采用斜角支撑。斜角支撑的材料可以是方木，也可以是角钢，斜角支撑杆件与楼板底面的夹角以60°为宜。斜角支撑与基体的固定方法，可用木楔铁钉或膨胀螺栓。

图2-1-21 木龙骨隔断墙示意图

4. 固定板材、镶嵌玻璃

现以木夹板为例，介绍木龙骨隔断饰面基层板的固定方法。

木龙骨隔断上固定木夹板的方式，主要有明缝固定和拼缝固定两种。

明缝固定是在两板之间留一条 3～5mm 宽的缝隙，如果明缝处不用垫板，则应将木龙骨面刨光，使明缝的宽度一致。在锯割木板时，用靠尺来保证锯口的平直度和尺寸的准确性，锯完后用 0 号砂纸打磨修边。

拼缝固定时，要对木夹板正面四边进行倒角处理（倒角为 45°），以便在以后的基层处理时可将木夹板之间的缝隙补平。钉板的方法是用气钉或铁钉把木夹板固定在木龙骨上，要求布钉均匀，钉距 100mm 左右。通长 5mm 厚以下的木夹板用 25mm 长的钉子固定，9mm 厚左右的木夹板用 30～35mm 长的钉子固定。

对钉入木夹板的钉头，一是先将钉头打扁，再将钉头打入木夹板内；另一种是先将钉头与木夹板钉平，将木夹板全部固定后，再用尖头冲子逐个将钉头冲入木夹板平面内 1mm。气钉的钉头可直接埋入木夹板内，所以不必再处理，但在用气钉时，要把气枪嘴压在面板上后再扣动扳机打钉，以保证钉头埋入模板内。

如果镶嵌玻璃，可用木条或玻璃胶固定在隔断的框格内。

（三）木龙骨隔断墙的验收

木龙骨隔断墙的检验标准为：隔断的尺寸正确，材料规格一致；墙面平直方正、光滑，拐角处方正、交接严密，沿地、沿顶木楞及边框墙筋，各自交接后的龙骨应牢固、平直。检查隔断墙面，用 2m 直尺检测，表面平整度误差小于 3mm，立面垂直度误差小于 3mm，接缝高低差小于 1mm。拉 5m 线，不足 5m 拉通线，用钢直尺检查，接缝直线度小于 3mm，压条直线度小于 3mm。

2.1.3.6　电视主题墙的施工

电视主题墙的装饰设计在家居装修中占有很重要的位置，一般常用于客厅和主卧室。通常进入一个家庭最先看到的是客厅，而客厅的装修效果很大程度上要靠电视墙来体现，于是，客厅的电视墙成了聚焦众人目光的焦点。客厅电视主题墙装饰可以画龙点睛地展示出整个居家装修风格，以及居家主人的文化品位。

电视主题墙面制作有多种方法，有石膏板造型、铝塑板、马来漆、涂料色彩造型、木制油漆造型、玻璃、石材造型以及壁纸、墙布等，或者还可以直接将整面墙涂成具有个性色彩和图案。电视背景墙的选材、设计和施工应本着简单、节约、明快、实用的原则。下面主要介绍一下电视主题墙施工要点。

一、考虑布线

如果是挂壁式电视机，墙面要留有位置（装预埋挂件或结实的基层）及足够的插座。建议：暗埋一根较粗的 PVC 管，DVD 线、闭路线、VGA 线等所有的电线可以通过这根管穿到下方电视柜里。

二、考虑客厅的宽度

人眼睛距离电视机最佳的是电视机尺寸的 3.5 倍，因此不要把电视墙做得太厚，白白浪费宝贵的面积，甚至导致人与电视的距离过近。

三、考虑沙发的位置

沙发位置确定后，确定电视机的位置，再由电视机的大小确定电视墙的造型。

四、考虑电视机上方灯光的呼应

电视墙一般与顶面的局部吊顶相呼应，吊顶上一般都有灯，所以要考虑墙面造型与灯光相呼应，还需考虑到不要有强光照射电视机，避免观看节目时眼睛疲劳。

五、考虑空调插座的位置

有的房型空调插座正好处于电视背景墙的这面墙上，这样，木工做电视墙时，要注意不要把空调插座给封到背景墙的里面，需要先把插座挪出来。

六、考虑地砖的厚度

造型墙面在施工的时候，应该把地砖的厚度、踢脚线的高度考虑进去，使各个造型协调，如果并

未设计踢脚线，面板、石膏板的安装应该在地砖施工后，以防受潮。

2.1.4 课后作业

【思考题】

1. 简述轻钢龙骨石膏板吊顶的施工工艺。
2. 简述乳胶漆墙面的施工工艺。
3. 强化复合木地板有几种施工方法？分别简述其如何施工。
4. 客厅电气线路改造应考虑哪些因素？
5. 客厅隔断龙骨有几种？如何施工？

【实训题】

1. 参观施工现场。
2. 工程案例仿真实训操作。

课题 2　卧室装修施工技术

2.2.1 学习目标

知识点

1. 卧室装修施工图纸、水电线路图纸的读识
2. 卧室装修吊顶的构造类型及结构特点，选用合适的吊顶材料
3. 普通卧室墙面处理的材料的选用，不同材料的特点及施工方法
4. 卧室地面装修材料的选用，了解不同材料的特点、施工工艺及处理方法
5. 卧室装修中各种门窗及门窗套的施工方法：现场施工，成品安装
6. 简单的电路图的读识及电路改造，电子线路基本知识，电工检测技术
7. 卧室装修成品保护，施工质量验收标准及检验方法

技能点

1. 能绘制和识读卧室装修施工图，进行合理的施工组织设计
2. 根据材料及装饰构造的不同、能正确选用施工机具进行施工安装
3. 房间测量的基本方法，不同结点图的绘制及施工放样
4. 能按照木龙骨石膏板吊顶施工工艺技术要求完成装修施工
5. 能按照液体壁纸墙面处理施工工艺和技术要求进行机具的选用及施工

2.2.2 学习情境

2.2.2.1 顶棚施工（卧室）

一、任务描述

本小节以木龙骨石膏板吊顶为例，讲述卧室顶棚施工技术。如图 2-2-1、图 2-2-2 所示。

二、任务实施

木龙骨吊顶施工工艺顺序为：交接验收→找规矩→弹线 →木龙骨处理→木龙骨拼装→吊筋制作、安装→沿墙龙骨安装→拼装龙骨吊装固定 →罩面板安装→ 压条安装等。

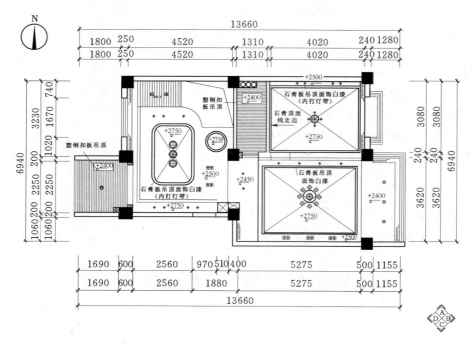

图 2-2-1 某居室顶面布置图

图 2-2-2 木龙骨石膏板吊顶效果图

木龙骨石膏板吊顶施工的交接验收、找规矩、弹线、吊杆安装等方法与轻钢龙骨石膏板吊顶施工方法相同。

（一）木龙骨处理

木龙骨吊顶的主龙骨截面一般为 50mm×70mm 的方木，中距 900～1200mm，用 ϕ8mm 螺栓钢筋或 ϕ6mm 螺栓钢筋与钢筋混凝土楼板固定。次龙骨截面一般为 40mm×40mm 的方木，间距根据面板规格而定，与主龙骨垂直布置。

对装饰工程中所用的木龙骨，要进行筛选并进行防火处理，一般将防火涂料涂刷或喷涂于木材的表面，也可以把木材放在防火涂料溶液槽内浸渍。

（二）木龙骨拼装

吊顶的龙骨架在安装前，应在楼（或地）面上进行拼装，拼装的面积一般控制在 10m² 内，否则不便吊装。拼装时，先拼装大片的龙骨骨架，再拼装小片的局部骨架。拼装地方法常采用咬口（半榫扣接）拼装法，具体做法为：在龙骨上开出凹槽，然后将凹槽与凹槽进行咬口拼装，凹槽处涂胶并用钉子固定。

（三）固定沿墙龙骨

沿吊顶标高线固定沿墙龙骨，一般是用冲击钻在标高线以上 10mm 处墙面上打孔，孔深 12mm，孔矩 0.5～0.8m，孔内塞入木楔，将沿墙龙骨钉固在墙内木楔上，沿墙木龙骨的截面尺寸与吊顶次龙骨尺寸一样。沿墙木龙骨固定后，其底边与其他次龙骨底边平齐。

（四）木龙骨吊装固定

木龙骨吊顶的龙骨架有两种形式，即单层网格式木龙骨架及双层木龙骨架。

1. 单层网格式木龙骨架的吊装固定

（1）分片吊装。单层网格式木龙骨架的吊装一般先从一个墙角开始，将拼装好的木龙骨架托起至标高位置，对于高度低于 3.2m 的卧室吊顶骨架，可在高度定位杆上临时支撑。最后，将龙骨架向下慢慢移动，使之与基准线平齐，待整片龙骨架调正调平后，现将其靠墙部分与沿墙龙骨钉接，再用吊筋与龙骨架固定。

（2）龙骨架与吊筋固定。龙骨架与吊筋常采用绑扎、钩挂、木楔钉固等方法固定。

（3）龙骨架分片连接。龙骨架分片吊装在同一平面后，要进行分片连接形成整体，其方法是：将端头对正，用短方木进行连接，短方木钉于龙骨架对接处的侧面或顶面，对于一些重要部位的连接，可采用铁件进行连接加固。

（4）叠级吊顶龙骨架连接。对于叠级吊顶，一般是从最高平面吊装，其高低面的衔接，常用做法是先以一条方木斜向将上下平面龙骨架定位，然后用垂直的方木把上下两个平面龙骨架连接固定，如图 2-2-3 所示。

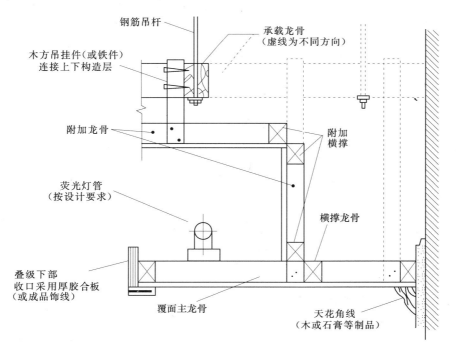

图 2-2-3　木龙骨吊顶叠级做法

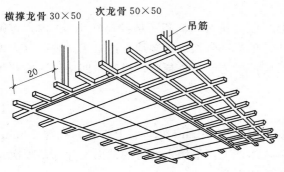

横撑龙骨 30×50   次龙骨 50×50   吊筋

20

图 2-2-4 木龙骨吊顶示意图（单位：mm）

（5）龙骨架调平与起拱。各个分片连接加固后，在整个吊顶面下拉出十字交叉的标高线，来检查并调整吊顶平整度，使误差在规定的范围内。

龙骨架起拱应符合设计要求。

2. 双层木龙骨架的吊装固定

（1）主龙骨架的吊装固定。按照设计要求的主龙骨间距布置主龙骨（通长沿房间的短向布置）并与已固定好的吊杆间距一致。连接时先将主龙骨搁置在沿墙龙骨上，调平主龙骨，然后与吊杆连接并与沿墙龙骨钉接或用木楔将主龙骨与墙体楔紧。

（2）次龙骨架的吊装固定。次龙骨即采用小方木通过咬口拼接而成的木龙骨网格，其规格、要求及吊装方法与单层木龙骨吊顶相同。将次龙骨吊装至主龙骨底部并调平后，用短方木将主、次龙骨连接牢固。如图 2-2-4 所示。

（五）石膏板罩面安装

1. 石膏平板、穿孔石膏板和半穿孔吸声石膏板的安装

木龙骨石膏板吊顶的罩面石膏板一般采用钉固法。螺钉与板边距离应不小于 15mm，螺钉间距以 150～170mm 为宜，均匀布置，并与板面垂直。钉头嵌入石膏板深度以 0.5～1mm 为宜，钉帽应涂刷防锈涂料，并用石膏腻子抹平。

2. 深浮雕嵌装式装饰石膏板安装

首先，保证板材与龙骨系列配套。其次，板材安装应确保企口板的相互咬接及图案花纹的吻合。板与龙骨嵌装时，应防止相互挤压过紧或脱挂。

3. 纸面石膏板安装

纸面石膏板一般与木龙骨钉接，板材应在自由状态下进行固定，防止出现弯曲、凸鼓现象。自攻螺钉与纸面石膏板距离：面纸包封的边以 10～15mm 为宜，切割的边以 15～20mm 为宜，螺钉间距以 150～170mm 为宜。螺钉应与板面垂直，弯曲、变形的螺钉应剔除，并在相隔 50mm 的部位安装螺钉。纸面石膏板与龙骨固定，应从一块板的中间向四周固定，不得多点同时作业，螺钉头应略埋入板面，并不使纸面破损，钉眼应做防锈处理并用石膏腻子抹平。

（六）石膏板缝处理

卧室木龙骨石膏板吊顶板缝的处理方法与客厅轻钢龙骨石膏板吊顶板缝的处理方法相同。

三、质量保证

（一）质量要求

吊顶龙骨在运输安装时，不得扔摔、碰撞。龙骨应平放防止变形。罩面板与墙面、窗帘盒、灯具等交接处应严密，不得有漏缝现象。并不得有悬臂现象，否则应增设附加龙骨固定。各类罩面板不应有气泡、起皮、裂纹、缺角、污垢、图案不完整等缺陷，应表面平整、边缘整齐、色泽一致。吊顶龙骨应按短向跨度起拱 1/200。

（二）质量标准

吊顶木龙骨的安装，应符合《木结构工程施工质量验收规范》（GB 50256—2002）。吊顶罩面板工程质量允许偏差见表 2-2-1。

2.2.2.2 墙面施工（卧室液体壁纸）

一、任务描述

如图 2-2-5 所示，此学习情境为卧室液体壁纸的装修施工，主要加强对墙面基层处理、液体壁纸的涂刷施工工艺、液体壁纸的基本性能等方面的了解。

液体壁纸具有防火、防潮、保温、隔热、除异味、不开裂、不起泡、不易剥落、耐擦洗和使用寿

表 2-2-1　　　　　　　吊顶罩面板工程质量允许偏差　　　　　　　单位：mm

项目	石膏板			无机纤维板		木质板		塑料板		纤维水泥加压板	金属装饰板	检查方法
	石膏装饰板	深浮雕式嵌式装饰石膏板	纸面石膏板	矿棉装饰吸音板	超细玻璃棉板	胶合板	纤维板	钙塑装饰板	聚氯乙烯塑料板			
表面平整	3	3	3	2	2	3	3	3	2	—	2	用2m靠尺和楔形塞尺检查观感、平感
接缝平直	3	3	3	3		3		4	3	—	<1.5	拉5m线检查，不足5m拉通线检查
压条平直	3	3	3			3			3	3	3	
拉缝高低	1	1	1	1		0.5		1	1	1	1	用直尺和楔形塞尺检查
压条间距	2	2	2	2		2			2	2	2	用尺检查

命长，并拥有立体感强、高雅、时尚、古典等丰富的色彩及图案，以及施工方便等优点，所以被广泛应用于家装、酒店、写字楼、KTV、酒吧、美容院、休闲会馆等墙面和顶棚。

二、任务实施

（一）液体壁纸施工的基层处理

（1）清除基层表面灰尘和其他粘附物。

（2）将凸起部分敲掉或打磨平整；空鼓部分应敲掉后重新抹面并待其干燥。

（3）用腻子填补孔洞和凹陷。

（4）用铲子、钢丝刷将表面浮浆及疏松、粉化

图 2-2-5　卧室液体壁纸

部分除去，用腻子补平；清除表面的脱模剂、油污；用腻子修补表面的麻面、孔洞、裂缝。

（5）墙面泛碱起霜时用稀盐酸溶液或硫酸锌溶液刷洗，最后再用清水洗净。

（6）木质基层应将木毛砂平。

（7）对基层原有涂层应视不同情况区别对待：疏松、起壳、脆裂的旧涂层应将其铲除；粘附牢固的旧涂层用砂纸打毛；不耐水的涂层应全部铲除。

（二）液体壁纸的施工工艺

1. 液体壁纸的施工工具

液体壁纸要用专用施工模具，目的在于提供一种可以方便生成纹理细腻的多彩图案的工具。该模具由边框和丝网布组成，带有由感光胶形成的图案的丝网布帖附于边框之上，当在丝网布上刮图时，图案就被"印刷"在墙面上。丝网布帖附于边框之上，这样便于使用，幅面大，提高了施工效率，采用轻质材料的边框，便于定位施工。通过成套的该工具可以套色施工多彩的图案，丝网布为 180~220 目，这样既可以使涂料很好地涂于墙上，又清晰细腻。

一套液体壁纸模具分为大模和软膜，还有刮板。单色花型就只有一套模具，施工一遍就可以成型；双色花型，需要两套施工模具，分两遍施工成型；三色花型，需要三套模具，分三遍施工成型。大模具的外框尺寸是 60cm×60cm，里面花型的内径是 53cm×53cm，大模具的主要用途是用于大面积墙面的施工，软膜的花型尺寸大小和大模是一样的，唯一不同的是没有大模具的铝合金外框，主要用途是将大模做不到、放不下的边角的花型补齐，刮板用于刮涂涂料。为了保护模具，特别要注意在进行刮涂之前仔细检查一下刮板的刮口，看看是否平滑，如果不平滑，建议用细砂纸磨平处理一下，这样可以减少磨面的不必要的磨损，延长模具的使用寿命。

2. 液体壁纸的施工工艺

首先看好花型确定模具的上下边（注意不要拿倒了），反过来放在台面上，用卷尺从上往下量53cm用铅笔画一条小的长线做好记号（注意卷尺要和边框平行），从左往右量53cm用铅笔画一条小的长线做好记号，使两条线形成一个交叉点，用同样的方法在模具的另一边也找到一个交叉点，然后用烧红的大头针或者缝衣针，在刚才找到的两交叉点上各烫一个小眼，这样施工的前期工作就做好了。

墙面的施工顺序是，进入这个房间的时候主要的注意力在什么地方就从什么地方开始施工，门背后、窗帘旁边、床背后等不引人注意的地方是最后施工的地方。施工时一定要注意：在平行于人的视线墙面的上1m和下1m的范围内的地方，施工要做到尽可能完美。

第一模是以墙面的顶面和墙角的阴角线作为定位的依据线，上面紧靠，左面紧靠，施工的时候一般是由两个人一组施工的，其中一个人负责拿模具定位，另一个负责用专用壁纸漆用刮板进行刮涂施工。因为刚才在模具上已经烫好了两个小点，在第一模刮好以后，在墙面上的这两个位置会留下两个小点。第二模向下按顺序施工，左边还是靠在墙面的阴角上，上边就以刚才的两点精密地靠在一起，这样，这一模又可以刮涂了，并在这里又产生了两个点，下一模就以此类推，直到这一条墙面完成（不足一个大模的地方，等整个房间都做好了，按照后面的要求将大模洗刷干净后再用相同的软膜补齐）。

以此类推，按照这样的方法直到这面墙全部施工完成，然后把模具用自来水进行冲洗晾干，如果感觉施工完成后看到定位点很明显，影响到壁纸漆的视觉效果，可以拿一个干净湿抹布把刚才模具的定位点擦除掉，因为壁纸漆在施工好的24h内是可以擦除掉的。如果做双色花型或者三色花型，有可能下一模的施工正好能把定位点盖住，这样定位点可以不处理。

在墙角、开关、插座等放不下模具的地方可用软模补齐，刮涂时由两个人分别压住软模上边两个角，由其中一人从上往下刮涂，切勿来回刮，刮完后轻轻提起软模即可。

双色和多色花型的施工方法：在选择做定位点的模具的时候只需要其中的一张就可以了，不需要每张都戳眼，选择模具的时候尽量选择花少的，在定位点附件没有花型的模具，同时第一模必须施工有定位点的那一张模具。施工好了进行认真清洗。然后按照第一模的次序施工第二张模，第二种图案须在第一种图案裱干至少15min后操作，每次的参照点都一样，也可以透过模具的图案部分观察下边位置。最后施工第三张模具，直到全部施工完毕。如果在施工的过程中想要休息一下，必须在一套花型施工完成模具清洗完毕的前提下才可以，如果模具不清洗就休息，很容易造成模具的网眼堵塞，使模具报废。

三、应注意的质量问题

在液体壁纸的施工中，要保证施工质量，主要注意以下几点。

1. 堵网

堵网是指提网以后发现花型没有完整地印到墙面上，或者比较模糊。

如果堵网现象不是太严重，可以用干净的潮湿的抹布将墙面上不太清楚的花型擦去，同时将毛巾在模具堵眼的地方的背面擦拭一下，主要目的是将网眼进行润湿，先不要管墙面，继续下一模的施工，擦拭过的墙面等到大面施工好了以后再用大模来进行补齐，少什么样的花补什么样的花。如果在干燥闷热的夏天和秋天施工的话，一般更加容易出现堵网的现象，一般采取的办法是：

（1）关闭施工场所的门窗，减少空气的流动。

（2）增加空气当中的湿度（用喷雾的浇花水壶向室内的空气中喷洒一定的水雾）。

（3）在涂料当中增加一定含量的甘油（也叫丙三醇），它的主要作用是吸收空气中的水分和锁住涂料中的水分，具体的添加量是每公斤涂料添加20mL，加多了会对涂料的成模时间和耐擦洗功能有一定的影响，而且最好的办法是厂家在生产的时候添加，这样可以保证甘油有效成分会均匀地分布在涂料中，如果确认厂家没有添加，必须现场添加的话，一定要注意添加完毕后要充分搅拌涂料。

2. 模具背面溢料

所谓溢料，就是做出的花型边缘模糊不清晰，看模具的背面，在没有花型的地方有涂料漏出。出现这个情况的原因有几个：首先，可能是在施工时加入调色用的水性色浆的时候没有充分的进行搅拌，色浆里面的水没有均匀地分布到涂料里面，造成涂料的流动性不均匀所致。解决办法是进行充分的搅拌。其次是涂料在生产的时候就没有进行充分的搅拌，尤其是在加入增稠剂以后的时间里，导致涂料中的水分没有充分的锁定造成涂料的流动性不均匀所致。其次，可能是涂料的出厂时间过长，出现了液化现象，导致涂料中的水分析出造成涂料的流动性不均匀所致（如果在开罐时发现少量的析水情况是属正常现象）。总之，如果在施工时候出现模具背面溢料问题，可以采取下列办法来解决：

（1）用湿抹布将墙面图案擦除，同时将模具背面的溢料擦除，最后用干抹布收干。

（2）用筷子等可以搅拌的东西将施工的涂料进行充分的搅拌（将模面上的涂料也一起刮下放在涂料罐里面一起搅拌），然后进行下一模的施工，擦除图案的上一模，等墙面风干后一起补齐。如果因涂料出现严重的液化现象导致的问题，建议更换涂料。

2.2.2.3　地面施工（实木地板）

一、任务描述

如图 2-2-6 所示，该学习情境主要学习客厅木地板的铺装方法及实木地板的基本知识，了解实木地板铺中的空铺法与实铺法各自的特点。

实木地板因材质的不同，其硬度、天然的色泽和纹理差别也较大，大致上有以下一些。硬木：栎栎（柞木）、花梨、重蚁木（依贝）、冰片香（山樟）香二翅豆、甘巴豆、鲍迪豆、坤甸铁樟（铁木）、山榄木等。中等硬木：柚木、印茄（菠萝格）、娑罗双（巴劳）、香茶茱萸（芸香）。软木：水曲柳、桦木。优质的实木地板应有自然的色调，清晰的木纹，材质肉眼可见。如果地板表面颜色深重，漆层较厚，则可能是为掩饰地板的表面缺陷而有意为之。实木地板采用天然木材加工而成，其表面有活节、色差等现象均属正常。

图 2-2-6　实木地板装修效果图

二、任务实施

（一）施工准备

1. 材料准备

（1）木地板面层。

一般尺寸（长×宽×厚）为：（200～40000)mm×（75～150)mm×（12、15、18)mm。不管是素板还是漆板在铺设之前一定要先拆除包装，然后在通风环境下晾干。至少得有3天至一周时间，这是为了使木地板适应从工厂到装修工地的小气候。晾干的方法为：①把包装全部拆开；②把拆开的实木地板用井字型叠起来，高度不宜超过1m。

（2）木龙骨。东北红、白松木，规格为 30mm×50mm。

（3）防腐涂料、防潮布。

2. 工具及辅料准备

电锤、电钻、射钉枪、射钉、射弹（水泥钉、钢钉）、气钉、铁钉、胶粘剂、尺子、防水胶、木锯、铅垂线、铅笔、连系钩和若干块 8～12mm 厚的木楔。

（二）施工作业条件

（1）施工现场地面须干净、干燥、平整，符合国家或地方建筑验收标准。

（2）有可能引起潮湿隐患的工序已完成，厨卫间做闭水试验无渗水、漏水现象。

（3）门窗安装完毕，具备封闭条件。也可以先铺设地板，后安装门扇。

（4）门底边预留高度达到标准。安好后的地板在门框下的厚度为：地板厚度＋龙骨厚度。

（三）铺设木地板

木地板铺设方法分为空铺法和实铺法两种。

空铺式木地板一般用于底层，其龙骨搁置在地垄墙、砖墩和基础墙挑台上，龙骨下放通长的压沿木，龙骨上铺设双层木地板或单层木地板。为解决木地板的通风，在地垄墙和外墙上设180mm×180mm通风洞。如图2-2-7所示。空铺式适用于无地下室的底层楼地面装修。由于地面潮湿，为避免潮气入侵引起木龙骨甚至木地板霉变，可在水泥砂

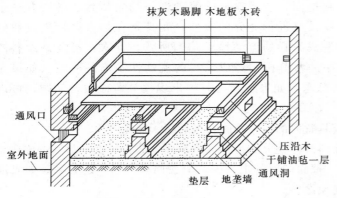

图2-2-7 空铺木地面

浆垫层上铺洒生石灰，实现防潮和杀菌的作用。对于其他楼地面就不需要如此处理。

实铺式木地板分直接粘接法、悬浮铺设法、打龙骨铺设法、毛地板铺设法（双层木地板）、打龙骨加毛地板铺设法（双层木地板）、体育场所地板专用铺设方法等六种，如图2-2-8所示。

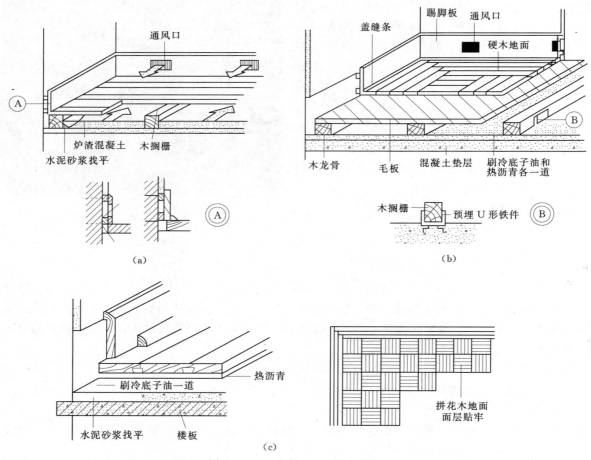

图2-2-8 实铺木地面构造做法

（a）铺钉式单层做法；（b）铺钉式双层做法；（c）粘贴式木地面

1．直接粘接法

在正式铺装地板之前进行基层处理，主要是对问题地面进行修复，形成新的基层，避免因为原有基层空鼓和龟裂而引起地板起拱。然后对地面进行找平，自流平找平施工是目前比较先进的一种地面施工技术，它可以保证原始地面每两平方米范围内高低差不超过3mm。而如果做的是一般水泥找平，一定要留出时间让水泥充分干透。

在正式铺贴前进行预铺，将地板按照颜色和纹理尽量相同的原则摆放，在此过程中还可以检查地板是否有大小头或者端头开裂等问题。

施工时先用聚醋酸乙烯乳液在地面上涂刷一遍，再将配制好的胶黏剂倒在上面，用橡皮刮板均匀铺开，胶黏剂的配合比为聚醋酸乙烯乳液：水泥＝7：3（质量比），涂刷要均匀，并注意避免粘上泥砂影响粘贴质量。涂刷胶黏剂和粘贴地板应同时进行，一人在前刷胶黏剂，另一人在后跟着粘贴地板，粘贴拼花地板应按设计图案进行（见图2-2-9），随粘贴随纠正。粘完后须在常温下保养5～7天，最后打蜡擦亮。实木地板长度在300mm以下的地板及软木地板采用较多。

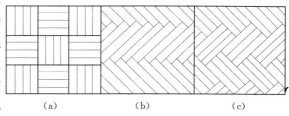

图2-2-9　拼花木地板的拼花形式
(a) 方格；(b) 人字纹；(c) 席纹

2．悬浮铺设法

与客厅地面的强化复合木地板施工方法相同。

3．打龙骨铺设法

木龙骨应使用针叶材（如落叶松、红白松等）或次品地板料。

（1）施工放线：弹出木龙骨上水平标高线。

（2）以进户门为准，在混凝土基层或找平后，在地面弹出龙骨横向排布线。

（3）木龙骨铺垫及固定：

1）必要时木龙骨铺垫前应进行防腐处理。

2）木龙骨之间一定要拉直找平。

3）垫木长度以200mm为宜，厚度可根据具体填充情况而定，垫木间距以不超过40mm为宜。

4）主龙骨间距由木地板长度来决定，龙骨间距最大不可超过400mm。

5）木龙骨靠墙部分应与墙面留有5～10mm伸缩缝，木龙骨固定方法为钉连接或胶连接。

6）根据地面混凝土标号来决定采用电锤打眼法和射钉固定法。①电锤打眼法：如果地面有找平层，一般采用电锤打眼法，用电锤在弹好的地面龙骨线上打眼，然后把做过防腐处理的木塞用铁钉将龙骨固定在地面上，一般电锤打入地面眼的深度不能小于40mm；②射钉固定法：如果直接在现浇混凝土基层上固定木龙骨，因混凝土标号高、硬度好，可采用射钉固定法，射钉透过木龙骨进入混凝土基层深度不得小于15mm，当地面误差过大时，应以垫木找平，先用射钉把垫木固定于混凝土基层，再用铁钉将木龙骨固定在垫木上，当地面过高时，应刨薄木龙骨或在木龙骨排放位置上剔槽后嵌入木龙骨，待调试达到正常标高后，将射钉固定在混凝土基层上。

7）对铺设完毕的木龙骨进行全面的平直度调整和牢固性的检测，使其达到标准后方可进行下道工序。

8）在龙骨上铺设防潮膜，防潮膜接头处应重叠200mm，四边往上弯。

总之，木龙骨的铺设方法有很多种，例如：地垄墙、砖墩、预埋绑扎法等。

4．地板面层铺设

地板面层一般为错位铺设，从墙面一侧留出8～10mm的缝隙后，铺设第一块木地板，地板凸角向外。

（1）实木地板在安装时，先在地板凸榫处斜向钻孔，再用专用地板钉固定于木龙骨上，以后逐块排紧钉牢，并在端头凸榫处加钉固定。

（2）多层实木复合地板在安装时，在地板凸榫处斜向用气钉（地板专用钉）打入以固定地板，气钉枪空气压力必须达到 6kg 或 6kg 以上。每块地板凡接触木龙骨的部位，必须用钉固定，视情况打入 1~2 个钉，钉必须钉在地板凸角处，钉打入方向为 45°~60°，斜向打入，最低钉长不得少于 38mm。

（3）为使地板顺口缝平直均匀，应每铺设 3~5 道地板，即拉一次平直线检查地板顺口缝是否平直，如不平直，应及时调整。

（4）面板铺设完后，若面板为素板要打磨、上漆；若为漆板则直接安装踢脚板并及时清理干净，做好成品保护。

（5）毛地板铺设法（双层木地板）以漆面实木地板为例：

1）前期准备。找平地面，把地面打扫干净，确保地面是干透的。如果前期用水泥抹平的，一定要等水泥干透。为了防潮和防虫，打一层沥青油层。

2）铺设底板。一般用优质 9mm 板，细木工板，刨花板铺设，每小块之间要有 1cm 的空隙。然后用在地面钻孔后打入木钉，再在木钉中打入钢钉以使板和地面固定。注意：底板不宜使用密度板或者大芯板。

3）铺设漆面实木地板。用钉打在板的四侧边上，钉数长边一边为 4 颗，短边一边为 2 颗，可多不可少。漆面实木地板的铺设，禁止使用胶水。实木地板铺设时，离四周墙面（门槛处除外）保持 10mm 距离，这个空隙可在后期通过踢脚线蔽掩（该空隙不准填充，踢脚线也不插进此空隙）。

4）清理。清扫干净漆面，尤其是不准有沙粒，沙粒会对漆面造成很大磨损。

5）安装地脚线并给地脚线上漆（漆面实木地板不需要再上漆）。

注意事项：地板下可加防潮膜。这种办法有两种好处：①由于漆板不可磨，所以防潮膜有调整地平的作用；②可增加实木地板的防潮性能。这种办法也有缺点：不利于底板通风透气，长期会使底板有发霉现象。

（6）打龙骨加毛地板铺设法（双层木地板）。安装完龙骨后，在龙骨上面先铺设一层毛地板，毛地板可用 90mm 板，与龙骨成 30°或 45°斜向钉牢，使毛板间留缝约 3mm，接头设在龙骨上并留 2~3mm 缝隙，接头应错开。

铺钉完毕，弹方格网线，按网点抄平，并用刨子修平，达到标准后，方能钉面板。

三、质量保证

1）当地面过高时，木龙骨应刨薄处理，但龙骨厚度不得低于 20mm。

2）影响木地板铺设的地面浮灰、残余砂浆等杂物必须清除干净，以免地面杂物影响地板铺设的平直度或受潮、生虫。

3）在木龙骨铺垫平直并验收合格后，方可铺设地板面层。

4）所有木龙骨、垫木必须做好防腐处理，可涂刷防腐油漆、沥青等。

5）木龙骨、木地板铺设靠墙处必须留有 8~10mm 的缝隙，以利于伸缩、通风，防止地板因受潮而起拱。

6）严禁用气钉固定龙骨与垫木及龙骨与夹木。

7）龙骨接口处的夹木长度必须大于 300mm，宽度不小于 1/2 骨宽。

8）龙骨局部失稳处适当调整垫木间距。

2.2.2.4　门窗施工（铝合金推拉门窗）

一、任务描述

此节主要是通过铝合金推拉门窗的安装施工，了解铝合金门窗的性能特点，以及施工方法和质量保证措施。

铝合金是经过表面处理的型材，通过下料、打孔、铣槽等工序，制作成门窗框料构件，然后再与连接件、密封件、开闭五金件一起组合装配而成。尽管铝合金门窗的尺寸大小及式样有所不同，但是同类铝合金型材门窗所采用的施工方法都相同。由于铝合金门窗在造型、色彩、玻璃镶嵌、密封材料的封缝和耐久性等方面都比钢门窗、木门窗有着明显的优势，因此，铝合金门窗在高层建筑和公共建筑中获得了广泛的应用。如图2-2-10所示。

图2-2-10　铝合金窗

二、任务实施

（一）铝合金门窗的特点、类型和适用范围

1. 铝合金门窗的特点

铝合金门窗与普通木门窗、钢门窗相比，具有下列几个特点：

（1）轻质、高强。由于门窗框的断面是空腹薄壁组合断面，这种断面利于使用并因空腹而减轻了铝合金型材的质量，铝合金门窗较钢门窗轻50％左右。在断面尺寸较大，且质量较轻的情况下，其截面却有较高的抗弯刚度。

（2）密闭性能好。密闭性能为门窗的重要性能指标，铝合金门窗较之普通木门窗和钢门窗，其气密性、水密性和隔音性能均佳。不过，铝合金门窗，其推拉门窗比平开门窗的密闭性稍差，因此推拉门窗在构造上加设了尼龙毛条，以增强其密闭性能。

（3）使用中变形小。一是因为型材本身的刚度好；二是由于其制作过程中采用冷连接。横竖杆件之间、五金配件的安装，均是采用螺丝、螺栓或铝钉，通过角铝或其他类型的连接件，使框、扇杆件连成一个整体。这种冷连接同钢门窗的电焊连接相比，可以避免在焊接过程中因受热不均而产生的变形现象，从而确保制作精度。

（4）立面美观。一是造型美观，门窗面积大，使建筑物立面效果简洁明亮，并增加了虚实对比，富有层次感；二是色调美观，其门窗框料经过氧化着色处理，可具银白色、金黄色、青铜色、古铜色、黄黑色等色调或带色的花纹，外观华丽雅致，无需再涂漆或进行表面维修。

（5）耐腐蚀，使用维修方便。铝合金门窗不需要涂漆，不褪色、不脱落，表面不需要维修。铝合金门窗强度高，刚性好，坚固耐用，开闭轻便灵活，无噪音。

（6）施工速度快。铝合金门窗现场安装的工作量较小，施工速度快。

（7）使用价值高。在建筑装饰工程中，特别是对于高层建筑、高档次的装饰工程，如果从装饰效果、空调运行及年久维修等方面综合权衡，铝合金门窗的使用价值是优于其他种类门窗的。

（8）便于工业化生产。铝合金门窗框料型材加工、配套零件及密封件的制作与门窗装配试验等，均可在工厂内进行大批量工业化生产，有利于实现门窗设计标准化、产品系列化和零配件通用化，以及门窗产品商品化。

2. 铝合金门窗的类型

根据结构与开闭方式的不同，铝合金门窗可分为推拉门、推拉窗、平开门、平开窗、固定窗、悬挂窗、回转门、回转窗等几种。根据色泽的不同，铝合金门窗可分为银白色、金黄色、青铜色、古铜色、黄黑色等几种。根据生产系列（习惯上按门窗型材截面的宽度尺寸）的不同，铝合金门窗可分为25、40、45、50、55、60、65、70、80、90、100系列等。

3. 铝合金门窗的适用范围

铝合金门窗适用于有密闭、保温、隔声要求的宾馆、会堂、体育馆、影剧院、图书馆、科研楼、办公楼、电子计算机房，以及民用住宅等现代化高级建筑的门窗工程。

（二）铝合金门窗的制作

1. 施工准备

（1）铝合金门窗加工前，应对所用材料和附件进行检验，其材质应符合现行国家标准或行业标准，所选用的型材形状、尺寸及壁厚应符合设计和使用要求。选用的附件，除不锈钢外，应做防腐处理，以防止与铝合金型材发生接触腐蚀。

（2）应认真检查门窗洞口的实际尺寸，并根据土建施工图核实洞口的实际尺寸与设计要求是否相符，若有出入，应会同土建部门共同处理。

（3）检查施工工具、机具。

2. 制作

（1）断料。又称"下料"，是铝合金门窗制作的第一道工序，也是关键的工序。断料主要使用切割设备，材料长度应根据设计要求并参考门窗施工大样图来确定，要求切割准确，否则门窗的方正难以保证，断料尺寸误差值应控制在 2mm 范围内。一般来说，推拉门窗断料宜采用直角切割。

（2）钻孔。铝合金门窗的框扇组装一般采用螺丝连接，因此不论是横竖杆件的组装，还是配件的固定，均需要在相应的位置钻孔。型材钻孔，可以用小型台钻或手枪式电钻，前者由于有工作台，所以能有效保证钻孔位置的精确度；而后者则操作方便。

钻孔前应根据组装要求在型材上弹线定位，要求钻孔位置准确，孔径合适。不可在型材表面反复更改钻孔，因为孔一旦形成，则难以修复。

（3）组装。将型材根据施工大样图要求通过连接件用螺丝连接组装。铝合金门窗的组装方式有 45°角对接、直角对接和垂直对接三种。横竖杆的连接，一般采用专用的连接件或铝角，再用螺钉、螺栓或铝拉钉固定。

（三）铝合金门窗的安装

1. 施工准备

（1）材料。

1）铝合金门窗的品种、规格、开启形式应符合设计要求，各种附件配套齐全，并具有产品出厂合格证。

2）防腐材料、填缝材料、密封材料、保护材料、清洁材料等应符合设计要求和有关标准的规定。

（2）作业条件。

1）门窗洞口已按设计要求施工完毕，并已画好门窗安装位置墨线。

2）检查门窗洞口尺寸是否符合设计要求，如有预埋件的门窗洞口还应检查预埋件的数量、位置及埋设方法是否符合设计要求，若有影响门窗安装的问题应及时进行处理。

3）检查铝合金门窗，如有表面损伤、变形及松动等问题，应及时进行修理、校正等处理，合格后才能进行安装。

2. 施工工艺

（1）防腐处理。

1）门窗框侧面防腐处理如设计要求时，按设计要求执行。如设计无专门的要求时，在门窗框四周侧面涂防腐沥青漆。

2）连接铁件、固定件等安装用金属零件，除不锈钢外，均应进行防腐处理。

（2）划线定位。

1）根据设计图纸中门窗的安装位置、尺寸和标高，依据门窗中线向两边量出门窗边线。若为多层或高层建筑时，以顶层门窗边线为准，用线坠或经纬仪将门窗边线下引，并在各层门窗口处划线标记，对个别不直的口边应剔凿处理。

2）门窗的水平位置应以楼层室内＋50cm 的水平线为准向上反量出窗下标高，弹线找直。每一层必须保持窗下标高一致。

（3）就位和临时固定。铝合金门窗框安装采用塞口法。根据门窗安装位置墨线，将铝门窗装入洞口就位，将木楔塞入门窗框和四周墙体间的安装缝隙，调整好门窗框的水平、垂直、对角线长度等位置及形状偏差，符合检评标准，用木楔或其他器具临时固定。

（4）门窗框与墙体的连接固定，如图 2-2-11 所示。

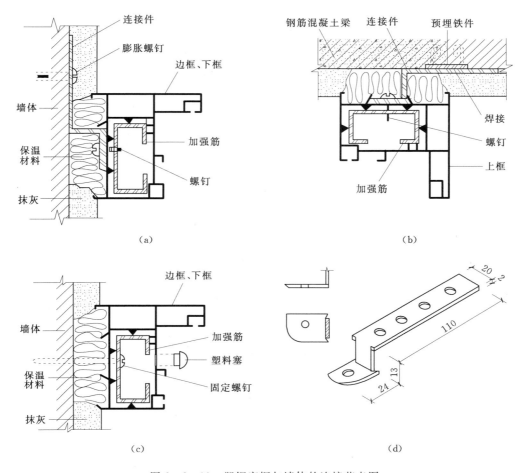

图 2-2-11　塑钢窗框与墙体的连接节点图

（a）螺栓固定连接件法；（b）预埋件焊接固定连接件法；（c）直接固定法；（d）连接件

1）连接铁件与预埋件焊接固定，适用于钢筋混凝土和砖墙结构。

2）连接铁件用紧件固定：①射钉，适用于钢筋混凝土结构；②特种钢钉（水泥钉），适用于低标号混凝土和砖墙结构；③金属膨胀螺栓、塑料膨胀螺栓，适用于混凝土结构。不论采用哪种方法固定，铁脚至窗角的距离不大于 180mm，铁脚间距应按设计要求，间距应不大于 600mm。

（5）门窗框与墙体安装缝隙的密封。

1）铝合金门窗安装固定后，应先进行隐蔽工程验收，检查合格后再进行门窗框与墙体安装缝隙的密封处理。

2）门窗框与墙体安装缝隙的处理，如设计有规定时，按设计规定执行；如设计未规定填缝材料时，应填塞水泥砂浆。如室外侧留密封槽口，填嵌防水密封胶。

（6）安装五金配件齐全，并保证其使用灵活。

（7）安装门窗扇及门窗玻璃。

1）门窗扇及门窗玻璃的安装应在洞口墙体表面装饰工程完工后进行。

2）地弹簧门应在门框及弹簧主机入口安装固定好之后安装门扇，先将玻璃嵌入门扇构架并一起入框就位，调整好框扇缝隙，最后再将门扇上的玻璃填嵌密封胶。

3）推拉门窗一般在门窗框安装固定好之后，将配好的门窗扇整体安装，即将玻璃入扇镶装密封完毕，再入框安装，调整好框与扇的缝隙。

三、质量保证

（一）质量保证措施

1. 保证项目

（1）铝合金门窗及其附件质量必须符合设计要求和有关标准的规定。

（2）铝门窗的开启方向、安装位置必须符合设计要求。

（3）门窗安装必须牢固，防腐处理和预埋件的数量、位置、埋设连接方法等必须符合设计要求，框与墙体安装缝隙填嵌饱满密实，表面平整光滑无裂缝，填塞材料及方法符合设计要求。

2. 基本项目

（1）门窗附件齐全安装牢固，位置正确，灵活适用，达到各自的功能，端正美观。

（2）门窗扇开启灵活，关闭严密，定位准确，扇与框搭接量符合设计要求。

（3）门窗安装后表面洁净，无明显划痕、碰伤及锈蚀。密封胶表面平整光滑，厚度均匀。

（4）弹簧门扇定位准确，开启角度为90°±1.5°。关闭时间在6～10s范围之内。

3. 允许偏差

铝合金门窗安装允许偏差和检验方法如表2-2-2所示。

表2-2-2 铝合金门窗安装允许偏差和检验方法 单位：mm

项 次	项 目		允许偏差	检验方法
1	门窗槽口宽度、高度	≤1500	1.5	用钢尺检查
		>1500	2	
2	门窗槽口对角线长度差	≤2000	3	用钢尺检查
		>2000	4	
3	门窗框的正、侧面垂直度		2.5	用垂直检测尺检查
4	门窗横框的水平度		2	用1m水平尺和塞尺检查
5	门窗横框标高		5	用钢尺检查
6	门窗竖向偏离中心		5	用钢尺检查
7	双层门窗内外框间距		4	用钢尺检查
8	推拉门窗扇与框搭接量		1.5	用钢直尺检查

（二）施工注意事项

1. 避免工程质量通病

（1）门窗框固定不好，水平度、垂直度、对角线长度等超差，门窗框起鼓变形：门窗框临时固定后，再填塞与墙体之间的缝隙，注意不要使门窗框移位倾斜变形，应待门窗框安装固定牢固后，再除掉定位木楔或其他器具。

（2）铝合金门窗表面腐蚀变形：施工时严格做好产品保护，及时补封好破损掉落的保护胶纸和薄膜，并及时清除溅落在铝合金门窗表面的灰浆污物。

（3）门窗扇玻璃密封条脱落：玻璃厚度与扇挺镶嵌槽及密封条的尺寸配合要符合国家标准及设计要求，安装密封条时应留有伸缩裕量。

（4）门窗表面划痕：使用工具清理铝门窗表面时不得划伤、割伤铝合金型材表面。

（5）外观不整洁：门窗表面污迹应用专门溶剂或洁净的水及棉纱清洗掉，填嵌密封胶多余的胶痕要及时清理掉，确保完工的铝门窗表面整洁美观。

2. 主要安全技术措施

（1）安全防护用品及措施。

1）铝合金门窗安装人员进入施工现场必须戴安全帽，穿防滑的工作鞋，严禁穿拖鞋或光脚。

2）高空室外安装铝合金门窗必须要有安全网、护身栏等防护设施，高处作业必须系好安全带。

（2）施工机具。

1）焊接机械的使用要符合《施工现场临时用电安全技术规范》（JGJ 46—88）第八章第五节"焊

接机械"的规定，并注意电焊火花的防火安全。

2）电动螺丝刀、手电钻、冲击电钻、曲线锯等必须选用二类手持式电动工具，严格遵守《手持电动工具的管理、使用、检查和维修安全技术规程》（GB 3787—83），每季度至少全面检查一次；现场使用要符合《施工现场临时用电安全技术规范》（JGJ 46—88）第八章第六节"手持式电动工具"的规定，确保使用安全。

（3）射枪。

1）操作人员要经过培训，严格按规定程序操作，工作时要戴防护眼镜，严禁枪口对人。

2）射钉弹要按有关爆炸和危险物品的规定进行搬运、储存使用，存放环境要整洁、干燥、通风良好、温度不高于40℃，不得碰撞，用火烘烤或高温加热射钉弹，哑弹不得随地乱丢。

3）墙体必须牢固、坚实并具承受射冲力的刚度。在薄墙、轻质墙上射钉时，墙的另一面不得有人，以防射穿伤人。

4）特种钢钉：钉特种钢钉应选用重量大的榔头，操作人员要戴防护眼镜。为防止钢钉飞跳伤人，可用钳子夹住再行敲击。

（4）玻璃搬运和安装。

1）搬运玻璃前首先检查玻璃是否有裂纹，特别要注意暗裂，确认完好才搬运。

2）搬运玻璃时必须戴手套、穿长袖衫，玻璃要竖向，以防玻璃锐边割手或玻璃断裂伤人。

3）高处安装玻璃时应稳妥置放，其垂直下方不得有人。

4）风力五级以上难以控制玻璃时，应停止搬运和安装玻璃。

（5）门窗清洁。使用香蕉水清洁门窗时，室内要通风良好，戴好口罩，严禁吸烟，周围不准有火种，沾有香蕉水的棉纱布应收集在金属容器内及时处理。

3. 产品保护

（1）铝门窗运输时应妥善捆扎，樘与樘之间用非金属软质材料隔垫开，吊运时选择牢靠平整的作业点，防止门窗相互磨损、挤压扭曲变形，损坏附件。

（2）铝合金门窗进入施工现场后应在室内竖直排放，产品不能接触地面，底部用枕木垫平高于地面100mm以上，严禁与酸、碱性材料一起存放，室内应清洁、干燥、通风。

（3）铝合金门窗装入洞口就位临时固定后，应检查四周边框和中间框架是否用规定的保护胶纸和塑料薄膜封包扎好，再进行门窗框与墙体安装缝隙的填嵌密封和洞口墙体表面装饰等施工，以防止水泥砂浆、灰水、喷涂材料等污损铝合金门窗表面。在室内外湿作业未完成前，不得破坏门窗表面保护材料。

（4）进行焊接作业时，应采取措施，防止电焊火花损坏周围的铝合金门窗型材、玻璃等材料。

（5）禁止人员踩踏铝合金门窗，不得在铝合金门窗框架上安放脚手架、悬挂重物，经常出入的门洞口，应及时用木板将门框保护好，严禁擦碰铝合金门窗产品，防止铝合金门窗变形损坏。

（6）铝合金门窗清洁时，保护胶纸要妥善剥离，注意不得划伤、刮花铝合金表面氧化膜。

2.2.2.5 电气施工

本小节主要介绍卧室吊顶射灯线路的改造与敷设；开关、插座的位置改造与安装。

一、任务描述

如图2-2-12所示，此学习情境的主要任务是通过对图纸所示项目的室内线路改造、各种开关插座的安装、灯具安装等的实施，掌握室内电气改造施工的基本方法、各种电气设备的选择和布置方法，了解电气设备质量保证的基本方法。

二、任务实施

（一）卧室插座的布置、安装高度及容量选择

1. 卧室插座的布置

卧室是人们休息、睡眠的地方。主要的家用电器有：电话、电视、空调机、桌前台灯、落地台

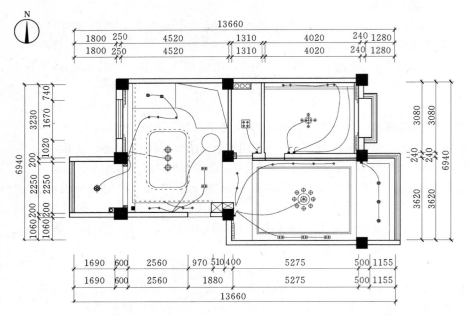

图 2-2-12　室内装修电路布置图

音响插座		单联开关	
插座		双联开关	
空调插座		三联开关	
电话插座	(H)	四联开关	
电视插座	(T)	筒灯	◎
宽带插座	(K)	格栅射灯	
镜前灯	(JQD)	φ50 射灯	+
排气扇	(FM)	顶灯	
浴霸			

灯、床头台灯、落地风扇、电热毯等。一般应有 7 支路线，包括：电源线、照明线、空调线、电视馈线、电话线、电脑线、报警线。确定床的位置是卧室插座布置的关键。一般双人床都是摆在房间中央，一头靠墙，双人床宽一般为 1.8～2.0m，那么，床头两边各设一组多用电源插座，采用 5 孔插线板带开关为宜，以供床头台灯和电热毯等用电，床头设一个电话插座，床头的对角（指窗户方向）设一个电视插座及 1 组多用电源插座，以供睡前欣赏电视或插桌前台灯之用，靠窗前的侧墙上设一个空调电源插座，其他适当位置设一组多用电源插座备用。共设强电插座 4～5组，弱电插座 2 组。

照明灯光采用单头灯或吸顶灯，多头灯应加装分控器，建议采用单联双控开关，一个安装在卧室门旁边，另一个开关安装在床头柜上侧或床边较易操作部位。报警线在顶部位置预留线口。如果卧室采用地板下远红外取暖，电源线与开关调节器必须采用适合 6mm² 铜线与所需电压相匹配的开关，温控调节器切不可用普通照明开关，该电路必须另行铺设，直到入户电源控开部分。

2. 卧室开关、插座的安装高度及容量选择

住户在卧室装修中，空调电源插座底边距地为 1800mm，其余强、弱电插座底边距地 300mm，壁挂电视电源插座高度根据空间大小及电视尺寸确定，一般高度为 1000～1200mm。开关距地 1300～1400mm，左右距毛坯门框 200mm；床头双控开关高度 850mm 左右。如只做线路局部改造的项目，则开关、插座高度应同原房间开关插座高度统一。

空调机电源选用 16A 三孔插座，其余选用 10A 二、三孔多用插座。为防止儿童用手指触摸或金属物插捅电源的孔眼，一定要选用带有保险挡片的安全插座。

（二）电路改造工程的施工

1. 电路改造工程的施工程序

家庭装修中电源线、电视天线导线、电话线等要根据家庭日常生活的需要重新进行安排，所以在装修工程施工中，各类插座的移位是必不可少的项目。进行各种线路移位改造时，应首先确定线路终端插座的位置，并在墙面标画出准确的位置和尺寸，然后向就近的同类插座引线。引线的方法是：如果插座在墙的上部，在墙面垂直向上开槽，至墙的顶部安装装饰角线的安装线内，如果是在墙的下部，垂直向下开槽，至安装踢脚板的底部。槽深 15mm 左右，将电线导线装入护线套管，卧入墙面槽内，用水泥砂浆抹平，使之固定在墙内。如果原插座保留，则重新安装在原

位置上，如果不保留，则应用砖块填堵后，用水泥砂浆抹平。沿地面的导线，在安装踢脚板时，卧于踢脚板的底部内侧；沿顶角的导线，在安装装饰线时，隐蔽在装饰角线的内部。插座、开关安装要牢固，四周无缝隙，分支接头应在插座盒、开关盒、灯头盒内，每个接头接线不宜超过两根，线在盒内应有适当的余量，电线、天线、接线必须采用分支器并留检查口，电气管路与蒸汽管、热水管间距大于50cm。

单相二眼插座的施工接线要求是：当孔眼横排列时为"左零右火"；竖排列时为"上火下零"。单相三眼插座的接线要求是：最上端的接地孔眼一定要与接地线接牢、接实、接对，绝不能不接。余下的两孔眼按"左零右火"的规则接线，值得注意的是，零线与保护接地线切不可错接或接为一体。

为了避免交流电源对电视信号的干扰，电视馈线线管、插座与交流电源线管、插座之间应有0.5m以上的距离（特殊情况下电视信号线采用屏蔽线缆，间距也不得低于0.3m）。

电线接线头预留长度要有足够的长度，一般开关、插座接线盒预留长度不少于10cm，吊顶内筒灯、射灯、吸顶灯预留长度不少于30cm（饰面板外），吊灯、花灯、装饰等预留长度不少于80cm（根据吊杆长度，最好减少接头）；在安装电器设备前预用压线帽收口接线头。

2. 电路改造工程的施工规范

（1）开槽深度应一致，槽线顶直，应先在墙面弹出控制线后，再用云石机切割墙面，人工开槽。线路安装时必须加护线套管，套管连接应紧密、平顺，直角拐角处应将角内侧切开，切口一侧切圆弧形接口后，折弯安装。导线装入套管后，应使用导线固定夹子，先固定在墙内及墙面后，再抹灰隐蔽或用踢脚板、装饰角线隐蔽。插座盒的安装应先在墙面开出洞孔，导线插入线盒后，线盒卧入洞孔固定，将导线与面板固定，并将面板固定在线盒上。安装电源开关的方法与插座盒的方法一致。

（2）墙身、地面开线槽必须横平竖直，不允许弯弯曲曲，特殊情况须经监理同意，所有电线（含电话线、音响线、电视线）都要可以灵活抽动和更换，强、弱电须分开线管敷设，电视信号线、电话线、网络线、音响线等要分开敷设。

（3）线管管面与墙面应留10mm以上的粉灰层，防止墙面开裂。吊顶敷设、膨胀管线应用管码固定，距离顶棚面间距须大于50mm。

（4）敷设暗管线路，电线在管内不能有接头，不应扭结，管内应留有40%的空间。

（5）线管采用水泥钉，连接铜丝固定，大型灯具的安装须用吊钩预埋件或专用框架可靠固定，电源线不应紧贴器具外壳，吸顶灯具固定面罩的外边框应紧贴棚面，发热量较大的器具与可燃材料接触在进行隔热处理。

（6）敷设好的电线、网络线、电话线等都必须进行检测（是否短路、断路、接地等），再进行埋线管。

（7）敷设好线路后，必须提交一份标准详细的电路图。

2.2.3 课后作业

【理论思考题】

1. 简述木龙骨石膏板吊顶的施工工艺。

2. 简述液体壁纸的施工工艺。

3. 实木地面有几种铺设方法？分别简述它们的施工工艺。

4. 简述铝合金推拉门窗的安装方法和施工工艺。

5. 简述卧室电气线路改造以及开关和插座的位置改造注意事项。

【实训题】

1. 参观施工现场。

2. 工程案例仿真操作。

课题 3　厨房、卫生间装修施工技术

2.3.1　学习目标

知识点

1. 施工图纸的读识
2. PVC 装饰板吊顶施工技术，施工机具与技术要点
3. 有釉陶质砖、陶瓷锦砖贴面，各自的特点，施工机具与技术要点
4. 地面的防水处理技术，防水材料的选用及技术参数，有釉陶质砖的特点，施工机具与技术要点
5. 厨房、卫生间电气线路材料的选择与施工，施工机具与技术要点
6. 电气安装及防水防潮处理，防静电处理及安全检测技术
7. 成品保护措施
8. 施工质量验收标准及检验方法

技能点

1. 能绘制和识读厨房、卫生间装修施工图
2. PVC 装饰板吊顶装修施工中龙骨节点的处理，弹线技术，龙骨的固定与 PVC 装饰板的施工
3. 能正确选用防水材料并进行地面防水处理，墙面防水层的高度，有釉陶质砖、陶瓷锦砖贴面的铺设工艺
4. 整体浴房的安装的安装技术，安装过程中选用合适的工具，并对电气设备进行改造，防水防潮处理
5. 合理选用电气线路材料、灯具并进行安装及安全检测
6. 能正确判断施工质量问题，并提出相应的预防、解决措施

2.3.2　相关知识

一、卫生间装修施工相关知识

一个完整的卫生间，应具备入厕、洗漱、沐浴、更衣、洗衣、干衣、化妆，以及洗理用品的储藏等功能。具体情况需根据实际的使用面积与主人的生活习惯而定。

在布局上来说，卫生间大体可分为开放式布置和间隔式布置两种。所谓开放式布置就是将浴室、便器、洗脸盆等卫生设备都安排在同一个空间里，是一种普遍采用的方式；而间隔式布置一般是将浴室、便器纳入一个空间而让洗漱独立出来，这不失为一种不错的选择，条件允许的情况下可以采用这种方式。

从设备上来说，卫生间一般包括卫生洁具和一些配套设施。卫生洁具主要有浴缸、整体浴房、洗脸盆、便器、小便斗等；配套设施如整容镜、毛巾架、浴巾环、肥皂缸、浴缸护手、化妆橱和抽屉等。考虑到卫生间易潮湿这一特点，应尽量减少木制品的使用。

卫生间的装饰材料一般较多采用墙地砖、PVC 或铝制扣板吊顶。一般来说，先应把握住整体空间的色调，再考虑选用什么花样的墙地砖及天花吊顶材料。由于我国较多家庭的卫生间面积都不大，所以选择一些亮度较高，或色彩亮丽的墙砖会使得空间感觉大一些。地砖则应考虑具有耐脏及防滑的特性，天花板无论是用 PVC 或铝扣板，都应该选择简洁大方色调轻盈的材质，这样才不至于产生"头重脚轻"的感觉。三者之间应协调一致，与洁具也应相和谐。

二、厨房装修基础知识

厨房是人们生活中使用频率很高的场所，所以厨房的装修设计与施工也显得十分重要，那么厨房的装修应注意以下几个方面。

（1）台面：应选用防火、防水材料制作台面。若做橱柜，最好用成品。台面的高度应以家里最常

做饭人的身高为依据来确定如图 2-3-1 所示。通常操作台的高度为 80~85cm；水槽两侧一般应各有一个长 40~60cm 的台面，一边供放置未洗过的菜，一边放置洗过的菜；如果餐桌不在厨房里，那么灶台边上还应设一块 40~60cm 长的台面，用来暂时放刚出锅的菜。在橱柜的背面方向要做挡水板，即要高出台面一些，以防止水流到橱柜的背面，使基材膨胀，造成开裂、脱落等现象。

（2）顶面：最好吊全顶，以便于擦洗。通常用 PVC、铝塑板或铝扣板吊顶。注意选用阻燃和耐油污的材料，由于厨房中尤其是中式厨房中，使用明火且煎炸炒一类较多。要求吊顶材料阻燃性和耐油性能良好，如图 2-3-2 所示。

图 2-3-1　某厨房装修台面效果图

（3）地面：最好选用防滑地砖，并且接缝要小，以减少污垢的积藏，便于打扫。厨房地面应有地漏，以便于地面的清洗和排水，如图 2-3-3 所示。

（4）墙面：最好用瓷砖贴到顶，以便于擦洗。有些住宅，厨房的墙砖只贴到 1.8m 高，这是不够的，需要补贴到顶，如图 2-3-4 所示。

图 2-3-2　厨房装修顶面效果图

图 2-3-3　厨房装修地面效果图

（5）光线：中西餐讲究色香味俱全，因此厨房内光线要充足，晚上的灯光也要够亮，并且灯光的颜色应该是白色的，否则会影响对色泽的判断，不易掌握饭菜的火候。同时还要避免灯光产生阴影，尽量不用射灯。

（6）抽油烟机：由于中餐就煎、炒、烹、炸，油烟较多，所以抽油烟机要选功率大的。市场上有一种抽油烟机架，可以把抽油烟机直接搁在上面，很方便，且它的两侧是玻璃或铁皮做的隔板，既可以防止油滴四溅，也可以形成一个相对封闭的空间，使抽油烟机排油烟更彻底。必要时，还可以考虑加装一个排气扇，以保证油烟能被清除干净。

（7）插座：厨房的电器越来越多，必须事先设计好各自的合理位置，并安好插座。应注意冰箱最好不要与其他电器共用一个插座。厨房里通常有的电器包括：冰箱、微波炉、食品加工机、电饭锅、抽油烟机、消毒柜、洗碗机、豆浆机等。应根据各自的功率，分别安装插座，避免一个接线板同时接好几个大功率电器的情况。

图2-3-4 厨房装修墙面　　　　　　　　　　　图2-3-5 厨房装修抽屉效果

（8）拉篮：厨房里应有拉篮，以用来放餐具，避免餐具暴露在外。厨房里锅碗瓢盆、瓶瓶罐罐等物品既多又杂，如果暴露在外，易沾油污，且又难清洗，因此拉篮应尽量封闭；由于各种餐具、厨具大小不一，如大勺、小勺、酒杯、筷子等，混放在一起，取放很不方便，因此餐橱应多做分隔，抽屉里也最好分成大小不等的隔断，将各种餐具分门别类地存放，既方便又整齐，如图2-3-5所示。

2.3.3 学习情境

2.3.3.1 吊顶装修施工

一、任务描述

本任务主要通过对厨房、卫生间的吊顶采用木龙骨和PVC罩面板装修的施工的实施，让学生掌握厨房、卫生间吊装修的施工技术。PVC扣板是聚氯乙烯塑料板，它以聚氯乙烯树脂为基料，加入抗老化剂、改性剂等助剂，经混炼、压延、真空吸塑等工艺制成的凹凸浮雕型装饰板。有多种颜色及各种题材的立体图案和拼花，分为单层板和复合板。具有质轻、隔热、难燃、耐潮湿、不吸尘、不破裂、可自行涂饰、安装简单且价格低廉等优点。如图2-3-6和图2-3-7所示。

图2-3-6 PVC板材示意图　　　　　　　　　　图2-3-7 PVC板材排列图

二、任务实施

（一）木龙骨安装

厨房、卫生间的吊顶木龙骨的安装方法与卧室基本相同，但厨房、卫生间面积较小，龙骨横截面也较小，一般主次龙骨均不超过40mm×50mm。

（二）PVC罩面板安装

1. 采用 PVC 薄片产品作木龙骨吊顶罩面

厨房、卫生间吊顶用的罩面板，一般选用薄型片材。在进行安装时，可用压条纵横固定于覆面龙骨底面，或先用较薄的木条按板块尺寸组成方格，固定成天花单元，再分别就位与木龙骨钉固，最后采用涂饰钉眼或加设压条的做法处理饰面接缝。

2. 采用 PVC 复合板产品作木龙骨吊顶罩面

安装时，应预先进行钻孔，然后用木螺钉和垫圈或金属压条固定。用木螺栓固定时，木螺钉的钉距一般为 400～500mm，钉帽应排列整齐。如果采用金属压条时，先用钉子将塑料贴面复合板做临时固定，然后加盖金属压条，压条应平直，接口应严密。

三、质量保证

（一）工艺要求

（1）用钉固定时，钉距不宜大于 200mm，塑料扣板拼接整齐，平直，无色差，无变形，无污迹。

（2）木龙骨吊顶木方不小于 25mm×30mm，且木方规矩。并符合纸面石膏木龙骨工艺要求。

（3）面板与墙面、窗帘盒、灯具等交接处应严密，不得有漏缝现象，轻型灯具（及排风扇）应与龙骨连接紧密，重型灯具或吊扇，不得与吊顶龙骨连接，应在基层板上另设吊件。

（二）质量验收

（1）根据吊顶的设计标高在四周墙上弹线，其水平允许偏差为±5mm。

（2）四周墙角用塑料顶角线扣实，对缝严密，与墙四周严密，缝隙均匀。

（3）吊顶工程所用材料的品种、规格、颜色以及基层构造，固定方法应符合设计及有关规范要求。

（4）面板与龙骨应连接紧密，表面应平整，不得有污染、拆裂、缺棱掉角、锤伤等缺陷。接缝应均匀，色泽一致。

（5）吊顶面板施工刷涂料，质量应符合墙面涂料质量要求。

2.3.3.2　墙面施工

一、任务描述

本任务主要通过卫生间的墙面铺设施工，对墙面进行釉陶瓷砖、陶瓷锦砖贴面，达到如图 2-3-8 所示的效果，让学生掌握釉陶瓷砖、陶瓷锦砖贴面的基本施工方法，质量保证措施等方面的知识。

二、任务实施

（一）材料准备

对已进入施工现场的各种饰面材料，必须进行外观和内在质量的检查和验收，验收合格后方可使用。

（1）对已到场的饰面材料进行数量清点核对。

（2）按设计要求，进行外观检查，检查内容主要包括以下几个方面。

1）进料与选定样品的图案、花色、颜色是否相符，有无色差。

2）各种饰面材料的规格是否符合质量标准所规定的尺寸和公差要求。

3）各种饰面材料是否有表面缺陷和破损现象。

（3）检测饰面材料所含污染物是否符合要求。

以上检查内容必须开箱进行全数检查，不得抽样或部分检查，防止以劣充优。因为大面积装饰贴面，如果

图 2-3-8　卫生间装修效果图

有一块不合格，就会破坏整个装饰面的效果。

（二）内墙面砖镶贴施工工艺

内墙面砖镶贴的施工工艺流程为：交验→基层处理→抹底层、中层灰找平→弹线分格→选面砖→浸砖→做标志块→铺贴→嵌缝→清理→检验。

1. 交验

（1）施工单位会同建设单位、设计单位、监理单位、质量监督部门对主体结构进行中间验收，并认可同意隐蔽。

（2）饰面施工的上层楼板或屋面应已完工不漏，全部饰面材料按计划数量完成验收并入库。

2. 基层处理

镶贴饰面砖前需先做找平层，而找平层的质量是保证饰面层镶贴质量的关键，基层处理又是做好找平层的前提，要求基层不产生空鼓而又满足面层很粘贴要求。不同材质基层表面处理方法如下：

（1）混凝土表面处理。当基体（指墙或柱）为混凝土时，先剔凿混凝土基体上凸出部分，使基体基本保持整齐、毛糙，然后刷一道界面剂，在不同材料的交界处或表面有孔洞处，需用1：2或1：3水泥砂浆找平。填充墙与混凝土基体结合处，还应用钢丝网压盖接缝，射钉钉牢。

（2）加气混凝土表面处理。加气混凝土砌块墙应在基体清理干净后，先刷界面剂一道，为保证块料镶贴牢固，再满钉镀锌钢丝网一道。

（3）砖墙表面处理。当基体为砖砌体时，应用錾子剔除砖墙面多余灰浆，然后用钢丝刷除浮灰，并用清水将墙体充分润湿，使润湿深度约为2～3mm。

另外，基体表面处理的同时，需将穿墙洞眼封堵严实。光滑的混凝土表面，必须用钢尖或者扁錾凿毛处理，使表面粗糙。打点凿毛应注意两点：一是受凿面积不小于70％（即每平方米面积打点200个以上），绝不能象征性地打坑；二是凿点后，应清理凿点面，由于凿打中必然产生凿点局部松动，必须用钢丝刷清洗一遍，并用清水冲洗干净，防止产生隔离层。

3. 做找平层

（1）贴灰饼、做冲筋。抹灰前需先挂线、贴灰饼。内墙面应在四角吊垂线、拉通线，确定抹灰厚度后，再贴灰饼、连通（竖向、水平向）灰饼，进行冲筋，作为墙面找平层砂浆垂直度和平整度的标准。

（2）打底层灰。用1：3的水泥砂浆或1：1：4的混合砂浆，在已充分润湿的基层上涂抹。涂抹时必须控制砂浆的稠度，因为干燥的基体容易将紧贴它的砂浆层的水分吸收，使砂浆失水，形成抹灰层与基体之间的隔离层而水化不充分，无强度，引起基层抹灰脱壳和出现裂缝而影响质量。

（3）抹找平层。找平层的质量关键是控制好平整度和垂直度，为镶贴饰面层提供一个良好的基层（垂直而平整）。当抹灰厚度较大时，应分层抹灰，一般一次抹灰厚度不大于7mm，当局部太厚时加钢丝网片。

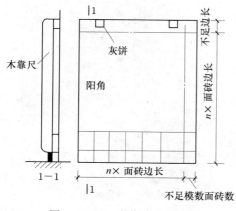

图2-3-9 弹线分格示意图

4. 弹线分格

弹线分格是在找平层上用墨线弹出饰面砖分格线。弹线前应根据镶贴墙面的长、宽（找平后的精确尺寸）尺寸，将纵横面砖的皮数划出皮数杆，定出水平标准。

（1）弹水平线。对要求面砖贴到顶的墙面，应先弹出顶棚边或龙骨下标高线，确定面砖铺贴上口线，然后从上往下按整块饰面砖的尺寸分划到最下面的饰面砖。当最下面砖的高度小于半块砖时，最好重新划分，使最下面一层面砖高度大于半块砖。重新排砖划分后，可将面砖多出的尺寸伸入到吊顶内。

（2）弹竖向线。最好从墙面一侧端部开始，以便将不足模数的面砖贴于阴角或阳角处。如图2-3-9所示。

5. 选面砖

选面砖是保证饰面砖镶贴质量的关键工序。必须在镶贴前按照颜色的深浅、尺寸的大小不同进行分选。对于饰面砖的几何尺寸大小，可以采用自制分选套模，套模根据饰面砖几何尺寸及公差大小做成几种 U 形木框钉在木板上，将砖逐块放入木框，即能分选出大、中、小，以此分类堆放备用。在分选饰面砖的同时，还必须挑选配砖，如阴角条、阳角条、压顶等。

6. 浸砖

分级归类的饰面砖，铺贴前应分别充分浸水，防止干砖铺贴上墙后吸收灰浆中的水分，致使砂浆中水泥不能完全水化，造成粘贴不牢或面砖浮滑。一般浸水时间不少于 2h，取出后阴干到表面无水膜再进行镶贴，通常为 6h 左右，以手摸无水感为宜。

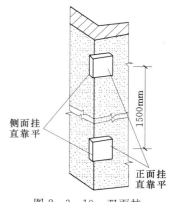

图 2-3-10 双面挂直示意图

7. 做标志块

用面砖按镶贴厚度，在墙面上下左右合适位置做标志，并以砖棱角作为基准线，上下靠尺吊垂直，横向用靠尺或细线拉平。标志块的间距一般为 1500mm。阳角处除正面做标志块外，侧面也相应有标志块，即所谓双面挂直，如图 2-3-10 所示。

8. 铺贴

（1）预排饰面砖。为确保装饰效果和节省面砖用量，在同一墙面只能有一行和一列非饰面砖，非整块砖应排在紧靠地面处或不显眼的阴角处。排砖时可用适当调整砖缝宽度的方法解决，一般饰面砖的缝宽可在 1～1.5mm 左右变化。凡有管线、卫生设备、灯具支撑等时，面砖应裁成 U 形口套入，再将裁下的小块截去一部分，与原砖套入 U 形口嵌好，严禁用几块零砖拼凑。内墙面砖镶贴排列方法，主要有直接镶贴和错缝镶贴两种，如图 2-3-11 所示。

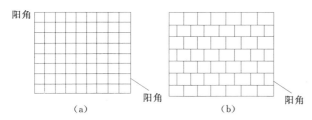

图 2-3-11 内墙面砖贴法示意图
（a）直缝；（b）错缝

（2）铺贴。每一施工层必须由下往上镶贴，而整个墙面可采用从下往上，也可采用从上往下的施工顺序。

一个施工层由下往上，从阳角开始沿沿水平方向逐一铺贴，以弹好的地面水平线为基准，嵌上直靠尺或八字形靠尺条，第一排饰面砖下口应紧靠直靠尺条上沿，保证基准行平直。如有踢脚板，靠尺条上口应为踢脚板上沿位置，以保证面砖与踢脚板接缝的美观，镶贴时，用铲刀在面砖背面满刮砂浆，再准确镶嵌到位，然后用铲刀木柄轻轻敲击饰面砖表面，使其落实镶贴牢固，并将挤出的砂浆刮净。

饰面砖黏结砂浆的厚度应大于 5mm，但不宜大于 8mm。砂浆可以是水泥砂浆，也可以是混合砂浆。水泥砂浆的配合比以 1∶（2～3）为宜，砂的细度模数应小于 2.9；混合砂浆是在以上配比的水泥砂浆中加入少量的石灰膏，以增加黏结砂浆的保水性和和易性。这两种黏结砂浆均比较软，如果砂浆过厚，饰面砖很容易下坠，其平整度不易保证，因次要求黏结砂浆不得过厚。另外，也可以采用环氧树脂粘贴法，环氧树脂是一种具有高度粘结力的高分子合成材料，用它来粘贴面砖，具有操作方便，功效较高，黏结性强，以及抗潮湿、耐高温、密封好等特点，但要求基层和找平层必须平整坚实，并需要待其干燥后才能进行粘贴。对面砖厚度的要求也比较高，要求厚度均匀，以便保证表面的平整度，由于用环氧树脂粘贴面砖的造价较高，一般在大面积面砖粘贴中不宜采用。

在镶贴施工的过程中，应随粘贴，随敲击，随用靠尺检查表面平整度和垂直度。检查发现高出标准砖面时，应立即压砖挤浆；如果已形成凹陷，必须揭下重新抹灰再贴，严禁从面砖边缘塞砂浆造成空鼓。如果遇到面砖几何尺寸差异较大，应在铺贴中注意随时调整。最佳的调整方法是将相近尺寸的饰面砖贴在一排上，但镶最上面一排时，应保证面砖上口平直，以便最后贴压条砖。无压条砖时，最好在上口贴圆角面砖，如图2-3-12所示。卫生设备处饰面砖镶贴示意图，如图2-3-13所示。

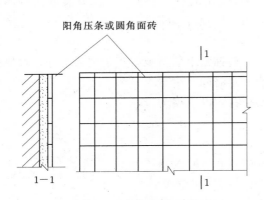

图2-3-12　圆角面砖铺贴图

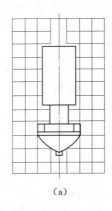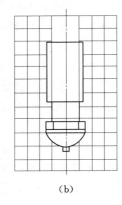

图2-3-13　卫生间设备处面砖镶贴图
(a) 皂盒占位为单数面砖分法；
(b) 皂盒占位为双数面砖分法

9．嵌缝、擦洗

饰面砖铺贴完毕后，应用棉纱将砖表面上的灰浆拭净，同时用与饰面砖颜色相同的水泥（彩色面砖应加同色颜料）嵌缝，嵌缝中务必注意应全部封闭缝中镶贴时产生的气孔和砂眼。嵌缝后，应用棉纱仔细擦拭干净污染的部位。如饰面砖砖面污染比较严重，可用稀盐酸刷洗，并用清水冲洗干净。

三、质量保证

整个墙面施工完毕后，应对其进行质量检查，按照《建筑装饰装修工程质量验收规范》（GB 50210—2001）第8.3.1~8.3.11条执行。见表2-3-1。

2.3.3.3　地面施工

一、任务描述

本任务主要是对厨房卫生间进行地面装修的施工，采用釉陶质砖铺设施工，通过对地面的装修施工，掌握釉陶质砖铺设基本方法，施工机具，装修质量标准要求等方面的知识。

表2-3-1　　　　　　　　　　　饰面砖粘贴的允许偏差和检验方法

项　次	项　目	允许偏差（mm）		检　验　方　法
		外墙面砖	内墙面砖	
1	立面垂直度	3	2	用2m垂直检测尺检查
2	表面平整度	4	3	用2m靠尺和塞尺检查
3	阴阳角方正	3	3	用直角检测尺检查
4	接缝直线度	3	2	拉5m线，不足5m拉通线，用钢直尺检查
5	接缝高低差	1	0.5	用钢直尺和塞尺检查
6	接缝宽度	1	1	用钢直尺检查

二、任务实施

（一）施工准备工作

1．材料及主要机具

水泥：425号以上普通硅酸盐水泥或矿渣硅酸盐水泥，应有出厂证明。

白水泥：425号硅酸盐白水泥。

砂：粗砂或中砂，用时要过筛含泥量不大于3%。

有釉陶瓷地板砖：进场后应拆箱检查外观质量、颜色、规格尺寸、形状、粘贴的质量等是否符合设计要求和有关标准的规定。

主要机具：小水桶、笤帚、方尺、手锹、铁抹子、木杠、筛子、小推车、钢丝刷、喷壶、锤子、合金尖凿子、合金扁凿子、小型台式砂轮。

2. 施工现场准备

(1) 墙面抹灰已做完并已弹好＋50cm水平标高线。

(2) 穿过地面的套管已做完，管洞已用豆石混凝土堵塞密实。

(3) 设计要求做防水层时，已办完隐检手续，并完成蓄水试验，办好验收手续。

(4) 旧房地面或混凝土地面应将基层凿毛，凿毛深度5～10mm，凿毛痕的间距为30mm左右。之后，清净浮灰、砂浆、油渍，然后刷一遍净水泥浆。注意不能集水，防止通过板缝渗到楼下。

（二）铺贴施工工艺

施工工艺流程为：清扫整理基层地面→水泥砂浆找平→定标高、弹线→安装标准块→选料→浸润→铺贴→灌缝→清洁→养护交工。

陶瓷地砖应铺设在水泥类基层上，其结合层可采用水泥砂浆、沥青胶结料或胶粘剂。

水泥砂浆结合层宜用1：2水泥砂浆，厚度为10～15mm；沥青胶结料结合层厚度为2～5mm；胶粘剂结合层宜用防水和防菌的胶粘剂，厚度为2～3mm。

1. 清理基层、弹线

将基层清理干净，表面发浆皮要铲掉、扫净。将水平标高线弹在墙上。

2. 水泥砂浆找平层

(1) 刷水泥素浆：在清理好的地面上均匀洒水，然后用笤帚均匀洒刷水泥素浆（水灰比为0.5）。刷的面积不得过大，须与下道工序铺砂浆找平层紧密配合，随刷水泥浆随铺水泥砂浆。

(2) 做水泥砂浆找平层。冲筋：以墙面＋50cm水平标高线为准，测出面层标高，拉水平线做灰饼，灰饼上平为陶瓷锦砖下皮。然后进行冲筋，在房间中间每隔1m冲筋一道。有地漏的房间按设计要求的坡度找坡，冲筋应朝地漏方向呈放射状。

冲筋后，用1：3干硬性水泥砂浆（干硬程度以手捏成团，落地开花为准），铺设厚度约为20～25mm，用大杠（顺标筋）将砂浆刮平，木抹子拍实，抹平整。有地漏的房间要按设计要求的坡度做出泛水。

(3) 做防水层。按实际要求做防水层。

(4) 做找平层。用1：3水泥砂浆做20mm厚找平层，用木抹子搓毛。

3. 定标高、弹线

为了使地砖的排缝整齐，应在基层面上弹出纵横准线。当房间的净宽和净长均为地砖规格（含接缝宽）的整倍偶数时，纵横准线的交点应位于房间中心点；当房间的净宽或净长为地砖规格（含接缝宽）的整倍奇数时，纵横准线的交点应偏离房间中心点半块地砖的宽度；当房间的净宽或净长不是地砖规格（含接缝宽）的整倍数时，即有非整砖，纵横准线应距墙边一块地砖宽度处。

对有排水坡度要求的，如厨房、卫生间、洗浴间等则应按相应坡度拉线控制贴砖坡向。

4. 铺贴

陶瓷地砖应从准线处开始铺设，即第一行地砖依准线铺设，地砖边缘对准准线；第二行地砖以第一行地砖为准铺设，以此类推，最后一行如为非整砖，应按所需空缺将地砖裁割后铺设，裁割面应朝墙面。地砖铺设时，随铺随清，随时保持清洁干净。（用棉纱或锯末清扫），并将砖缝内的水泥砂浆清干净，已便完工后勾缝。不同面积下的铺设方法如图2-3-14所示。

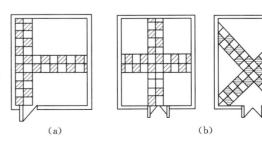

图2-3-14 标准块的做法

(a) 面积小的房间做成T形；(b) 面积大的房间做成十字形；

陶瓷地砖的接缝宽度应符合设计规定，当设计无规定时，地砖的接缝宽度不得大于 2mm，越小越好。

地砖铺设后 24h 内进行擦缝或勾缝，接缝较小时，用同色水泥浆擦缝；接缝较大时，用同色水泥细砂浆勾缝。擦缝或勾缝完后应清理，如图 2-3-15 所示。

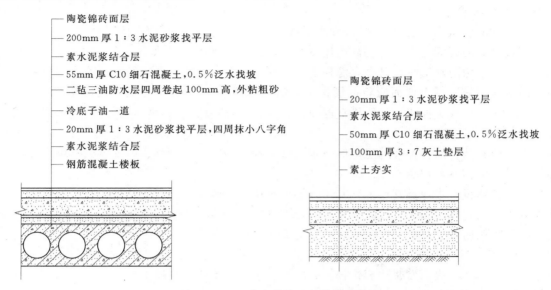

图 2-3-15　陶瓷锦砖地面的构造做法

地砖铺贴时，其他工种不得污染，不得人为踩踏，地砖完成后应在 24h 内清缝，随做随清，并做养护，两天之内禁止上人。为不影响其他项目施工，可在地面上铺设实木板供人行走。

三、质量保证

（一）地面地砖铺贴常见质量问题及处理方法

1. 空鼓

主要原因有粘结层砂浆稀，铺贴时素水泥浆已干，板材背面污染物未除净，养护期过早上人行走或重压。在施工中，粘结层砂浆要干，以落地散开为准。铺贴时素水泥浆的水灰比为 1∶2（体积比），严禁用水泥面粉铺贴。养护期内应架板，禁止在面上行走。如发生空鼓，则应返工重铺，方法是取出空鼓地砖，可用吸盘吸住，平直吊出，然后按规范要求铺贴。

2. 平整度偏差大

除施工操作不当、板面没有装平外，主要原因是板材翘曲。在施工中应严格选材，剔除翘曲严重的不合格品，厚薄不匀的，可在板背抹砂浆找平，对局部偏差较大的，可用云石机打磨平整，再进行抛光处理。没有装平的板块，应取下重装。

（二）验收标准

（1）表面洁净，纹路一致，无划痕、色差、裂纹、污染、缺棱掉角等现象。

（2）地砖边与墙交接处缝隙合适，踢脚板能完全将缝隙盖住，宽度一致，上口平直。

（3）地砖平整度用 2m 水平尺检查，误差不得超过 2mm，相邻砖高差不得超过 1mm。

（4）地砖粘贴时必须牢固，空鼓控制在总数的 5%，单片空鼓面积不超过 10%（主要通道上不得有空鼓）。

（5）地砖缝宽 1mm，不得超过 2mn，勾缝均匀，顺直。

（6）水平误差不超过 3mm。

（7）厨房、厕所的地坪不应高于室内走道或厅地坪；最好比室内地坪低 10～20mm。

（8）有排水要求的地砖铺贴坡度应满足排水要求。有地漏的地砖铺贴泛水（一种极小的倾斜坡度）方向应指向地漏，与地漏结合处应严密牢固。

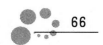

2.3.3.4 防水及卫生洁具施工

一、任务描述

住宅中的卫生洁具一般包括坐便器、淋浴器、洗脸盆、洗涤盆、洗菜盆等。通过对防水及卫生洁具的安装施工要求掌握这些卫生设备的给排水畅通，又要防止渗水、漏水现象问题的措施，同时还要考虑安装和维修方便。

二、任务实施

（一）厨房、卫生间防水施工

1. 施工准备

（1）作业条件。

1）厨厕间楼地面垫层已完成，穿过厨厕间地面及楼面的所有立管、套管已完成，并已固定牢固，经过验收。管周围缝隙用混凝土填塞密实（楼板底需吊模板）。

2）厨厕间楼地面找平层已完成，标高符合要求，表面应抹平压光、坚实。平整，无空鼓、裂缝、起砂等缺陷，含水率不大于9%。

3）找平层的泛水坡度应在2%（即1∶50），以上不得局部积水，与墙交接处及转角处、管根部，均要抹成半径为100mm的均匀一致、平整光滑的小圆角、要用专用抹子。凡是靠墙的管根处均要抹出5%（即1∶20）的坡度，避免此处积水。

4）涂刷防水层的基层表面，应将尘土、杂物清扫干净，表面残留灰浆硬块及高出部分应刮平。对管根周围不易清扫的部位，应用毛刷将灰尘等清除，如有坑洼不平处或阴阳角未抹成圆弧处，可用胶∶水泥∶砂=1∶1.5∶2.5砂浆修补。

5）基层做防水涂料之前，在突出地面和墙面的管根、地漏、排水口、阴阳角等易发生渗漏的部位，应做附加层增补。

6）厨厕间墙面按设计要求及施工规定（四周至少上卷250mm）有防水的部位，墙面基层抹灰要压光，要求平整，无空鼓、裂缝、起砂等缺陷。穿过防水层的管道及固定卡具应提前安装，并在距管50mm范围内凹进表层5mm，管根做成半径为10mm的圆弧。

7）根据墙上的50cm标高线，弹出墙面防水高度线，标出立管与标准地面的交界线，涂料涂刷时要与此线平。

8）厨厕间做防水之前必须设置足够的照明设备（安全低压灯等）和通风设备。

（2）工器具

主要机具有：电动搅拌器、搅拌桶、小漆桶、塑料刮板、铁皮小刮板、橡胶刮板、弹簧秤、毛刷、滚刷、小抹子、油工铲刀、笤帚等。

2. 施工工艺

（1）基层清理。涂膜防水层施工前，先将基层表面上的灰皮用铲刀除掉，用笤帚将尘土、砂粒等杂物清扫干净，尤其是管根、地漏和排水口等部位要仔细清理。如有油污时，应用钢丝刷和砂纸刷掉。基层表面必须平整，凹陷处要用水泥腻子补平。

（2）细部附加层施工。

1）打开包装桶后先搅拌均匀。严禁用水或其他材料稀释产品。

2）细部附加层施工：用油漆刷蘸搅拌好的涂料在管根、地漏、阴阳角等容易漏水的薄弱部位均匀涂刷，不得漏涂（地面与墙角交接处，涂膜防水上卷墙上250mm高）。常温4h表干后，再刷第二道涂膜防水涂料，24h实干后，即可进行大面积涂膜防水层施工，每层附加层厚度宜为0.6mm。

（3）涂膜防水层施工。HB厨卫专用防水涂料一般厚度为1.1mm、1.5mm、2.0mm，根据设计厚度不同，可分成两遍或三遍进行涂膜施工。

1）打开包装桶先搅拌均匀。

2）第一层涂膜：将已搅拌好的HB厨卫专用防水涂料用塑料或橡胶刮板均匀涂刮在已涂好底胶

的基层表面上，厚度为 0.6mm，要均匀一致，刮涂量以 0.6～0.8kg/m² 为宜，操作时先墙面后地面，从内向外退着操作。

3）第二道涂膜：第一层涂膜固化到不粘手时，按第一遍材料施工方法，进行第二道涂膜防水施工。为使涂膜厚度均匀，刮涂方向必须与第一遍刮涂方向垂直，刮涂量比第一遍略少，厚度为 0.5mm 为宜。

4）第三层涂膜：第二层涂膜固化后，按前述两遍的施工方法，进行第三遍刮涂，刮涂量以 0.4～0.5kg/m² 为宜（如设计厚度为 1.5mm 以上时，可进行第四次涂刷）。

5）撒粗砂结合层：为了保护防水层，地面的防水层可不撒石渣结合层，其结合层可用 1:1 的 108 胶或众霸胶水泥浆进行扫毛处理，地面防水保护层施工后，在墙面防水层滚涂一遍防水涂料，未固化时，在其表面上撒干净的 2～3mm 砂粒，以增加其与面层的粘结力。

6）保护层或饰面层施工。

（4）防水层细部施工。

1）管根与墙角。地面构造层次为：①楼板，②找平层（管根与墙角做半径 R＝10mm 圆弧，凡靠墙的管根处均抹出 5％坡度）；③防水附加层（宽 150mm，墙角高 100mm，管根处与标准地面平）；④防水层；⑤防水保护层；⑥地面面层。

2）地漏处细部做法：①模板；②找平层（管根与墙角做半径 R＝10mm 圆弧）；③防水附加层（宽 150mm，管根处与标准地面平）；④防水层 ；⑤防水保护层 ；⑥地面面层。

3）门口细部做法：①楼板；②找平层（转角处做成半径 R＝10mm 圆弧）；③防水附加层（宽 150mm，高与地面）；④防水层（出外墙面 250mm）；⑤防水保护层；⑥地面面层。

（二）卫生洁具安装

1. 材料要求

（1）卫生洁具的规格、型号必须符合设计要求；并有出厂产品合格证。卫生洁具外观应规矩、造型周正、表面光滑、美观、无裂纹，边缘平滑，色调一致。

（2）卫生洁具零件规格应标准，质量应可靠，外表光滑，电镀均匀，螺纹清晰，锁母松紧适度，无砂眼、裂纹等缺陷。

（3）卫生洁具的水箱应采用节水型。

（4）其他材料：镀锌管件、皮钱截止阀、八字阀门、水嘴、丝扣返水弯、排水口、镀锌燕尾螺栓、螺母、胶皮板、铜丝、油灰、铅皮、螺丝、焊锡、熟盐酸、铅油、麻丝、石棉绳、白水泥、白灰膏等均应符合材料标准要求。

2. 主要机具

（1）机具：套丝机、砂轮机、砂轮锯、手电钻、冲击钻。

（2）工具：管钳、手锯、布剪子、活扳手、自制死扳手、叉扳手、手锤、手铲、錾子、克丝钳、方锉、圆锉、螺丝刀、烙铁等。

（3）其他：水平尺、划规、线坠、小线、盒尺等。

3. 作业条件

（1）所有与卫生洁具连接的管道压力、闭水试验已完毕，并已办好隐项工程的预检手续。

（2）浴盆的稳装应待土建做完防水层及保护层后配合土建施工进行。

（3）其他卫生洁具应在室内装修基本完成后再进行稳装。

4. 施工工艺

（1）工艺流程：安装准备→卫生洁具及配件检验→卫生洁具安装→卫生洁具配件预装→卫生洁具稳装→卫生洁具与墙、地缝隙处理→卫生洁具外观检查→通水试验。

（2）卫生洁具在稳装前应进行检查、清洗。配件与卫生洁具应配套。部分卫生洁具应先进行预制再安装。

（3）小便器安装

1）将小便器中心压在墙上的安装中心线上，保持安装高度，如图2-3-16所示，用钉子穿过便孔，打出安装螺栓位置，画出十字中心线。如成排安装，应用水平尺、卷尺测量小便器的螺栓位置，画出十字中心线。

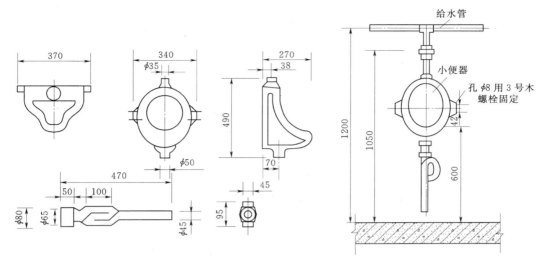

图2-3-16 小便器安装图

2）用电钻装13.5mm的钻头钻墙洞（钻孔深度为60mm），栽埋M 6×70mm膨胀螺栓，固定在墙上，或向墙洞打入木砖，用2号木螺丝将小便器紧固。注：预理的木砖应做防腐处理，拧入的木螺丝应加铅垫。小便器与墙面的缝隙嵌入白水泥，补齐抹光。

3）连接的给水管道。当明装时，用螺纹闸阀、镀锌短管和便器进水口压盖连接；当给水管暗装时，用角型阀、镀锌管和暗装支管连接，角型阀的下侧用铜管（或镀铬铜管）、锁紧螺母和压盖与小便器进水口相连。

4）小便器给水横管明敷时距地面1200mm，暗敷时为1050mm，冷水头子距地面1050mm，阀门一般采用三角阀门或截止阀，用铜管与小便器连接。

5）小便器出水口与存水弯连接处，用油灰作填料塞紧。存水弯下口与污水管口连接处，用麻丝圈、白漆作填料，铜格林收紧，存水弯通塞处用麻丝圈涂白漆装紧。瓷质存水弯插进承口部应先嵌塞1～2圈麻丝，再用纸筋水泥塞满抹光。

连接排水的存水弯。存水弯上口抹油灰后套入小便器排水口，下端缠绕石棉绳上抹上油灰，再与排水短管承插连接。经试水各接口处不漏水即可。

6）小便器排水管管径为32mm或40mm，采用铅制S形存水弯时，排水管中心在小便器中心偏左或右125mm，距光墙面80mm，排水管露出地面150mm。采用活络P形存水弯时，排水管应敷设在墙内，管中心距光地面300mm，离小便器中心偏左或右65mm。

（4）吊柜式洗脸盆安装。如图2-3-17所示。

1）洗脸盆零件安装。

①安装脸盆下水口：先将下水口根母、眼圈、胶垫卸下，将上垫垫好油灰后插入脸盆排水口孔内，下水口中的溢水口要对准脸盆排水口中的溢水口眼。外面加上垫好油灰的胶垫，套上眼圈，带上根母，再用自制扳手卡住排水口十字筋，用平口扳手上根母至松紧适度。

②安装脸盆水嘴：先将水嘴根母、锁母卸下，在水嘴根部垫好油灰，插入脸盆给水孔眼，下面再套上胶垫眼圈，带上根母后左手按住水嘴，右手用自制八字死扳手将锁母紧至松紧适度。

2）洗脸盆稳装。

①洗脸盆支架安装：应按照排水管口中心在墙上画出竖线，由地面向上量出规定的高度，画出水平线，根据盆宽在水平线上画出支架位置的十字线。按印记剔成φ30×120mm孔洞。将脸盆支架找平

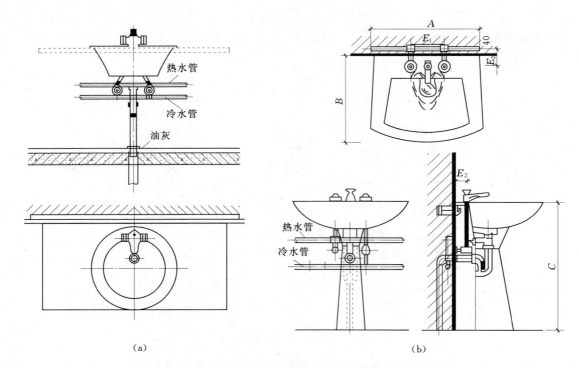

热水管
冷水管
油灰

热水管
冷水管

(a) (b)

图 2-3-17 洗脸盆安装示意图

栽牢。再将脸盆置于支架上找平、找正。将架钩钩在盆下固定孔内，拧紧盆架的固定螺栓，找平正。

②铸铁架洗脸盆安装：按上述方法找好十字线，按印记剔成 $\phi15\times70mm$ 的孔洞，栽好铅皮卷，采用 2.5 英寸螺丝将盆架固定于墙上。将活动架的固定螺栓松开，拉出活动架将架勾勾在盆下固定孔内，拧紧盆架的固定螺栓，找平、找正。

3）洗脸盆排水管连接

①S 形存水弯的连接：应在脸盆排水口丝扣下端涂铅油，缠少许麻丝。将存水弯上节拧在排水口上，松紧适度。再将存水弯下节的下端缠油盘根绳插在排水管口内，将胶垫放在存水弯的连接处，把锁母用手拧紧后调直找正。再用扳手拧至松紧适度。用油灰将下水管目塞严、抹平。

②P 形存水弯的连接：应在脸盆排水口丝扣下端涂铅油，缠少许麻丝。将存水弯立节拧在排水口上，松紧适度。再将存水弯横节按需要长度配好。把锁母和护口盘背靠背套在横节上，在端头缠好油盘根绳，试安高度是否合适，如不合适可用立节调整，然后把胶垫放在锁口内，将锁母拧至松紧适度。把护口盘内填满油灰后向墙面找平、按实。将外溢油灰除掉，擦净墙面。将下水口处外露麻丝清理干净。

4）洗脸盆给水管连接。

首先量好尺寸，配好短管。装上八字水门。再将短管另一端丝扣处涂油、缠麻，拧在预留给水管口（如果是暗装管道，带护口盘，要先将护口盘套在短节上，管子上完后，将护口盘内填满油灰，向墙面找平、按实，清理外溢油灰）至松紧适度。将铜管（或塑料管）接尺寸断好。将八字水门与水嘴的锁母卸下，背靠背套在铜管（或塑料管）上，分别缠好油盘根绳或铅油麻线，上端插入水嘴根部，下端插入八字水门中口，分别打好上、下锁母至松紧适度。找直、找正，并将外露麻丝清理干净。

（5）PT 型支柱式洗脸盆安装。

1）PT 型支柱式洗脸盆配件安装。

①混合水嘴的安装：将混合水嘴的根部加 1mm 厚的胶垫、油灰。插入脸盆上沿中间孔眼内，下端加胶垫和眼圈，扶正水嘴，拧紧根母至松紧适度，带好给水锁母。

②将冷、热水阀门上盖卸下，退下锁母，将阀门自下而上的插入脸盆冷、热水孔眼内。阀门锁母

和胶圈套入四通横管，再将阀门上根母加油灰及 1mm 厚的胶垫，将根母拧紧与丝扣平。盖好阀门盖，拧紧门盖螺丝。

③脸盆排水口加 1mm 厚胶垫、油灰，插入脸盆排水孔眼内，外面加胶垫和眼圈，丝扣处涂油、缠麻。用自制扳手卡住下水口十字筋，拧入下水三通口，使中口向后，溢水口要对准脸盆溢水眼。

④将手提拉杆和弹簧万向珠装入三通中心，将锁母拧至松紧适度。再将立杆穿过混合水嘴空腹管至四通下口，四通和立杆接口处缠油盘根绳，拧紧压紧螺母。立、横杆交叉点用卡具连接好，同时调整定位。

2）PT 型支柱式洗脸盆稳装。

①按照排水管口中心画出竖线，将支柱立好，将脸盆转放在支柱上，使脸盆中心对准竖线，找平后画好脸盆固定孔眼位置。同时将支柱在地面位置做好印记。按墙上印记剔成 $\phi10 \times 80mm$ 的孔洞，栽好固定螺栓。将地面支柱印记内放好白灰膏，稳好支柱及脸盆，将固定螺栓加胶皮垫、眼圈、带上螺母拧至松紧适度。再次将脸盆面找平，支柱找直。将支柱与脸盆接触处及支柱与地面接触处用白水泥勾缝抹光。

②PT 型支柱式洗脸盆给排水管连接方法参照洗脸盆给排水管道安装。

（6）洗菜盆安装如图 2-3-18 所示。

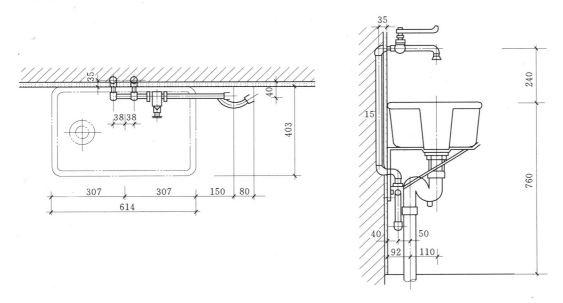

图 2-3-18　洗菜盆安装示意图

1）装盆架前应将盆架与洗菜盆试一下是否相符。将冷、热水预留管口之间画一条平分垂线（只有冷水时，洗菜盆中心应对准给水管口）。由地面向上量出规定的高度，画出水平线，按照洗菜盆架的宽度由中心线左右画好十字线，剔成 $\phi50 \sim 120mm$ 的孔眼，用水冲净孔眼内杂物，将盆架找平，找正。用水泥栽牢。将洗菜盆放于架上纵横找平，找正。洗菜盆靠墙一侧缝隙处嵌入白水泥浆勾缝抹光。

2）排水管的连接：先将排水口根母松开卸下，放在洗菜盆排水孔眼内，测量出距排水预留管口的尺寸。将短管一端套好丝扣，涂油、缠麻。将存水弯拧至外露丝 2～3 扣，按量好的尺寸将短管断好，插入排水管口的一端应做扳边处理。将排水口圆盘下加 1mm 厚的胶垫、抹油灰，插入洗菜盆排水孔眼，外面再套上胶垫、眼圈，带上根母。在排水口的丝扣处抹油、缠麻，用自制扳手卡住排水口内十字筋，使排水口溢水眼对准洗菜盆溢水孔眼，用自制扳手拧紧根母至松紧适度，吊直找正，接口处捻灰，环缝要均匀。

3）水嘴安装：将水嘴丝扣处涂油缠麻，装在给水管口内，找平，找正，拧紧。除净外露麻丝。

4）堵链安装：在瓷盆上方50mm并对准排水口中心处剔成$\phi10\sim50mm$孔眼，用水泥浆将螺栓注牢。

（7）浴盆安装。浴盆安装如图2-3-19所示。

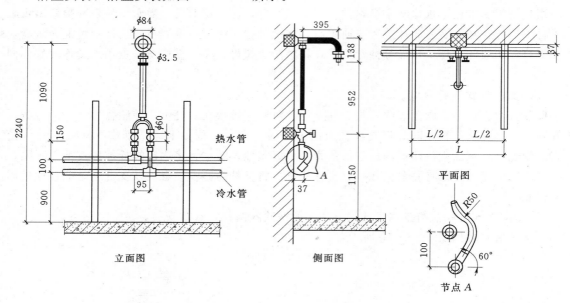

立面图   侧面图   平面图

节点A

图2-3-19 浴盆安装示意图

1）浴盆稳装。浴盆稳装前应将浴盆内表面擦拭干净，同时检查瓷面是否完好。带腿的浴盆先将腿部的螺丝卸下，将拔销母插入浴盆底卧槽内，把腿扣在浴盆上带好螺母拧紧找平。浴盆如砌砖腿时，应配合土建施工把砖腿按标高砌好。将浴盆稳于砖台上，找平、找正。浴盆与砖腿缝隙外用1：3水泥砂浆填充抹平。

2）浴盆排水安装。将浴盆排水三通套在排水横管上，缠好油盘根绳，插入三通中口，拧紧锁母。三通下口装好钢管，插入排水预留管口内（铜管下端扳边）。将排水口圆盘下加胶垫、油灰，插入浴盆排水孔眼，外面再套胶垫、眼圈，丝扣处涂铅油、缠麻。用自制叉扳手卡住排水口十字筋，上入弯头内。

将溢水立管下端套上锁母，缠上油盘根绳，插入三通上口对准浴盆溢水孔，带上锁母。溢水管弯头处加1mm厚的胶垫、油灰，将浴盆堵螺栓穿过溢水孔花盘，上入弯头。浴盆排水三通出口和排水管接口处缠绕油盘根绳捻实，再用油灰封闭。

3）混合水嘴安装：将冷、热水管口找平、找正。把混合水嘴转向对丝抹铅油，缠麻丝，带好护口盘，用自制扳手（俗称钥匙）插入转向对丝内，分别拧入冷、热水预留管口，校好尺寸，找平，找正。使护口盘紧贴墙面。然后将混合水嘴对正转向对丝，加垫后拧紧锁母找平、找正。用扳手拧至松紧适度。

4）水嘴安装：先将冷、热水预留管口用短管找平、找正。如暗装管道进墙较深者，应先量出短管尺寸，套好短管，使冷、热水嘴安装后距墙一致。将水嘴拧紧找正，除净外露麻丝。

（8）淋浴器安装。

1）镀铬淋浴器安装：暗装管道先将冷、热水预留管口加试管找平、找正。量好短管尺寸，断管、套丝、涂铅油、缠麻，将弯头上好。明装管道按规定标高煨好弯（俗称元宝弯），上好管箍。淋浴器锁母外丝丝头处抹油、缠麻。用自制扳手卡住内筋，上入弯头或管箍内。再将淋浴器对准锁母外丝，将锁母拧紧。将固定圆盘上的孔眼找平、找正。画出标记，卸下淋浴器，将印记剔成$\phi10\sim40mm$的孔眼，栽好铅皮卷。再将锁母外丝口加垫抹油，将淋浴器对准锁母外丝口，用扳手拧至松紧适度。再将固定圆盘与墙面靠严，孔眼平正，用木螺丝固定在墙上。

将淋浴器上部铜管预装在三通口上，使立管垂直，固定圆盘与墙面贴实，孔眼平正，画出孔眼标记，栽入铅皮卷，锁母外加垫林油，将锁母拧至松紧适度。上固定圆盘采用木螺丝固定在墙面上。

2）铁管淋浴器的组装：铁管淋浴器的组装必须采用镀锌管及管件，皮钱阀门、各部尺寸必须符合规范规定。

由地面向上量出1150mm，画一条水平线，为阀门中心标高。再将冷、热阀门中心位置画出，测量尺寸，配管上零件。阀门上应加活接头。

根据组数预制短管，按顺序组装立管再固定立管卡，将喷头卡住。立管应吊直，喷头找正。

三、质量保证

（一）质量要求

1. 主控项目

（1）防水材料符合设计要求和现行有关标准的规定。

（2）排水坡度、预埋管道、设备、固定螺栓的密封符合设计要求。

（3）地漏顶应为地面最低处，易于排水，系统畅通。

2. 一般项目

（1）排水坡、地漏排水设备周边节点应密封严密，无渗漏现象。

（2）密封材料应使用柔性材料，嵌填密实，粘结牢固。

（3）防水涂层均匀，不龟裂，不鼓泡。

（4）防水层厚度符合设计要求。

（二）涂膜防水层的验收

根据防水涂膜施工工艺流程，对每道工序进行认真检查验收，做好记录，须合格方可进行下道工序施工。防水层完成并实干后，对涂膜质量进行全面验收，要求满涂，厚度均匀一致，封闭严密，厚度达到设计要求（做切片检查）。防水层无起鼓、开裂、翘边等缺陷。经检查验收合格后可进行蓄水试验，（水面高出标准地20mm），24h无渗漏，做好记录，可进行保护层施工。

（三）成品保护

（1）涂膜防水层操作过程中，操作人员要穿平底鞋作业，穿地面及墙面等处的管件和套管、地漏、固定卡子等，不得碰损、变位。涂防水涂膜施工时，不得污染其他部位的墙地面、门窗、电气线盒、暖卫管道、卫生器具等。

（2）涂膜防水层每层施工后，要严格加以保护，在厨卫间门口要设醒目的禁入标志，在保护层施工之前，任何人不得进入，也不得在上面堆放杂物，以免损坏防水层。

（3）地漏或排水口在防水施工之前，应采取保护措施，以防杂物进入，确保排水畅通，蓄水合格，将地漏内清理干净。

（4）防水保护层施工时，不得在防水层上拌砂浆，铺砂浆时铁锹不得触及防水层，要精工细做，不得损坏防水层。

（四）应注意的质量问题

（1）涂膜防水层空鼓、有气泡：主要是基层清理不干净，涂刷不匀或者找平层潮湿，含水率高于9％；涂刷之前未进行含水率检验，造成空鼓，严重者造成大面积鼓包。因此在涂刷防水层之前，必须将基层清理干净，并保证含水率合适。

（2）地面面层施工后，进行蓄水试验，有渗漏现象：主要原因是穿过地面和墙面的管件、地漏等松，烟风道下沉，撕裂防水层；其他部位由于管根松动或粘结不牢、接触面清理不干净产生空隙，接槎、封口处搭接长度不够，粘贴不紧密；做防水保护层时可能损坏防水层：第一次蓄水试验蓄水深度不够。因此要求在施工过程中，对相关工序应认真操作，加强责任心，严格按工艺标准和施工规范进行操作。涂膜防水层施工后，进行第一次蓄水试验，蓄水深度必须高于标准地面20mm，24h不渗漏为止，如有渗漏现象，可根据渗漏具体部位进行修补，甚至要全部返工。地面面层施工后，再进行第二遍蓄水试验，24h无渗漏为最终合格，填写蓄水检查记录。

（3）地面排水不畅：主要原因是地面面层及找平层施工时未按设计要求找坡，造成倒坡或凹凸不平而存水。因此在涂膜防水层施工之前，先检查基层坡度是否符合要求，与设计不符时，应进行处理再做防水，面层施工时也要按设计要求找坡。

（4）地面二次蓄水试验后，已验收合格，但在竣工使用后仍发现渗漏现象：主要原因是卫生器具排水与管道承插口处未连接严密，连接后未用建筑密封膏封密实，或者是后安卫生器具的固定螺丝穿透防水层而未进行处理。在卫生器具安装后，必须仔细检查各接口处是否符合要求，再进行下道工序。要求卫生器具安装后，注意成品保护。

2.3.3.5 电气施工

本小节主要介绍厨、卫开关改造，抽油烟机线路敷设。

一、任务描述

做好完善的电气改造方案，是保证施工顺利进行的重要条件，同时确保装修方案的完整、科学、安全可靠。

对业主来说，水电改造开工前应具备：①水电改造设计方案成熟，完整方案应该包括准确的电路定位点；②签定电气改造安装合同；③必要的临时用电环境。

对施工单位要求为：①详细可行的电路走向设计图纸；②临时施工用电设备安全可靠；③其他日常准备工作完毕。

二、任务实施

（一）电路改造施工程序

施工人员对照设计图纸与业主确定定位点→施工现场成品保护→根据线路走向弹线→根据弹线走向开槽→开线盒→清理渣土→电管、线盒固定→穿钢丝拉线→连接各种强弱电线线头，不可裸露在外→封闭电槽→对强弱电进行验收测试。

（二）电路材料

（1）家装二次改造强电线路需采用经过国家强制3C认证标准的BV（聚氯乙烯绝缘单芯铜线）导线；一般不采用护套多芯线缆，如出现多芯与单芯线缆对接情况，必需对接头处进行刷锡处理。

（2）强电材料采购遵循不同用途线缆采用分色原则，防止不分色造成后期维护不方便，具体表现在：零线一般为蓝色，火线（相线）黄、红、绿三色均可采用，接地线为黄绿双色线。保证线色的统一分配有利于后期维护工作。

（三）厨房插座布置、安装高度及容量选择

厨房是人们制作饭菜的地方，家用电器比较多。主要有冰箱、电饭煲、抽油烟机、消毒柜、电烤箱、微波炉、洗碗机、壁挂式电话机等。根据给排水设计图及建筑厨房布置大样图，确定污水池、炉台及切菜台的位置。在炉台侧面布置一组多用插座，供排气扇用，在切菜台上方及其他位置均匀布置六组三孔插座，容量均为10A。厨房门边布置电话插座一个，以上插座底边距地均为1.4m。

（四）洗涤间插座的布置、安装高度及容量选择

洗涤间是人们洗脸、刷牙、梳头、洗衣的地方，比较潮湿。主要家用电器有洗衣机、电吹风等。应根据给排水设计图确定洗衣机及洗脸盆的位置，各布置一个多用插座，并采用防溅型，插座底边距地1.4m，容量为10A。

（五）卫生间插座的布置、安装高度及容量选择

卫生间是人们洗澡、大小便的地方。家用电器有排气扇、电暖炉、电热水器、浴霸、电话机等。一个10A多用插座供排气扇用，二个15A三孔插座供电暖炉或浴霸、电热水器用，底边距地均为1.8m，尽量远离淋浴器，必须采用防溅型插座。电话机插座底边距地1.4m。装电话机的原因是人们在洗澡或大小便时，仍然能与外界保持联系，使用方便。

厨卫间线路不得从地下敷设。导线间和导线对地间的绝缘电阻应大于 0.5 MΩ，阻燃管内接地线的接地电阻小于 10MΩ。

（六）厨卫开关、插座线路敷设

（1）所有线路必须穿管。所有线管及配件必须使用合格产品，并且保留产品合格证。

（2）墙面布线、开槽、抹灰项目用切割机开槽，施工锤剔凿，将槽口边缘打毛后抹灰，这样振动小，抹灰后拉接力更好，不易开裂。墙上开线槽深度不得超过 40mm。

（3）不得在预制板、现浇板、梁、柱上开槽。在预制构件处只能打掉抹灰层，使用黄蜡管。

（4）PVC 线管与接线盒必须使用锁母连接。线管施工必须固定牢固。PVC 管埋入墙体，在线路布完并通电检查合格后方能暗埋，管壁距最终抹灰面应不小于 5mm，然后镶贴面砖。

（5）厨卫中电源插座的相线、零线用 4mm^2，接地线可用 2.5mm^2 铜芯线。所有线路在穿线管内不得有接头。6mm^2 以下的单股铜芯线宜采用缠绕法，缠绕要求大于 5 圈，缠绕后搪锡，搪锡应饱满，用绝缘带及黑胶布双重包扎。线管转角处理用弯管簧将其导成圆弧形的转角，这样穿（换）线容易，不易损坏线材外皮。

直径 15mm 管内可穿三根 4mm^2 铜芯线，四根 2.5 mm^2 铜芯线；直径 20mm 管内可穿五根 4mm^2 铜芯线，七根 2.5 mm^2 铜芯线（管内导线截面积≤穿线管内径面积的 40％）。

（6）暗线盒及开关面板安装应安装水平，固定牢固，相邻开关插座在面板装上好后，间距紧密一致，间距一般为 1mm 左右。

同一房间相同类型的开关、插座距地面高度一致。厨房插座下口离地 1000mm，卫生间插座下口离地 1300mm，厨房、卫生间根据具体情况考虑是否使用防水插座。如只作线路局部改造的项目，则开关插座高度应同原房屋开关插座高度统一。

（7）单相二孔插座，面对插座的左孔或下孔与零线相接；单相三孔插座，面对插座的左孔与零线相接，接地线应安在上孔。接地端子不得与零线端子直接连接。

三、质量保证

（一）电气基本科知识

（1）1.5mm^2 铜芯线可承受 2200W 的负荷。

（2）2.5mm^2 铜芯线可承受 3500W 左右的负荷。

（3）4mm^2 铜芯线可承受 5200W 的负荷。

（4）6mm^2 铜芯线可承受 8800W 的负荷。

（5）10mm^2 铜芯线可承受 14000W 左右的负荷。

（二）验收

（1）同一房间同一类型的开关、插座高度一致，相邻面板间的间距一致，安装牢固、盖板端正、位置合理、表面清洁。

（2）所有房间灯具使用正常。

（3）所有房间电源及插座使用正常。

（4）提供本次装修线路改造的竣工图给客户，标明导线规格及线路走向。

（5）所有安装的电器设备（如排气扇、浴霸、电热水器等）使用正常。

2.3.3.6　上下水线路施工（厨卫）

一、任务描述

对于给排水管系统，2003 年前修建房屋，大部分给水管采用的是镀锌管或铝塑管，管壁外露影响装饰效果，金属管道内外壁生锈污染水源，给水阀门关不了水等种种问题，需要在装修时考虑更换成 PPR 等材质管材；老房排水管特别是铸铁下水管，使用年限较长的大多存在不同程度的腐蚀，部分原下水位置与现在卫生间设备要求有偏差，需要重新设计管路走向。

二、任务实施

（一）水路改造施工程序（以 PPR 管为例）

施工人员对照设计图纸与业主确定定位点→施工现场成品保护→根据线路走向弹线→根据弹线对顶面固定水卡→根据弹线走向开槽→清理渣土→根据尺寸现场→墙顶面水管固定→检查各回路是否有误→对水路进行打压验收测试→封闭水槽。

（二）水路材料

（1）分清楚原房间管道材料材质，目前新建住宅给水管道以 PPR 管居多，辅以 PB 管、PE－RT 管、铜管、铝塑管和其他管道；老式住宅给水大多为镀锌管。新居装修大多采用 PPR 管道进行改造，此管道性能稳定，只要材料质量可靠及掌握技术要领，管件连接方式较为方便，隐患较小。

（2）注意塑制品给水管道材质不一样，不可以直接焊熔接，如有必要必需加装专用转换接头进行转接。

（3）家装中禁止使用对饮用水产生严重污染的含铅 PVC 给水管材及镀锌（镀锌管长时间使用后，管内产生锈垢，夹杂着不光滑内壁滋生细菌，锈蚀造成水中重金属含量过高，严重危害人体的健康）管材。

（三）水路改造注意事项

（1）家装二次水路改造遵循"水走天"原则，易于后期维护，且不用大幅度提高地面高度，不影响层高。

（2）家庭装修水路改造常用参考尺寸数据（尺寸以毛坯未处理墙地数据为准）：淋浴混水器冷热水管中心间距 150mm，距地 1000～1200mm；上翻盖洗衣机水口高度 1200mm；电热水器给水口高度等于层净高－电热水器固定上方距顶距离－电热水器直径－200mm；水盆菜盆给水口高度 450～550mm；坐便器给水口距地 200mm，距坐便器中心一般靠左 250mm；拖布池给水口高出池本身 200mm 为宜。其他给排水尺寸根据产品型号确定。

（3）水路改造严格遵守设计图纸的走向和定位进行施工，在实践操作过程中，必须通过业主联系相关产品厂家，掌握不同型号橱宝、净水机、洗衣机、水盆、浴用混水器、热水器等机型要求的给水排水口位置及尺寸，防止操作失误造成后期无法安装相关设备。

（4）一般来说，正对给水口方向，左热右冷（个别设备特殊要求除外）。

（5）管材剪切：管材采用专用管剪剪断，管剪刀片卡口应调整到与所切割管径相符，旋转切断时应均匀用力，断管应垂直平整无毛刺。

（6）PPR 管熔接：PPR 管采用热熔连接方式最为可靠，接口强度大，安全性能更高。连接前，应先清除管道及附件上的灰尘及异物。连接完毕，必须紧握管子与管件保持足够的冷却时间方可松手。

（7）PPR、PB、PE 等不同材质热熔类管材相互连接时，必须采用专用转换接头或进行机械式连接，不可直接熔接。

（8）给水管顶面固定宜采用金属吊卡固定，直线固定卡间距一般不大于 600mm。

（9）旧房排水管改造注意原金属管与 PVC 管连接部位特殊处理，防止处理不当下水管渗漏水。

（10）室内有条件的应尽量加装给水管总控制阀，方便日后维护；如遇水表改造必需预留检修空间，且水表改后保持水平。

（11）水路改造完毕需出具详细图纸备案。

（四）水路改造施工工艺（以 PPR 管为例，根据国家相关水暖施工标准整理）

1. 一般要求

（1）安装人员应熟悉热熔式插接连接 PPR（无规共聚聚丙烯）管的一般性能，掌握基本的操作要点。

（2）安装人员应熟悉设计图纸，了解建筑物的结构工艺布置情况及其他工种相互配合的关系。

（3）施工前应对材料和外观及配件等进行检查，禁止将交联聚丙烯管长期暴露于阳光下。

（4）管道穿越墙、板处应设套管，套管内径应比穿管外径大 20mm，套管内填柔性不燃材料。

（5）检查提供的管材和管件应符合设计规定，并附有产品说明书和质量合格证明书。不得使用有损坏迹象的材料。材料进场后要核对规格与数量。检验管材是否有弯扁，劈裂现象。

2. 施工要点

（1）管子的切割应采用专门的切割剪。剪切管子时应保证切口平整。剪切时断面应与管轴方向垂直。

（2）在熔焊之前，焊接部分最好用酒精清洁，然后用清洁的布或纸擦干。并在管子上划出需熔焊的长度。

（3）将专用熔焊机打开加温至 260℃，当控制指示灯变成绿灯时，开始焊接。

（4）将需连接的管子和配件放进焊接机头，加热管子的外表面和配件接口的内表面。然后同时从机头处拔出并迅速将管子加热的端头插入已加热的配件接口。插入时不能旋转管子，插入后应静置冷却数分钟不动。

（5）熔焊机用完后，需清洁机头以备下次使用。

（6）将已熔焊连接好的管子安装就位。

三、质量保证

（一）给水水路验收

1. 家装水路改造验收

家装水路改造验收是参照建筑给水验收标准演化而来的，目前行业内没有对家装水路验收进行具体明文规定，一般普通住宅通行的验收方法有以下几方面。

（1）通过软管连接室内所有冷热水给水管，使之成为一个回路，管道内充满水（空气），关闭用户控制总给水阀开关（必需关严实，否则数据不准确，如总阀门渗水则另法处理），用手动或自动试压泵试压，实验压力超过工作压力 1.5 倍，一般情况下为 0.8MPa，30min 之内掉压不超过 0.05MPa，同时检查各连接处不得渗漏为合格。如遇复式或多层别墅实验水压，实验时间可以适当延长。

（2）各出水口进行出水测试。

2. 室内给水管道的水压试验

室内给水管道的水压试验必须符合设计要求。当设计未注明时，各种材质的给水管道系统试验压力均为工作压力的 1.5 倍，但不得小于 0.6MPa。

检验方法：金属及复合管给水管道系统在试验压力下观测 10min，压力降不应大于 0.02MPa，然后降到工作压力进行检查，应不渗不漏；塑料管给水系统应在试验压力下稳压 1h，压力降不得超过 0.05MPa，然后在工作压力的 1.15 倍状态下稳压 2h，压力降不得超过 0.03MPa，同时检查各连接处不得渗漏。

给水系统交付使用前必须进行通水试验并做好记录。

（二）排水水路验收

（1）对下水管进行灌水实验，排水畅通，管壁无渗无漏合格。

（2）下水管做完注意成品保护，防止人为异物二次撞击造成损失。

2.3.4 课后作业

【理论思考题】

1. 简述 PVC 装饰板吊顶施工工艺。

2. 简述有釉陶瓷地砖和陶瓷锦砖的施工工艺。

3. 识读卫生洁具安装图。

4. 简述厨、卫电气改造注意事项。

5. 简述厨、卫上下水线路改造注意事项。

【实训题】

1. 参观施工现场。

2. 工程案例仿真操作。

课题4　餐厅装修施工技术

2.4.1　学习目标

<table>
<tr><td>

知识点

1. 施工图纸的读识

2. 木质层级吊顶的造型及装修所用的材料，各自的特点，施工机具与技术要点

3. 微晶石地面铺设的特点，施工工艺流程，施工机具与技术要点

4. 塑钢推拉门的安装技术

5. 电气线路材料的选择与施工，施工机具与技术要点，吊顶射灯及光晕的安装施工

6. 隔段及台架施工技术，隔段材料的选用，施工工艺及技术要求

7. 成品保护措施

8. 施工质量验收标准及检验方法

</td><td>

技能点

1. 能绘制和识读餐厅装修施工图，合理安排施工顺序

2. 木质层级吊顶装修施工中龙骨节点的处理，弹线技术，龙骨的固定与贴面处理

3. 能正确选用墙装修材料并进行施工安全检测方法

4. 合理选用电气线路材料，灯具如何进行安装及安全检测

5. 能正确判断施工质量问题，并提出相应的预防、解决措施

6. 了解不同功能区域质量检测验收标准

</td></tr>
</table>

2.4.2　相关知识

随着人们生活水平的提高，人们对就餐空间提出了新的要求。一般家庭的餐厅面积是：相对宽度不小于2.5m，长度不小于3m，面积不小于6～7m²。且餐台的长宽一般都不小于70cm，长方形餐台长度不小于1.2m，椅子长度不小于40cm（两对面就是80cm）。就餐时，人坐着还需要一点空档。同时，就功能而言，还要求餐厅的空间敞亮一些。如何在装潢中使餐厅显得气派敞亮呢？灯光的营造、家具的形态、色彩的渲染、器皿的匹配等，都是不可缺少的。但主要还是灯光设计与餐台的构建。

一、关于灯具

在上班族的生活中，餐厅使用主要在晚餐时间，灯光是营造气氛的主角。餐厅宜采用低色温的白炽灯，奶白灯泡或磨砂灯泡，漫射光，不刺眼，带有自然光感，比较亲切、柔和。而日光灯色温高，光照之下，偏色，人的脸看上去显得苍白、发青，饭菜的色彩也都变样。照明也可以采用混合光源，即低色温灯和高色温灯结合起来用，混合照明的效果相当接近日光，而且光源不单调，可以选择。

人们对餐厅灯具的选择，易犯的毛病就是只强调灯具的形式。实际上餐厅的照明方式是局部照明，主要为餐台顶上那盏灯，照在台面区域。宜选择下罩式的、多头型的、组合型的灯具；灯具形态与餐厅的整体装饰风格应一致；达到餐厅氛围所需的明亮、柔和、自然的照度要求；一般不适合采用朝上照的灯具，因为这与就餐时的视觉不吻合。餐厅的灯光当然不止一个局部，还要有相关的辅助灯光，起到烘

托就餐环境的作用。使用这些辅助灯光有许多手段,如在餐厅家具(玻璃柜等)内设置照明;艺术品、装饰品的局部照明等。需要知道辅助灯光主要不是为了照明,而是为了以光影效果烘托环境,因此,照度比餐台上的灯光要低,在突出主要光源的前提下,光影的安排要做到有次序,不紊乱。

二、餐台的装饰设计与施工

餐台是餐厅的核心,文化传统对就餐方式的影响,集中地体现在就餐家具上。中国人的餐台,是正方形和正圆形的,因为中餐的方式是共食制,围绕一个中心就餐。随着餐饮中引进了西餐的某些形式,餐台的形状发生了变化,长方形的餐台进入了普通人家,但许多人买这种形状的餐台主要是为了追求时尚、气派,并不了解自己的真正需要,也不了解现代家庭就餐的真正意义。餐厅环境应舒适,并能增进食欲,用餐本身具有交流、娱乐的意义。市场上的餐桌椅,就形状来说问题就是偏高,餐台高度在75~80cm之间,椅子坐高在45cm左右。椅子的坐高,应使人坐着的时候略后靠,而非正襟危坐或向前。坐下时的感觉应舒适、放松,而不是紧张。台面的高度,应让手臂方便运动,人的视线没有任何阻挡,杯碗盆碟应在视线之下,而不是妨碍视线的交流。一般来讲,现在的餐台高度,应在70cm以下。

2.4.3 学习情境

2.4.3.1 顶棚施工

一、任务描述

顶棚是餐厅装饰的重要组成部分,它既要满足技术要示,如保温、吸声、反射光照,又要考虑技术与艺术的完美结合。餐厅顶棚最能反映室内空间的形状,营造室内某种环境、风格和气氛。通过餐厅顶棚的处理,可以明确表现出所追求的空间造型艺术,显示各部分的相互关系,分清主次,突出重点与中心,对餐厅内的景观的完整统一及装饰效果影响很大。如图2-4-1所示为餐厅某一顶棚的形状。

图2-4-1 某餐厅设计效果图

用木材作龙骨,组成顶棚骨架,表面覆以板条抹灰、钢板网抹灰以及各种饰面板制成顶棚,称为木龙骨吊顶,这是一种传统的吊顶形式。由于木材容易加工,便于连结,可以形成多种造型,所以在普通吊顶及吊顶造型较为复杂时,得到了充分的应用。

二、任务要求

(一)材料与质量要求

木骨架材料多选用材质较轻、纹理顺直、含水率小、不劈裂、不易变形的树种,以红松、白松为宜。

木龙骨的材质、规格应符合设计要求。木材应经干燥处理,含水率不得大于15%。饰面板的品种、规格、图案应满足设计要求。材质应按有关材料标准和产品说明书的规定进行验收。

(二)基本特征

木龙骨吊顶属于木骨架暗龙骨整体式或分层式吊顶。在屋架下弦、楼板下皮均可以安装木龙骨吊顶。木龙骨可分为单层龙骨和双层龙骨。大龙骨可以吊挂,也可以两端插入墙内。中、小龙骨形成方格,边龙骨必须与四周墙面固定。各种饰面板均可粘贴和用钉固定在龙骨上,或用木压条钉子固定饰面板形成方格形吊顶。利用木龙骨刨光露明可拼装成各种线形图案,有方格式、曲线式、多边形等,在龙骨上部覆盖顶板或无顶板形成格式透空吊顶。

(三)吊顶常用的板材

(1)胶合板。有三合板、五合板等。

（2）石膏板有普通纸面石膏板，特殊功能石膏板和装饰型石膏板。

（3）铝塑板，铝扣板。

（4）其他板材。

（四）吊顶的结构组成

（1）吊点。分为预埋件和重新设置件。一般采用木方、角铁作为吊点材料。

（2）吊杆（吊筋）。分为木吊杆和金属吊杆。

（3）龙骨。分为大龙骨和小龙骨。

（4）基层板或饰面板：饰面板安装完毕，一般无需重新做饰面处理。而基层板安装后，必须进行基层和饰面处理。

（五）吊顶装修的施工条件

（1）施工前，要审查施工图纸并检查建筑结构尺寸，同时校核空间及结构是否有质量问题需要处理。

（2）施工前，顶棚以上部分的电器布线、空调管道、消防管道、供水管道、报警线路等必须安装就位，并基本调试完毕。同时从顶棚经墙体引下来的各种开关、插座等线路也要安装就绪。

（3）施工所需要的全部材料及电动机具必须备齐。同时保证材料的品种、质量以及尺寸规格等符合设计要求，电动机具满足施工作业的要求。

（4）根据室内的空间高度确定是否搭接设备架。需要搭接的，必须事先搭好，并保证安全。

三、任务实施

（一）施工准备

1. 施工条件

在吊顶施工前，顶棚以上部分各种管道线路等已安装完毕，从顶棚经墙体引下来的各种开关、插座线路也已安装就绪。

2. 材料

符合设计要求的各种木质材料（如长条木方、基层板或饰面板）以及辅助材料已准备好。

3. 施工机具

主要施工机具有：手提电锯、手提电刨、冲击电钻、手电钻、电动或气动打钉枪。

4. 工作台

木料加工的工作台一般要现场制作，规格尺寸根据具体情况来定。吊顶施工的工作台通常采用：长×宽×高＝2300mm×1200mm×800mm。

（二）施工工艺

1. 放线

放线是技术性较高的工作，是吊顶施工中的要点。放线包括：标高线、顶棚造型位置线、吊挂点布局线、大中型灯位线等。其中标高线弹到墙面或柱面上，其他线弹到楼板底面。放线的作用是：施工有了基准线，便于下一道工序掌握施工位置；同时便于检查吊顶以上部位的设备与管道对标高位置是否有影响。

（1）标高线的做法。

1）定出地面的地平基准线，并将定出的地平基准线画在墙面上。如果原地平无饰面要求，基准线则为原地平线。如果原地平有饰面要求，基准线则需根据饰面层的厚度来定。

2）以地平基准线为起点，在墙面上量出顶棚吊顶的高度，在该点画出高度线。

3）用激光找平仪定出吊顶高度水平线。

（2）造型位置线的作法。

1）规则室内空间位置线。在一个墙面上量出顶棚吊顶造型位置距离，并按该距离画出平行墙面的直线；再从另外三个墙面用相同的方法画出直线，得到造型位置外框线；最后根据外框线逐一画出造型的各个局部位置。

2）不规则室内空间位置线。一种是室内有的墙面不垂直相交，在画吊顶造型线时，应从与造型线平行的那个墙面开始测量距离，画出造型线；最后根据此造型线画出整个造型位置线。

另一种是室内墙面均为不垂直相交，则采用找点法画造型线。方法是先在施工图上测出造型边缘距墙面的距离，然后再量出各墙面距造型边缘的各点距离，将各点逐一连线就组成了吊顶造型线。

（3）吊点位置的确定。

1）平顶吊顶的吊点，一般按每平方米1个吊点布置，均匀分布。

2）有叠级造型的顶棚吊顶应在叠级交界处布置吊点，两吊点间距为800～1200mm。

3）较大的灯具单设吊点吊挂。

4）木顶棚通常不上人。如果上人，要根据荷载要求进行设计、施工。

2．安装吊点紧固件

吊点紧固件有三种安装方式，如图2-4-2所示。

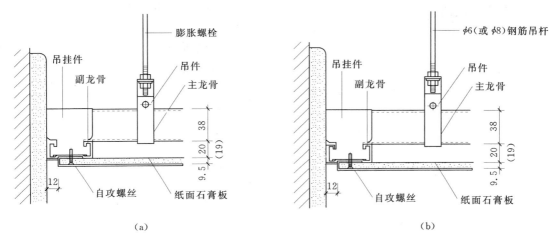

（a）　　　　　　　　　　　　　　　（b）

图2-4-2　吊点固定安装方法示意图

（1）膨胀螺栓紧固吊点：根据设计在吊点位置用冲击电钻在建筑底面钻孔，打孔的深度等于膨胀螺栓的长度，孔径根据螺栓规格来选择适合的钻头而定。膨胀螺栓可用来固定作为吊点材料的木方和铁件，通常作为吊点木方的截面尺寸为40mm×50mm左右。

（2）预埋件作为吊点：预埋件用钢筋、铁条等。

（3）射钉固定吊点：用射钉将角铁固定在建筑底面上，射钉直径大于5mm。

3．固定标高线木龙骨

固定标高线木龙骨的方法有两种。

（1）木楔铁钉法：用冲击钻在墙面标高线以上10mm处打孔，孔直径大于12mm，两孔的间距为500～800mm。然后在孔内设置木楔，再将木龙骨用钉固定在木楔上。该法主要用于砖墙和混凝土墙面。

（2）水泥钉固定法：先按500～800mm的间距在木龙骨上打孔。再用水泥钉通过小孔，将龙骨固定在墙面上。该法常用于混凝土墙面。

值得注意的是：沿墙面木龙骨的截面尺寸应与天花吊顶木龙骨尺寸一样。沿墙木龙骨固定后，其底边与吊顶标高线一样平。

4．拼装木龙骨架

（1）木龙骨的处理。

1）对木龙骨进行筛选，将其中腐朽、开裂、虫蛀等的剔除。

2）木龙骨必须经干燥处理，其含水率应符合设计要求。

3）木龙骨必须进行防火处理，涂刷防火漆。

4）通常采用的木龙骨的截面尺寸为 25mm×30mm 的木方，每隔 300mm 开有深 15mm、宽 25mm 的凹槽，如图 2-4-3 所示。

图 2-4-3　木龙骨的拼装示意图

（2）木龙骨架的地面拼接。

吊顶用的木龙骨架，吊装前，通常在地面上进行分片拼接。其目的是节省工时、计划用料、方便安装。具体步骤如下。

1）定下吊顶面上需分片或可以分片的尺寸位置，根据分片的尺寸进行拼接前的安排。

2）先拼接大片的木龙骨架，再拼接小片的木龙骨架。为了便于安装，木龙骨架最大组合片不大于 10m²。

3）拼接木龙骨时，凹槽对凹槽，接口处用小铁钉加胶固定。

4）吊顶平面上如果需要安装灯盘、空调风口、检修口、暗装或明装窗帘盒等设备，则必须在拼装木龙骨架时，按设计图纸留出位置，并在预留的位置上用木方加固或收边。

5. 吊装木龙骨架

木质吊顶的形式有多种，大体上可分为平面吊顶和叠级吊顶。

（1）平面吊顶。通常先从一个墙角位置开始，其方法为：

1）将拼装好的木龙骨架托起至吊顶标高位置，并用铁丝在吊点上临时固定。

2）沿吊顶标高线拉出十字交叉线，该线就是吊顶的平面基准线。

3）校正木龙骨与平面基准线的平齐度。调平后，将木龙骨架靠墙部分与沿墙木龙骨钉接，再用吊杆与吊点固定。

（2）叠级吊顶。

先从最高平面开始吊装，其他工艺过程与平面吊顶基本相同。

（3）木龙骨架与吊杆的固定常用的方法有三种。

1）木方固定：用吊杆木方与固定在建筑顶面的吊点木方钉牢。作为吊杆的木方，应长于吊点与龙骨架之间的距离 100mm 左右，以便于调整高度，吊杆与龙骨固定后再截去多余部分。如果木龙骨架截面较小，或钉接处有缺陷，则应在木龙骨的吊挂处钉 200mm 长的加固短木方。

2）扁铁固定：事先测量好扁铁长度，与吊点端头固定，打两个调整孔，目的是便于调整龙骨架的高度。上端与吊点件用 M6 螺栓连接；下端与骨架用两只木螺钉固定，扁铁端头不得长于木龙骨架下平面。

3）角铁固定：吊顶重量较大或有上人要求的位置用此方法固定，其上下端固定采用扁铁固定法。

6. 木龙骨架间的连接

每片木龙骨架之间的连接有平面连接和高低面连接两种。

（1）在同一平面对接，木龙骨架的各端头要对正，然后用短木方在对接处的顶面或两侧面钉接。

（2）在叠级木质吊顶中，高低面木龙骨架的连接方法通常是先用木方斜拉地将上下两平面龙骨架定位，然后再将上下平面的龙骨架用垂直的木方条固定连接，

7. 木龙骨架整体调整

各个分片木龙骨架连接加固完毕后，在整个吊顶面下挖出十字交叉的标高线，按验收标准检查吊顶平面的整体平整度。吊顶龙骨架如有不平整，则应再调整吊杆与龙骨架的距离。吊顶龙骨架起拱量

为：7～10m 的跨度有 3/1000 的起拱量，10～15m 的跨度有 5/1000 的起拱量。

8．面板安装

（1）安装木夹板的准备工序。

1）木夹板一般选用 4mm 的三合板。主要是减少顶棚吊顶的局部变形。

2）挑选木夹板，复核尺寸、板材纹理及色泽。

3）板面弹线：将挑选好的木夹板正面朝上，按木龙骨分格的中心线尺寸画线。画出方格的板面，能保证板面安装时，方便地将钉子固定在木龙骨架上。

4）板面倒角：在木夹板的正面四周，用细刨按 45°刨出倒角，宽度为 2～3mm，以便在嵌缝补腻子时，将板缝严密补实，减少缝隙变形量。

5）防火处理：板背面用防火漆涂刷 3 遍，晾干后备用。

（2）木夹板安装工序。

1）布置木夹板。木夹板布置有两种方法：一是整板居中，分割板布置在两侧；二是整板铺大面，分割板归边。

2）留出设备的安装位置。根据施工图的要求，先在木夹板正面画出各种设备的位置，待板钉好后再开出设备的位置。

3）钉木夹板。将木夹板正面朝下，托起到预定位置，使木夹板上的画线与木龙骨中心线对齐。从木夹板的中间开始钉，逐步向四周展开。钉位沿木夹板上画线位置进行，钉距 150mm 左右，并均匀分布，钉头沉入木夹板内。

9．木吊顶收口及整理工艺

（1）木吊顶的收口主要是对吊顶面与墙面、柱面、窗帘盒、吊顶上设备之间以及吊顶面各交接面之间的衔接处理，通常采用装饰实木线条作为收口收边材料。

（2）整个饰面工作完成后，经过一段时间的干燥，饰面层有可能出现少量的缺陷，必须进行修补整理。其主要内容包括：油漆面与非油漆面的清理，油漆面有起泡和色泽不均、裱糊的壁纸起泡、镶贴面不平整和翘边等要修补整理。

四、质量保证

（一）木龙骨的安装质量要求

木龙骨安装完毕后，进行安装质量检查。检工作包括：

（1）上人龙骨的荷载检查：对吊顶上设备检修孔周围及在吊顶上人的部位进行加载检查。重点是吊顶的强度，通常以加载后无明显裂缝、颤动为准。

（2）连接质量的检查：检查有无漏装吊点，有无虚连接和漏连接的部位。

（3）龙骨形状的检查：检查龙骨有挠度变形、错牙和错弯现象。

（二）胶合板吊顶罩面板工程质量的允许偏差见表 2-4-1。

表 2-4-1　　　　　　　　　胶合板吊顶罩面板工程质量的允许偏差

项　目	允许偏差（mm）	检　查　方　法	项　目	允许偏差（mm）	检　查　方　法
表面平整	≤2	用 2m 靠尺和楔形塞尺检查	接缝高低	≤0.5	用直尺和楔形塞尺检查
接缝平直	≤3	拉 5m 线检查，不足 5m 拉通线检查	压条间距	≤2	用直尺检查
压条平直	≤3	拉 5m 线检查，不足 5m 拉通线检查			

（三）木龙骨吊顶施工中常见质量问题及预防措施

1．吊顶龙骨拱度不匀

（1）主要原因。

1）木材材质不好，施工中难以调整；木材含水率较大，产生收缩变形。

2）施工中未按要求弹线起拱，形成拱度不均匀。

（2）防治措施。

1）选用优质木材、软直木材，如松木、杉木。

2）按设计要求起拱，纵横拱度应吊均匀。

2. 吊顶安装后，经短期使用即产生凹凸变形

（1）主要原因。

1）龙骨断面尺寸过小或不直，吊杆间距过大，龙骨拱度未调匀，受力后产生不规则挠度。

2）受力节点接合不严，受力后产生位移。

（2）防治措施。

1）龙骨尺寸应符合设计要求，木材应顺直，遇有硬弯应锯短调直，并用双面夹板连接牢固，木材在吊顶间若有弯度，弯度应向上。受力节点应装钉严密、牢固，保证龙骨的整体刚度。

2）吊顶内应设通风窗，室内抹灰时应将吊顶入孔封严，使整个吊顶处于干燥的环境之中。

3. 吊顶装钉完工后，部分纤维板或胶合板产生凹凸变形

（1）主要原因。

1）板块接头未留空隙，板材吸湿膨胀易产生凹凸变形。

2）当板块较大，装钉时板块与龙骨未全部贴紧就从四角或四周向中心排钉安装，致使板块凹凸变形。

3）龙骨分格过大，板块易产生挠曲变形。

（2）防治措施。

1）选用优质木材，胶合板应选用5层以上的椴木胶合板或选用硬质纤维板。

2）纤维板应进行脱水处理。胶合板不得受潮，安装前应两面涂刷一道油漆。

3）轻质板宜加工成小块再装钉，应从中间向两端装钉，接头拼缝留3～6mm。

4）合理安排施工顺序，当室内湿度较大时，宜先安装吊顶木骨架，然后进行室内抹灰，待抹灰干燥后再装钉吊顶面层。

4. 轻质板材吊顶中的错牙、错弯等现象，以及拼缝分格不均匀、不方正

（1）主要原因。

1）龙骨安装时，拉线找直和方正控制不严，龙骨间距分布不均匀，且与板块尺寸不相符等。

2）未按弹线安装板块或木压条进行操作。

3）明拼缝板块吊顶，板块裁得不方正，或尺寸不准确等。

（2）防治措施。

1）按龙骨弹线计算出板块拼缝间距或压条分格间距，准确确定龙骨位置，保证分格均匀。

2）板材应按分格尺寸裁截成板块。板块要方正，不得有棱角，且挺直光滑。

3）板块装钉前，应在每条纵横龙骨上按所分位置弹出拼缝中心线，然后沿弹线装钉板块，发生超线予以修整。

4）应选用软质木材制作木压条，并按规格加工，表面应平整光滑。装钉时，先在板块上拉线，弹出压条分格线，沿线装钉压条，接头缝应严密。

（四）罩面板的凹凸变形的预防措施

（1）选用符合国家标准的合格板材，板材厚度在4mm以上。

（2）按设计要求，木龙骨及板材在铺钉前要进行防腐和防火处理，即涂刷或浸渍防火、防腐剂，并使之充分晾干后方可使用；木质材料在施工前及施工中均不得处于潮湿状态。

（3）吊顶的吊点、木搁栅分格布置要按设计要求保持足够的间距尺寸，重点部位要适当加密；吊杆（吊筋、吊索、镀锌铁丝、扁铁、角钢等）要有一定强度并充分均匀拉直，以免出现局部龙骨空悬现象。

（4）板块的直角棱边宜采用修边处理，即刨成 45°倒角，以便于嵌缝严密；同时注意板材无缝铺钉时不可强压就位，板块接头处略留间隙以适应罩面板膨胀时的变形余量。

（5）吊顶板面继续进行装饰时，装饰线板、线条宜选用软质木材或其他新型优质材料，设置于罩面板收边或板缝部位的线条要装钉于罩面层内的木龙骨上。

五、相关知识

（一）轻钢龙骨吊顶

轻钢龙骨一般采用薄钢板或镀锌铁皮卷压成型，分为主龙骨、次龙骨及连接件。在悬吊和连接方法上，又分为上人吊顶与不上人吊顶。上人吊顶一般需考虑龙骨应承受的集中载荷，不上人吊顶一般只考虑龙骨与饰面材料本身的自重。与轻钢龙骨配套的饰面板材主要有：各种装饰石膏板、矿棉板、铝合金板等。不论采用哪一种饰面板，其施工工艺过程大同小异。

（二）铝合金龙骨吊顶

铝合金龙骨吊顶与轻钢龙骨吊顶相比，属于轻型活动板式吊顶，饰面板放在龙骨的分格内不需要固定。龙骨既是吊顶的承重件，又是吊顶饰面板的压条。因此，多采用铝合金龙骨小幅面板材吊顶。

施工顺序为：施工准备→弹线定位→固定吊点→组装骨架→安装饰面板。

（三）开敞式吊顶

开敞式吊顶是将各种材料的条板组合成各种形式方格单元或组合单元拼接块（有饰面板或无饰面板）悬吊于屋架或结构层下皮，不完全将结构层封闭，使室内顶棚饰面既遮又透，空间显得活泼生动，形成独特的艺术效果，具有一定韵律感。当开敞式吊顶采用板状单元体时，还可得到声场的反射效果，为此，它常用做影剧院、音乐厅、茶室、商店、舞厅等室内吊顶。另外，开敞式吊顶可悬吊各种透明玻璃体、金属物、织物等，使人产生特殊的美感情趣。常用的单体有木材、塑料、金属等。形式有方形框格、棱形框格、圆形框格、圆盘和其他异形图案。

2.4.3.2 墙面施工

一、任务描述

墙面是室内空间最基本的围合面，是整个室内装修施工最主要的工程内容。墙面施工视材料、结构的不同大体可分为：涂料饰面施工、裱糊饰面施工、木质墙面施工、软包墙面施工、玻璃镜面施工、陶瓷与石材饰面施工。

二、相关知识

1. 涂料饰面

涂料种类繁多，既有用于建筑外墙的涂料，也有用于建筑室内的涂料。用于室内墙、顶面的涂料有如下常见的三种：水溶性涂料、乳液型涂料、喷塑型涂料。前两种主要用于砖结构和混凝土结构的墙面，而喷塑型涂料的施工范围较广，可在混凝土墙面、水泥墙面、木夹板面、石灰和石膏板等表面进行饰面，但施工中要注意基层处理和涂刷均匀等问题。

2. 裱糊饰面

在餐厅装修工程中裱糊饰面主要用于墙面、顶棚。裱糊饰面施工工艺过程基本相同，但不同的基层和裱糊材料在操作工序、方法上有所区别。

3. 板材饰面

在餐厅装修工程中，板材内墙饰面属于高档装修工程。按板材的种类大致可分为木夹板及表面经二次加工后的装饰板、木板、金属板、塑料板等；按板材的形式分为各种成型板、平板和扣板等。

4. 玻璃镜面饰面

室内装修中，玻璃镜面的安装部位主要有顶面、墙面和柱面。玻璃镜面安装同样需要制作基层，方法与前面介绍的木龙骨木夹板墙身施工工艺基本相同。但对基层表面的平整度和稳定性要求较高，因此，木龙骨应用截面较大、基层板较厚的木夹板。

三、任务实施

（一）涂料饰面施工

1. 涂料的选择

在室内装修中，首先要根据施工图中规定的涂料来施工，但有的施工图中未注明涂料品种，仅注明"墙面刷内墙涂料"，这时就要根据具体情况来选择适当的涂料。

在客流量较大的餐厅应选用具有良好的耐老化、耐污染、耐水、保色性好和附着性较强的涂料。

（1）按基面材料选择。

1）对混凝土和水泥基面，要求涂料具有良好的耐碱性和遮盖性。

2）对石灰和石膏板墙面，虽然可选用的涂料较多，但也不是所有的涂料都适用，如 JHN841—1 耐擦洗内墙涂料就不能用。

3）涂刷在木基面上的涂料，应是非碱性涂料，因为碱性涂料对木基面有破坏性。

（2）按建筑物的地理位置和气候特点来选择。

1）炎热多雨的南方所用的内墙涂料，应具有良好的耐水性和防霉性。

2）严寒的北方所用的内墙涂料，应具有良好的耐冻融性能。

3）雨季施工应选择干燥迅速并具有较好的初期耐水性的内墙涂料。

（3）按装修标准选择。

档次较高的装修可选用高档涂料，反之选用中档或普通涂料。

2. 基层处理

（1）基层要求。

不同的基层，处理方法也不相同，总体上应满足下列要求。

1）基层表面平整，具有足够的强度。

2）基层含水率小于10％。

3）基层无裂痕、损坏和空鼓等。

4）基层与涂层之间具有一定的附着力。

5）基层表面无污染及杂物等。

（2）处理方法。

1）混凝土墙面虽然较平整，但存有水气泡孔，应进行批嵌。可用腻子（如821）在墙面批嵌两遍，第一遍应把水气泡孔、沙眼、塌陷不平的地方刮平；第二遍腻子要找平大面，然后用0～2号砂纸打磨。

2）对于旧墙面，要干净彻底地铲除原墙体涂层直至露出坚实的墙体基层。清理后有凹坑的地方，应及时用水泥修补；有裂缝的地方，粘贴绷带。在刮腻子前，应涂刷一遍108胶水；最后在墙体上满刮腻子两遍，然后用0～2号砂纸打磨平整。

3）对于白灰墙面，如果表面已经压实平整，可不刮腻子，但要用0～2号砂纸打磨，打磨时不得破坏原基层。若表面不平整，仍需刮腻子找平。

4）对于石膏板墙面，先用腻子批嵌石膏板的对缝处和钉眼处，然后直接涂刷水溶性涂料。因石膏板墙面吸收快，会影响涂刷质量，所以在批嵌腻子前，要刷一道108胶水。

5）对于木夹板基面，第一遍先用腻子批嵌木板的对缝处和钉眼处；第三遍批嵌要注意找平大面，然后用0～2号砂纸打平。

（3）刮腻子时应遵循的原则是：要一板排一板，两板之间顺一板；要刮严、无接茬、凸痕；做到凸处薄刮、凹处厚刮。同时要检查阴阳角处、窗台下、暖气、管道、踢脚板等连接处。批嵌腻子的厚度，一般不超过3mm。

3. 涂刷施工

（1）涂刷前的准备工作。

1）材料准备：使用前先将桶内的涂料搅拌均匀。再根据不同的品种要求将需要稀释的涂料进行稀释处理。冬季施工时，若发现涂料有凝固现象，可进行加温处理。

2）机具、工具准备：喷涂工具有最高气压 1.0MPa、排气量 0.6m³ 的空气压缩机，以及喷枪、足够长度的耐压胶管。涂刷工具有油漆刷、排笔刷和塑料小桶。滚涂工具有长毛绒滚筒和中号塑料桶。

（2）水溶性涂料施工。

1）水溶性涂料能在稍潮湿的墙面上涂刷，但不能在太潮湿的墙面上涂刷，一般手摸微有湿感时涂刷较好。

2）涂刷可用排笔或漆刷施工。在气温高、黏度小、易涂刷时，可用排笔施工；反之，则用漆刷施工。也可第一遍用漆刷，第二遍用排笔刷，以使涂料层薄厚均匀，色泽一致。一般第一遍用原浆，要稠一些，涂刷的距离不要太长，以 200～300mm 为宜，反复两三次即可。待第一遍干后用砂纸打磨，刷第二遍时上下接茬处要严，一面墙要一气刷完，以免色泽不一致。

3）涂刷顺序一般为先顶后墙，两人一档，距离不要太远，免得接茬处理不好。另外，涂料结膜后不能用湿布擦拭。

4）涂刷完毕，将料桶、漆刷、排笔用清水冲洗干净，妥善存放，切忌接触油类。

4. 乳液型涂料施工

（1）喷涂施工：首先用塑料布或报纸遮挡住不喷涂的部位，避免弄脏。然后调节气压，喷涂涂料为雾状。喷涂时，用手拿稳喷枪，出料口与墙面垂直，喷嘴距离墙面 500mm 左右。喷枪离墙过近易出现涂层过厚、流挂、发白等现象；反之，易出现涂层过薄、发花的现象。正式喷涂时，先从门窗洞口的侧边喷起，然后沿横向或纵向喷大面。搭接处要注意颜色一致、薄厚均匀，防止漏喷、流淌。顶棚、墙面一般喷两遍即可完成，且间隔时间为 2～4h。

（2）刷涂：刷涂可使用排笔刷或漆刷，先刷门窗洞口侧边，然后纵向或横向涂刷大面两遍，其间隔时间为 2～4h。注意：接茬要接好，流平性要好，颜色均匀一致。

（3）滚涂：滚涂使用长毛戎滚流筒，先顶后墙，一滚紧挨一滚，两滚之间顺一滚，来回滚动，一般两遍即完成。第一遍最好稀一些，第二遍间隔为 2～4h。接茬要接好，颜色一致，无漏滚。

5. 喷塑型涂料施工

喷塑涂料的涂层结构是由底油、骨架涂料、面油三部分构成。底油是涂布在基层上，起封闭、增强基层强度的作用；骨架涂料是一层特有的成型层，是喷塑涂料的主要构成部分，喷涂在底油之上，经过滚压，可形成质感丰满、新颖美观的立体花纹图案；面油是一种表面层，分为水性和油性两种（水性面油无光泽，油性面油有光泽），目前大都采用水性面油，其施工方法同乳液型涂料。喷塑涂料喷涂程序是：刷底油→喷点料（骨架材料）→滚压点料→喷涂或涂刷面油。喷涂时的空压机压力为 0.5MPa。

四、质量保证

（一）涂料施工的质量要求

1. 水溶性、乳液型等薄质涂料

（1）所用材料的品种、质量、颜色符合设计要求及有关标准的规定。

（2）基层处理符合施工验收规范的要求。

（3）不允许有掉粉、起皮、漏刷、透底现象。

（4）颜色一致，无砂眼、划痕。

（5）不允许有返碱、咬色现象。

（6）无明显流坠、疙瘩、溅沫等现象时属于合格；没有前述现象的则属于优良。

（7）喷点、刷纹等现象，在 1.5m 正视喷点时均匀、刷纹顺直的为合格；在 1m 正视喷点时均匀、刷纹顺直的为优良。

（8）面涂层的平整度以及装饰线、分色线的平直度偏差不大于 2mm 为合格；不大于 1mm 为优良。

（9）门窗、玻璃、灯具等要洁净。

2. 喷塑型等厚质或多层涂料

（1）所用材料的品种、质量符合设计要求及有关标准的规定。

（2）基层处理无脱层、空鼓和裂缝等现象（空鼓而不裂的面积不大于200cm²者可不计）。

（3）表面颜色一致，花纹、色点大小均匀，不显接茬，无漏涂、透底、流坠、无污染。

（4）分格条（缝）宽度、深度均匀一致、平整光滑，棱角整齐，横平竖直、通顺。

（5）空洞、槽盒和管道后面的抹灰表面尺寸正确，边缘整齐光滑，管道后面平整。

（6）门、窗框与墙体间缝隙填塞密实、平整；护角材料高度符合施工规范规定，表面光滑平顺。

（7）立面垂直度允许偏差不大于5mm；表面平整度允许偏差不大于4mm；阴阳角方正度允许偏差不大于4mm；阴阳角垂直度允许偏差不大于3mm；分格条（缝）平直度允许偏差不大于3mm。

（二）涂层易出现的质量问题及预防措施（表2-4-2）

表2-4-2　　　　　　　涂层易出现的质量问题及预防措施

项目	原　　因	预　防　措　施
流坠	涂料施工黏度过低，每遍涂膜又太厚	调整涂料的施工黏度，每遍涂料的厚度应控制合理
	滚筒或刷子蘸涂料过多；喷枪的孔径太大	滚筒或刷子应勤蘸、少蘸涂料，调整喷嘴直径
	涂饰面凹凸不平，在凹处积存涂料太多	应尽量使基层平整，刷涂时用力均匀
	喷涂施工中喷涂压力大小不均，喷枪与施涂面距离不一致	用高速空气压力机，气压一般为0.4～0.6MPa。喷嘴与施涂面距离一致，并均匀移动
开裂	基体自身裂缝未处理好	在刮腻子之前，必须采取有效措施处理好基体的裂缝
	基层腻子未干透，含水率偏高	基层腻子厚薄均匀一致，干透后再刷涂料
起泡	基层含水率偏高	在基层充分干燥后，方可施工
	涂层固化成膜速度太快且不一致	选择涂层成膜速度适中的涂料
	喷涂时，压缩空气中有水蒸气，与涂料混在一起	喷涂前，检查油水分离器，防止水气混入
	涂料的黏度较大，刷涂时易夹带空气进入涂层	涂料黏度不宜过大，一次涂膜不宜过厚
超皮	基层不洁净，影响涂层粘贴	在涂刷前，基层必须干燥清洁
	基层含水率偏高	在涂刷前，基层含水率必须控制在要求范围内，充分干燥后，方可施工
	涂料性能差，如附着力、稀稠不均	应选择附着力强，稀稠均匀的涂料
起皱	基层含水率偏高，或者是每一遍涂层未干透，就涂刷下一遍	基层要干透，保证前遍涂层干透后，方可涂下一遍
发花	混合色涂料没有搅拌均匀	在施工前，两种以上颜色混合均匀后方可涂刷
	涂层遮盖力差，涂刷不均匀	提高对基层的遮盖性，第一层涂料不能太稀，涂层薄厚要均匀一致

五、相关知识

（一）裱糊饰面施工

下面就以最常见的塑料壁纸、金属壁纸、锦缎为例介绍其施工工艺过程。

1. 施工准备工作

（1）材料准备。

1）在施工前，确定好壁纸的品种、花色和色泽等，并以样板的式样由甲方认定。

2）在施工前，检查每卷壁纸的色泽是否一致。因为壁纸产品的批次不同，其色泽往往也有差别，如果不检查色泽，就会在墙面上产生壁纸的色差，从而破坏装饰效果。

3）常用胶粘剂按一定量配比调匀，备好待用。裱糊塑料壁纸的胶粘剂，可按下列配方选用。

一是108胶水加羧甲基纤维素（化学糊糊），重量比是108胶：2.5%羧甲基纤维素：水，为

10：3：5～10；一种是108胶：聚醋酸乙烯乳液（白乳胶）：水，为10：2：适量；三是108胶：水，为1：（0.25～1）。另外，专业壁纸胶粉每盒可裱糊25m²左右。这几种胶的主要优点是：使用方便、干后无色、不污染壁纸、粘接力强，同时能减少翘边、起泡等，从而保证施工质量。

裱糊玻璃纤维壁布的胶粘剂，可参照塑料壁纸用的胶粘剂配方；裱糊化学纤维墙布的胶粘剂，可选用生产厂家配套供应的专用胶水和108胶水；裱糊无纺织墙布的胶粘剂，一般选用聚醋酸乙烯乳液（白乳胶）与羧甲基纤维素（化学糊）配置的胶粘剂，亦可选用粉末壁纸胶调配；裱糊丝绸壁纸的胶粘剂，可选用粉末壁纸胶调配。

（2）工具准备。

1）活动裁纸刀：为多节式、可伸缩的刀片，刀具有大、中、小之分，用来裁切厚度不同的壁纸。

2）钢板抹子：用于基层批嵌腻子，具有柔韧、弹性强、接触面大的特点。

3）塑料刮板：用于刮平贴附壁纸。

4）毛胶辊：用于基层刷胶液。通常是把短柄毛辊绑在长杆上使用。

5）不锈钢尺：用于压裁壁纸，其长度为1000mm。

6）其他工具：裁纸案台、钢卷尺、普通剪刀、注射用的针管及针头，排笔、板刷、大小塑料桶等。

2. 主要操作工序

裱糊施工的主要操作工序有：基层处理、防潮处理、壁纸浸水、壁面弹线、壁面刷胶、纸面刷胶、对花裱糊、清理修整等。不同的墙面和壁纸材料，其操作工艺有所区别，见表2-4-3。

表 2-4-3 　　　　　　　　　　　　壁纸裱糊的主要工序

工 序 名 称	抹灰、混凝土面		石膏板面		木 材 面	
	普通壁纸	塑料壁纸	普通壁纸	塑料壁纸	普通壁纸	塑料壁纸
清扫基层、填补缝隙	+	+	+	+	+	+
接缝处贴接缝带			+	+		
补找腻子、磨砂纸			+	+	+	+
满刮腻子磨平	+	+				
涂刷防潮剂	+	+	+	+	+	+
涂刷打底料	+	+				
壁纸浸水	+	+	+	+	+	+
基层涂刷胶粘剂	+	+	+	+	+	+
壁纸涂刷胶粘剂	+	+	+	+	+	+
裱糊	+	+	+	+	+	+
擦净胶水	+	+	+	+	+	+
清理修整	+	+	+	+	+	+

注　"＋"号表示应进行的工序。

3. 基层处理

（1）处理要求。坚实牢固，平整光洁，不舒松、起皮，不掉粉，无砂粒、孔洞、麻点和飞刺等缺陷。此外，基层应保持干燥，不潮湿发霉，含水率小于8％。

（2）处理方法。

1）混凝土抹灰基层：通常满刮腻子1～2遍，一板排一板，两板中间顺一板。既要刮严，又不得有明显的接茬和凹痕，做到凸处薄刮，凹处厚刮，大面积找平。待腻子干透后，打磨砂纸并扫净。遇有需要增加满刮腻子遍数的基层的表面时，应待刮完一遍腻子打磨砂纸、扫净后，再进行下一遍。此外，阴阳角、窗台下、暖气片、管道后及踢脚板连接处的处理，都要认真检查修整。

2）木质基层：接缝、钉眼应用腻子补平并满刮油性腻子一遍，用砂纸磨平。第二遍用石膏腻子找平，腻子的厚度应减薄，可在腻子五六成干时，用塑料刮板有规律地压光，最后用干净的抹布轻轻将表面的灰粒擦净。

如果要裱糊金属壁纸，则木基面上的处理应与木家具打底方法基本相同，批刮腻子3遍以上。在找补第2遍腻子时采用石膏粉配猪血料调制腻子，其重量配比为10：3。批刮最后1遍腻子并打平后，用软布擦净。

3）石膏板基层处理：纸面石膏板的基层比较平整，批抹腻子主要是在接缝处和螺钉孔位处。对缝批抹腻子后，还需用棉纸带贴缝，以防止对缝处的开裂；螺钉孔位应嵌入板内1mm并点涂防锈漆。在无纸面石膏板上，应刮满腻子1遍，找平面，然后用第2遍腻子进行修整。

4）不同基层接缝的处理：不同基层材料的相接处，如石膏板与木夹板，水泥或抹灰基面与木夹板，水泥基面与石膏板之间的对缝，应用棉纸带或穿孔纸带粘贴封好，以防止裱糊后的壁纸基层被拉裂撕开。

（3）涂刷防潮底漆和底胶。

为防止壁纸受潮脱胶，一般对需要裱糊塑料壁纸、壁布、金属壁纸的墙面涂刷防潮底漆，其重量配比为酚醛清漆：汽油（或松节油）＝1：3。该底漆可涂刷也可喷刷，漆液不宜过厚，且要均匀一致。

底胶可喷、可刷，其作用是为了增加粘结力，防止已经处理好的基层受潮弄污。底胶喷（刷）一遍即可，但不能漏刷、漏喷。

4．裱糊工艺

（1）塑料壁纸的裱糊。

1）弹线。弹水平线、垂直线的目的是使壁纸花纹、图案、线条纵横连贯。①在非满贴壁纸墙面的上下边及拟定贴到部位处，弹出水平线；②确定每个墙面的第一条垂线即基准线，定在距离墙角小于壁纸幅面宽度50～100mm处。以此线为始点序推，其间距小于壁纸幅宽10mm左右为宜，再弹其他垂线；③墙的转角处和门窗洞口处也应弹线，并以角线或门窗洞口立边分化为宜，便于折角、贴边。

2）测量与裁剪。

①量出墙顶到踢脚的高度，两端各留出50mm左右，以备修剪，然后裁出第一条壁纸；②有图案的壁纸应将图形自墙的上部开始对花；③需要根据弹线找规矩的如门窗、洞口处的实际尺寸，应统筹规划裁纸并编号，以便按顺序粘贴。

3）润纸。塑料壁纸遇水或胶水时会自然膨胀。因此准备上墙的壁纸要先刷清水，或浸入水中3～5min后，把多余的水甩掉，再静止约15min后开始刷胶。

4）刷胶。在墙面及壁纸上均匀刷胶，薄厚要均匀。墙面刷胶宽度应超过壁纸幅宽25mm左右。壁纸刷胶在专用的台案上进行，以免弄脏。

5）裱贴。裱贴的原则是先垂直面，后水平面；先细部，后大面。贴垂直面时，先上后下；贴水平面时，先高后低。①裱贴第一条壁纸时，壁纸应适当折叠，胶面对着胶面，手握壁纸两端角，凑近墙面，展开上半截的折叠部分，沿垂直线贴于墙上。然后由中间向四周用刷子将上半截敷平，再处理下半截；②裱贴第二条壁纸时，应先对垂直，然后对花纹。有花纹的壁纸重叠部分应对齐花纹；无花纹的壁纸可重叠20mm左右；③阳角处不可拼缝，壁纸绕过阳角的宽度一般不大于12mm，否则会形成折痕。阴角壁纸拼缝时，应先裱糊压在里面的转角壁纸，然后再贴非转角的壁纸。搭接面应根据阴角垂直度而定。一般搭接宽度不大于2～3mm，并且保持垂直无毛边；④裱贴时如遇到凸出物，能拆下的应尽量拆下。若不能拆下的，先找出中心点，沿中心点向外十字展开，切口直至凸出物边部，裁出要切割的壁纸，沿凸出物四周将壁纸压平。

6）修整。裱贴完毕后，进行修整，割去上下部分多余的壁纸，将边部压平。清理壁纸四周没有贴壁纸位置的污迹，清除壁纸表面的污迹和透胶。

7）壁纸裱贴时应注意的事项。①基层处理是裱贴质量的关键，必须符合要求；②弹线是必不可少的工序；③每个房间除设计上的特殊要求外，应使用同一品种的壁纸；④有图案的壁纸要对齐图

案；⑤裱贴时如出现气泡，应及时用刮板沿水平方向将气泡赶出；⑥壁纸边缘不可漏刷胶。

（2）金属壁纸的裱糊。金属壁纸又称金箔壁纸，是在纸机上压合了一层极薄的有色有图案的金属箔，具有多种色彩。金属箔十分薄，贴面时，小心折伤。金属壁纸裱贴工艺过程与塑料壁纸裱贴工艺过程的不同之处表现。①金属壁纸必须裱贴在木质基层上，所用的腻子是猪血料腻子，其目的是增加基层的平整度和壁纸的粘贴力；②裱贴前，壁纸浸水时间一般为 1～2min，阴干时间为 5～8min；③胶液是专用的壁纸胶粉。刷胶时，准备一个长度大于壁纸幅宽的圆桶，一边在裁剪好并浸过水的金属壁纸背面刷胶，一边将刷过胶的部分向上卷在圆桶上，以便粘贴。

（3）锦缎的裱糊。锦缎的裱糊对其技术性、艺术性要求高。施工者必须耐心细致地操作，其工艺过程如下。

1）基层要求。必须裱贴在木质基层上，要求光滑平整、坚实无缝。

2）上浆裱纸。锦缎壁纸柔软光滑，不容易裱糊。因此，锦缎背面应上浆并裱 1 层宣纸，使其挺括，以便裁剪和裱贴。上浆用的浆液重量配比为面粉：防虫涂料：水＝5：40：20。上浆时，将锦缎背面朝上，平铺于台上满刷浆料，均匀涂抹不宜过厚。裱纸时，将宣纸平铺在另一个台面上，用水湿润，使其彻底展平。然后将上好浆的锦缎背面朝下，贴在宣纸上，并刮平。

3）裁剪。根据幅宽、花纹裁剪，并进行编号，裱贴时对号拼贴。

4）裱贴。方法同塑料壁纸的裱糊方法。

5）修整。①擦去表面的胶水污迹，翘边翘角处补胶并压实；②有气泡处用注射针管排气，同时注入胶液；③表面有褶皱的，趁胶液未干时轻刮；④将多余的部分裁掉。

6）干燥。锦缎裱贴完毕，为防止快速风干起皱，最好关闭门窗，使其自然干燥。

5．裱糊饰面施工的质量要求

（1）基层处理要平整、干燥、无污染、无裂纹，并具有足够的强度。

（2）基层表面平整度、阴阳角方正度（垂直度）的允许偏差不大于 2mm；立面垂直度的允许偏差不大于 3mm。

（3）裱糊工程完工待表面完全干燥后方能进行质量检查。

（4）裱糊工程的材料、品种、颜色、图案必须符合设计要求。

（5）裱糊工程质量应符合下列规定。①壁纸、墙布粘贴牢固，表面颜色一致，不得有气泡、空鼓、裂缝、翘边、褶皱和污点、斑迹，斜视时无胶痕等现象。②表面平整。壁纸、墙布与挂镜线、顶角线、踢脚板以及贴脸板、护墙板、压顶条、窗帘盒、吊壁柜紧密无缝。距离裱糊面1.5m 处正视时，不得有明显缝隙。③各幅拼接横平竖直，接缝处花纹、图案吻合，不离缝、不搭接，距离墙面1.5m 处正视时，不显拼缝。④阴阳角垂直，棱角分明，阴角处搭接顺光，阳角处无接缝。⑤壁纸、墙布边缘平直整齐，无毛刺、飞刺。⑥不得有漏贴、补贴和脱层等缺陷。

裱糊施工易出现的质量问题及预防措施见表 2-4-4。

表 2-4-4　　　　　　　　　　裱糊施工易出现的质量问题及预防措施

项　目	质量问题	预　防　措　施
基层处理 不当	腻子裂纹	腻子稠度适中，胶液应略多些
		孔洞凹陷处应清除灰尘、浮土等，并涂 1 遍胶粘剂，当孔洞较大时，腻子胶性要略大些，并分层进行，反复刮抹平整、坚实
		裂纹较大且已脱离基层的腻子，要铲除干净，处理后重新刮 1 遍腻子，孔洞处的半眼、蒙头腻子须挖出，处理后再分层刮平整
	透底、咬色	清除基层油污。表面太光滑的，先喷一遍清胶液；表面颜色太深的，可先涂刷一遍浆液
		如粉饰颜色较深，应用细砂纸打磨或刷水起底色后，再刮腻子刷底油
		挖掉基层裸露的铁件，否则须刷防锈漆和白厚漆覆盖
		对有透底或咬色弊病的粉饰，要进行局部修补，再喷 1～2 遍面浆覆盖

项 目	质量问题	预 防 措 施
裱糊表面弊病	死褶	选择材质优良的壁纸、墙布
		裱贴时，用手将壁纸舒平后，再用刮板均匀赶压，特别是出现皱褶时，必须轻轻揭起壁纸慢慢推平，待无皱褶时再赶压平整
		发现有死褶，若壁纸未完全干燥可揭起重新裱贴，若已干结则撕下壁纸，处理好基层后重裱
	翘边（张嘴）	基层灰尘、油污等必须清除干净并控制含水量。若表面凹凸不平时，须用腻子刮抹
		不同的壁纸选择相适宜的胶粘剂
		阴角搭缝时，先裱贴压在里面的壁纸，再用粘性较大的胶粘剂粘贴面层，搭接宽度不大于3mm，纸边搭在阴角处，并保持垂直无毛边，严禁在阳角处甩缝，壁纸裹过阳角应不大于12mm，包角须用粘性强的胶粘剂，并压实，不得有气泡
		将翘边翻起，检查产生原因，属于基层有污物的，待清理后，补刷胶粘剂粘牢；属于胶粘性小的，则换较强粘性的胶，如翘边已坚硬，应加压，待粘牢平整后去掉压力或撕掉重裱
	壁纸脱落	做好卫生间墙面防水处理，浴缸下口处及穿墙管部位要特别注意防止局部渗水影响墙面
		将室内易积灰部位，如窗台水平部位，用湿毛巾擦拭干净
		不用变质胶粘剂，胶粘剂应在规定时间内用完，否则重新配制
	表面空鼓（气泡）	基层须严格按要求处理，石膏板基层的起泡、脱落须铲除干净，重新修补好
		裱贴时严格按工艺操作，须用刮板由里向外刮抹，将气泡和多余胶液赶出
		胶粘剂涂刷须厚薄均匀，避免漏刷，为了防止不均，涂刷后可用刮板刮1遍，回收多余胶液
		由于基层含水率过高或空气造成的空鼓，应用刀子割开壁纸，放出潮气或空气，或者用注射器将空气抽出，再注射胶液贴压平实；壁纸内含有多余胶液时也可用注射器吸出胶液后再压实
	颜色不一致	选用不易褪色且较厚的优质壁纸，若色泽不一，须裁掉褪色的部分。基层颜色较深时应选用颜色深、花饰大的壁纸
		基层含水率小于8%才能裱糊，且避免在阳光直射下或在有害气体环境中裱糊
		有对称花纹、无规则花纹及壁纸有色差时可用调头粘贴法
		有严重颜色不一的饰面，须撕掉重新裱贴
	壁纸离缝或亏纸	壁纸裁前应复核墙面实际尺寸，裁切时要手劲均匀，一气呵成，不得中间停顿或变换持刀角度。壁纸尺寸可比实际尺寸略长1～3cm，裱贴后上下口压尺分别裁割多余的壁纸
		在赶压胶液时，由拼缝处横向往外赶压，不得斜向或由两侧向中间赶压
		对于离缝或亏纸轻微的壁纸，可用同色的乳胶漆点描在缝隙内；对于较严重的部位，可用相同的壁纸补贴或撕掉重贴
裱糊表面弊病	裱贴不垂直	裱贴前，对每道墙面应选弹一垂线，裱贴第一张壁纸须紧贴垂线边缘，检查垂直无偏差方可裱贴第二张，裱贴2～3张后吊锤在接缝处检查垂直度，及时纠偏
		采用接缝法裱贴花饰壁纸时，先检查壁纸的花饰与纸边是否平行，如不平行应裁割后方可裱贴
		基层阴阳角须垂直、平整、无凹凸，若不符合要求，须修整后才能裱贴
		发生不垂直的壁纸应撕掉，基层处理后重新裱贴
	表面不平整	抹灰的基层，必须验收合格
		不合格的基层，不应裱糊
	表面不干净	用干净毛巾擦拭多余胶液，随擦随用清水洗干净，操作者应人手一条毛巾
		操作者的手、工具及环境应保持洁净，手沾有胶，应及时用毛巾擦净
		对于接缝处的胶痕应用清洁剂反复擦净

（二）板材贴面施工

板材内墙最基本的结构主要是采用木龙骨。下面就以最常见的木龙骨结构木夹板墙身为例来介绍一下内墙板材施工工艺。

1. 施工准备

（1）材料。木龙骨、木夹板以及其他辅助材料的品种、质量、规格、尺寸等必须符合设计要求及有关规定。

（2）施工条件。施工前，吊顶龙骨架吊装完毕，通墙的线路敷设到位后方可进行饰面施工。

（3）工具。手提式电锯，电刨，冲击电锤，电动或气动射钉枪等。

2. 施工工艺

（1）弹线。按设计要求在墙面上弹出最高位置线和最低位置线，以及木龙骨的分格线。通常木龙骨的分格线边长为 300mm 或 400mm。

（2）拼装木龙骨。木龙骨通常采用截面尺寸为 25mm×30mm 的松木方做龙骨，龙骨之间的连接最好采用凹槽式连接。一般对面积不大的墙身，可一次拼成木龙骨架后再固定在墙面上。对于面积较大的墙身，可将拼成的木龙骨架分片安装固定。另外，在实际施工中，木龙骨也可以直接在墙身上按弹线的位置拼装固定。

（3）刷防火漆。在室内装修中，木结构的墙身需进行防火处理，应该在木龙骨架上及木夹板的背面均匀涂刷 2～3 遍防火涂料。

（4）固定木龙骨架。

1）检查墙体的平整度和垂直度，对于墙面平整度误差在 10mm 以内的，可进行抹灰修整，对于墙面平整度误差大于 10mm 的，通常不再修整墙体，采用加木垫的方式来调整，以保证木龙骨架的平整性和垂直性。

2）用冲击电钻在分格线的交叉点上钻孔，孔深为 50～60mm，打入木楔（若墙面易受潮，木楔可刷桐油处理，干后打入孔内）。将木龙骨架立靠在墙面，检查完垂直度和平整度后，再用铁钉钉牢。

（5）安装木夹板。

1）把挑选好的木夹板正面四边刨出 45°倒角，倒角处宽 3mm 左右。

2）木夹板固定有两种方法：一是射钉固定；二是小圆头铁钉固定。用小圆头铁钉固定时，钉头冲入板内约 1mm，将木夹板与木龙骨钉接。要求布钉均匀，钉间距 100mm 左右。

（6）安装踢脚板。安装实木成品踢脚板，可用万能胶或铁钉直接固定在木夹板墙面上。而用实木板、木夹板来制作踢脚板的，一般用铁钉与墙面木龙骨架固定。或者也可选择仿木纹的塑料踢脚板，安装时与阴阳角配套。

（7）饰面及收口。在木夹板基面上，可进行的饰面种类有：油漆饰面、涂料饰面、裱糊饰面、镶贴玻璃镜面、不锈钢板饰面、塑料饰面板饰面以及进行各种形式的软包饰面等。饰面的收口压条通常采用木线条或不锈钢线条。

（8）应注意的问题。如果墙面潮湿，则应做防潮处理（一般采用刷防潮涂料）。同时应预留出通排气孔，使内部空气流动，避免木龙骨及木夹板受潮变形。

3. 成型板材饰面工艺

成型板材饰面工艺的木龙骨的制作和安装，与上述工艺基本相同。成型板材一般采用装配法将饰面材料加以固定。不过，不同材料的成型板材对基层处理的要求不同，应视具体情况而定。

4. 各种扣板饰面工艺

扣板是一种自装配式型材结构。它利用板两边不同的收口形状使两块板材拼接方便，接缝规整。常见的扣板有：木质扣板、金属扣板、塑料扣板。木质扣板、金属扣板一般可省去木夹板基层，直接安装在木龙骨上。塑料扣板由于自身的刚性较差，一般需要木夹板做基层。

5. 木墙裙的制作工艺

（1）木墙裙的高度在900～1200mm之间，而木墙身则需做到吊顶面处。

（2）横向龙骨上宜开通气孔，孔间距900mm左右，立主龙骨间距应控制在450～600mm。

（3）龙骨的截面尺寸通常采用24mm×30mm的木方，面板宜采用贴面木夹板。

（4）面板的安装方法有所不同，常见的有斜接缝、平接缝、压条缝三种，如图2－4－4所示。

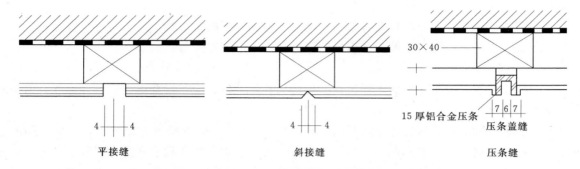

图2－4－4 护墙板板缝处理示意图

（5）木墙裙与窗台板衔接部分采用装饰木线条压边角。

6. 木质板材墙面施工的质量要求

（1）所用材料品种、质量及构造应符合设计要求和有关标准的规定。

（2）接触砖、石砌墙或混凝土墙的木龙骨架、木楔或预埋木砖及木装饰线，应做防腐处理。龙骨材料及木线应干燥、顺直，无开裂、无变形、无弯曲。

（3）钉胶合板、木线的钉头应嵌入其表面。与板面齐平的钉子、木螺钉应镀锌，金属连接件、锚固件应做防腐处理。

（4）采用油毡、油纸等材料做木墙身、木墙裙的防潮层时，应铺设平整，接触严密，不得有褶皱、裂缝和透孔等。

（5）门窗框板与罩面的装饰面板齐平，并用贴脸板或封边线覆盖接缝；接缝宽窄一致、整齐、严密；压条宽窄一致、平直。

（6）隐蔽在墙内的各种设备底座、设备管线应提前安装到位，并装嵌牢固，其表面应与罩面的装饰板底面齐平。

（7）木装饰墙下面若采用木踢脚板，其罩面装饰板应离地面20～30mm；如果采用石材踢脚板，其罩面装饰板下端应与踢脚板上口齐平，接缝严密。在粘贴石材踢脚板时，不得污染罩面装饰板。

（8）板材表面平整度允许偏差不大于2mm；接缝平直度允许偏差不大于3mm；接缝高低允许偏差不大于1mm；压条平直度允许偏差不大于3mm、间距允许偏差不大于2mm。

木质装饰墙易出现的质量问题及预防措施见表2－4－5。

表2－4－5　　　　　　　　木质装饰墙易出现的质量问题及预防措施

质量问题	原因分析	预防措施
墙面与接缝不平	龙骨料含水率过大，干燥后易变形	严格选料，含水率不大于12%，并做防腐处理，罩面装饰板应选用同一品牌、同一批号产品
	成品保护措施不严格，因水管跑水、漏水使墙体木质材料受潮变形	木龙骨钉板一面应刨光，龙骨断面尺寸一致，组装后找方找直，交接处平整，并牢固地固定在墙面上
		面板从下面向上面逐块铺钉，以竖向装钉为好，板与板接头宜做成坡楞，拼缝应在木龙骨上
	未严格按工艺标准加工，龙骨钉板的一面未刨光；钉板顺序不当，拼接不严或组装不规范；钉钉时钉距过大	用枪钉钉面板时，应将枪嘴压在板面后再扣动扳机打钉，保证钉头射入板内。布钉要均匀，钉距100mm左右，如用圆钉，钉头要砸扁，顺木纹钉入板内1mm左右，钉子长度为板厚的3倍，钉距为150mm
		严格按工序标准施工，加强成品保护

质量问题	原因分析	预防措施
对头缝拼接花纹不顺，颜色不一	全护墙板的面层，选择材料不认真	认真选择护墙板，对缝花纹、颜色及切片板的树芯应选用一致
	拼接时，木花纹对着小花纹，有时木纹倒用	护墙板面板颜色应近似，颜色浅的木板安装在光线较暗的墙面上，颜色深的安装在光线较强的墙面上，或者一个墙面上由浅颜色逐渐加深，使整个房间的颜色差异接近
板面粗糙，有小黑纹	护墙板面层板表面不光滑，未加工净面	面层板表面不光滑的，要加工净面，做到光滑洁净
	表面粗糙，接头缝不严密	接头缝要严密，缝背后不得太虚，装钉时，要将缝内余胶挤出，避免油漆后出现黑纹
拼缝露出龙骨和钉帽	钉帽预先未打扁	将小钉帽打扁，顺木纹向里打
	板与板之间接头缝过宽	从设计上考虑，增设薄金属条，盖住松木龙骨
表面钉眼过大	钉帽未顺木纹向里冲	固定护墙板的铁钉，均应打扁，顺木纹冲入
	铁冲子较粗	铁冲子不得太粗，应磨成扁圆形或与钉帽粗细一样
线条粗细不一致，颜色不一致，接头不严密，钉裂	木线条选材不当	局部护墙板压顶木线粗细应一致，颜色要经过选择
	施工过于马虎、粗糙，做工不精细	木质较硬的压顶木线，应用木钻先钻透眼，再用钉子钉牢，以免劈裂

（三）玻璃镜面饰面施工

1. 螺钉固定

在木龙骨基层板面上，根据木龙骨的间隔尺寸弹分格线，按此分格线在玻璃镜面上打孔，每块玻璃板上钻4个孔，孔径小于螺钉端头直径3～5mm。

安装时，由下向上，由左向右，按弹线位置顺次安装。先不要将螺钉拧得太紧，待临时安装好检查确认无偏差后，再统一拧紧，嵌缝最好用玻璃胶。

2. 嵌钉固定

先在基层板上铺一层油毡，临时用木条固定压平，再在油毡上按玻璃尺寸弹出分格线。安装时，从下向上进行，第一排应嵌钉临时固定，待装好第二排后再拧紧第一排，以此类推。

3. 粘贴固定

此方法要求基层平整度高、洁净、无污染。安装时，将玻璃镜面直接用环氧树脂胶、玻璃胶粘贴于基层上即可。

以上三种方法固定玻璃镜面，一般应在周边加框，起封闭端头和装饰作用。

4. 托压固定

托压固定是指用压条和边框将玻璃、镜面托压在基层上。常用的托压材料有特制的木压条、铝合金压条、不锈钢压条及高强塑料压条等。

安装时，先在基层上铺平油毡并临时固定，然后按玻璃镜面尺寸弹出分格线。正式安装时，从下至上安放好玻璃及固定压条，压条压住两玻璃间的接缝。

先用竖向压条，固定最下层玻璃镜面；安放好一层后，再固定横向压条。如果是木线条，应在压条上每隔200mm左右钉上钉子。以此类推，完成整个饰面。

5. 玻璃镜面施工质量要求

（1）选用材料的规格、品种、颜色应符合设计要求。用于浴、厕间的镜面玻璃应选用防水性能好、耐酸碱腐蚀的较好的品种。

（2）安装在同一墙面的同一种颜色的镜面玻璃，应选用同一品牌的品种，以防止颜色差异。

（3）安装镜面玻璃的墙面要求干燥、平整，且具有承载能力。

（4）镜子安装完应垂直平整。镜面玻璃用螺钉固定时应用长靠尺检查平整度，并随时调整螺钉的松紧，避免发生映象失真。

（5）对镜面玻璃注胶嵌缝时，要求密实、饱满、均匀，且不得污染镜面。

（6）粘贴镜面玻璃时，不得直接将万能胶等直接涂在镜子背面，以防止胶料腐蚀镜面玻璃的镀膜。

（7）镜面安装后应平整、洁净、接缝顺直严密，不得有翘边、松动、裂隙、掉角。装边框时，线条应顺直，割角连接紧密吻合，不得有离缝、错缝、高低不平的现象。

（四）其他案例

1. 软包墙面

软包墙面具有高雅的装饰效果，应用比较广泛。其特点是柔软、消声、保温、耐磨，适用于宾馆、KTV、舞厅和家庭等场所。

2. 瓷砖饰面

内墙瓷砖的颜色以白色或彩印色为主，规格有方形和长方形，多用于洗手间、厨房、实验室等场所。瓷砖饰面施工工序分为：基层处理、做防水层、镶贴面砖。

3. 石材饰面

用于饰面的大理石、花岗石、青石和人造石等，是高档饰面材料，主要用于大厅、大堂以及建筑内具有纪念性和展示性的墙面或柱面。

2.4.3.3 地面施工

一、任务描述

餐厅地面是人们宴请宾朋的活动场所，也是放置各类家具和设施的地方。在进行地面装修时，除了考虑地面的耐用、坚固外，还应具有防潮、耐磨、保温、吸声和易清扫等特点。在餐厅地面的装修中，石材是地面装修中经常选用的最基本的施工材料。因此首先需要掌握石材施工技术。

二、相关知识

地面装修材料一般分为块材地面（如石材、陶瓷等）、木质地面（如各类规格的实木地板、复合地板、硬质纤维地板等）、塑料地面（如块状地板块、卷状地板革等）、地毯地面（如纯毛地毯、化纤地毯、混纺地毯等）。此外，还有防静电地板、装饰纸涂塑、涂料地面等。其中防静电地板主要用于机房地面，由饰面板、衍条、调节支架等组合装配而成；装饰纸涂塑是在水泥地面上贴一层木纹纸，然后再涂刷透明耐磨涂料；涂料地面分为环氧树脂涂布地面、聚氨酯涂布地面、不饱和聚酯涂布地面、聚乙烯醇缩甲醛胶水地面，优点是价格低廉、施工方便简单；缺点是耐磨性较差。

三、任务实施

石材地面的施工，是在顶、墙饰面完成后进行，施工完成后清理现场，检查板块的规格、尺寸、颜色、缺陷等，并将板块分类码放。

（一）施工准备

1. 基层要求

基层应平整、洁净、坚固，并具有足够强度。

2. 基层处理

拉线检查地面的平整度，做到心中有数，然后用水清扫干净。光滑的钢筋混凝土地面，应凿毛地面，并提前10h浇水湿润基层表面。

3. 弹线

根据设计要求，确定地面标高位置，并将其线弹在墙立面上（一般水泥砂浆结合层厚度控制在10～15mm，砂结层厚度为20～30mm）。然后在四周墙面上找出中点，对应墙面中点在地面上拉出十字交叉的中心线，并将其标高线固定于墙面。以此中心线为基准（若遇到与走廊直接相通的门口，要与走道地面拉通线，分块布置则以十字线对称）；如果室内地面与走廊地面颜色不同，分界线应在门扇中间处。

4. 试拼

按照室内的标高线，将石材板块按图案、颜色、纹理试拼。试拼后编号，并分类码放整齐。

（二）施工方法

1. 板块浸水

大理石、花岗石板块洒水湿润，水磨石浸水湿润，阴干后擦拭掉板块背面的浮尘。

2. 铺基准块

（1）在室内两个垂直方向，按标高线铺贴两条板块，作为基准块。基准块是室内地面水平标准和铺贴对缝的依据（板块间的缝隙如设计时无严格规定，通常大理石、花岗石不大于1mm，水磨石不大于2mm）。

（2）若室内有柱子，先铺贴柱体四周，然后向外展开铺贴。也可沿墙弹线先铺贴一行，以此为基准逐行铺贴。

3. 铺贴施工

（1）铺贴地面时，要求有较好的平整度，不得有空鼓、裂缝。找平层使用1：4（体积比）的干硬性水泥砂浆，稠度以手握成团，落地开花为宜。

（2）摊铺干硬性水泥砂浆找平层时，摊铺长度应在1m以上，宽度超出板块宽度20～30mm，摊铺厚度10～15mm，地面虚铺的砂浆应比地面标高线高出3～5mm，然后找平。

（3）正式铺贴时，板块四角同时平稳下落，对准纵横缝后，用橡皮锤敲实，并用水平尺找平。对缝时，要根据拉出的对缝控制线进行。然后将板块取出来，这样在干硬性水泥砂浆层上形成了板块一样大小的凹痕，然后在凹痕处均匀涂刷一层素水泥浆，最后将板块正式铺于其上，并用橡皮锤或木锤敲击板面直至达到水平和标高线为止。

（4）板块铺贴完毕后，隔日用素水泥浆填充2/3缝隙高度，其余1/3缝隙高度用与板块颜色相近的水泥浆填充。待干后，再将面层清扫干净。但是对于镶金属条的板块铺贴时，要求板块的规格尺寸准确。镶条前，先将两板块铺贴平整，两板块之间的缝隙略小于镶条宽度。然后用水泥砂浆将缝隙灌满后抹平，再用木锤将金属条敲入缝隙内，并略高于板块平面。

（5）石材地面的构造如图2-4-5所示。

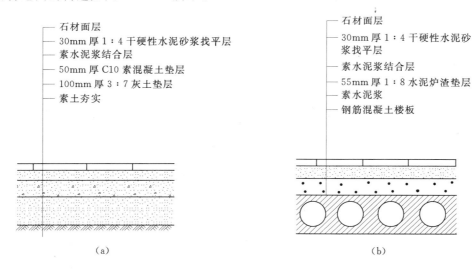

图 2-4-5 石材楼板地面构造

（a）石板地面；（b）石板楼面

四、质量保证

1. 石材地面施工的质量要求

（1）相邻板块之间不允许出现高差。

（2）在10m内行列缝隙对直线的偏差不得超过3mm。

（3）要求地面色泽均匀，表面洁净，图案清晰，接缝均匀，周边顺直，板块无裂纹、掉角和缺棱等现象。

（4）板块间缝隙宽度：大理石、花岗石等天然石材不大于1mm，人造石材（如水磨石）不大于2mm。

2. 常见质量问题及预防措施

常见质量问题及预防措施见表2-4-6。

表2-4-6   常见质量问题及预防措施

质量问题	原因分析	预防措施
板块空鼓	基层处理不洁净，结合不牢	基层应彻底清除灰渣和杂物，并用水冲洗干净，晾干
	结合层砂浆太稀	采用干硬性砂浆，砂浆应搅拌均匀
	基层干燥，水泥砂浆刷不匀，或已干	铺砂浆前先湿润基层，素水泥砂浆刷均后，随即铺结合层砂浆
	结合层砂浆未压实	结合层砂浆应拍实、揉平、搓毛
	施工方法不当	铺贴前，板块应浸水湿润。试铺后，浇素水泥浆正式铺贴。定位后，将板块均匀轻击压实
相邻板块接缝高差偏大	板块厚薄不均匀，角度偏差大	购买时一定要严格挑选板块质量，检查精度是否符合有关规定
	操作时检查不严，未严格按拉线对准	采用试铺方法，浇浆宜稍厚一些，板块正式落位后，用水平尺骑缝搁置在相邻板块上，直至板面齐平为止

五、其他案例

1. 实木地板铺装

木地板的室内铺装施工分为基层施工和铺设施工，铺设形式有实铺和架铺。实铺是在混凝土或水泥地面上直接粘贴木地板；架铺是在地面上先设置木龙骨，然后在木龙骨上铺装毛地板或基层板，最后在毛地板或基层板上镶铺面层地板，架铺也可免去毛地板，直接在龙骨上铺面层木地板。两者相比，实铺具有拼装质量有保证、便于施工、图案花纹多样、成本低的优点，但弹性不好，脚感差，对于地面平整性要求较高，否则会出现翘变现象。架铺具有弹性好，脚感舒适，对地面平整性要求不高，铺装后不易出现起拱、开裂、脱胶现象，但工序多，操作难度大，成本高。

2. 地毯铺设

地毯的铺设是室内装修工程中最后一道工序。铺设时应保持清洁，避免弄脏地毯。铺设地毯的施工要点是，大面平整、拼缝紧密、缝隙小。铺贴后不显拼缝，大面不易滑动。

3. 陶瓷砖地面施工

陶瓷砖地面施工，是目前较为常见的地面装修。常采用的材料有釉面砖、通体砖，规格有250mm×250mm、300mm×300mm、400mm×400mm、500mm×500mm、600mm×600mm。

2.4.3.4 门窗施工

一、任务描述

塑钢门窗是在硬PVC塑料门窗型材截面空腔中衬入加强型钢组装而成。塑钢结合可以提高门窗骨架的刚度。

塑钢门窗具有防火、阻燃性能，耐候性好，抗老化、防腐、防潮、隔热（导热系数低于金属门窗7～11倍）、隔声，耐低温、耐高温（-30～500℃的环境下不变色，不降低原有性能）、抗风压能力强、色泽优美，由于其生产过程省能耗、少污染而被公认为节能型产品。因此，塑钢门窗国外早已用于房屋建筑。近年，我国塑钢门窗生产线正在发展，其产品在工业与民用建筑和地下工程中也开始使用。

此外，PVC树脂中辅以多种优良助剂，用一次注塑成型工艺，还可制成多种规格的全塑整体门和全塑整板内门。

二、相关知识

（一）品种和尺寸

1. 品种

塑钢门窗的品种见表2-4-7。

表2-4-7　　　　　　　　　　　　　塑钢门窗的品种

型号	名称	系列	颜色	使用部位	型号	名称	系列	颜色	使用部位
SG	塑钢固定窗	60	白	户外	$SM_{2\sim4}$	塑钢门	60	白	户外、户内
$SP_{1\sim5}$	塑钢平开窗	60	白	户外	STLM	塑钢推拉门	80	白	户外
STLC	塑钢推拉门	60、70	白	户外	$SM_{5\sim6}$	塑钢弹簧门	100	白	户外
$SM_{1\sim2}$	塑钢门	60	白棕	户内外	$SLM_{1\sim2}$	塑钢折叠门	30	棕	户外

2. 品种尺寸

塑钢门的宽度为700～2100mm，高度为2100～3300mm，厚度58mm；塑钢窗的宽度为900～2400mm，高度为900～2100mm，厚度60mm、75mm。

门窗洞口尺寸一般为：门洞口宽度＝门框宽度＋50mm，门洞口高度＝门框高度＋20mm；窗洞口高度＝窗框宽度＋40mm，窗洞口高度＝窗框宽度＋40mm，窗洞口高度＝窗框高度＋40mm。

（二）门窗组装

1. 材料

塑钢门窗组装的型材，选用表面色泽均匀，无裂纹、麻点、气孔和明显擦伤等缺陷的。外观不合格的型材，必须剔除。

2. 拼装

按门窗结构图尺寸准确下料。拼装必须在平整的平台上进行。拼装时框、扇型材内腔插入加强型钢后，采用ST5×60、ST5×70、ST4×50自攻螺钉连接。框与扇应成套装配。

3. 尺寸允许偏差

组装后的塑钢门窗，其高度和宽度及对角线的尺寸允许偏差见表2-4-8和表2-4-9。

表2-4-8　　　　　　　塑钢门窗组装后高度和宽度的尺寸偏差　　　　　　单位：mm

精度等级＼门窗尺寸	300～900	900～1500	1500～2000	＞2000
1	±1.5	±1.5	±2	±2.5
2	±1.5	±2	±2.5	±3
3	±2	±2.5	±3	±4

注　检测门窗高、宽的尺寸，以门窗框或扇的型材中心线作为测量的终点。测量时，先从宽和高两端向内各标出100mm间距，并做一记号，然后测高或宽两端记号间的距离，实测尺寸与公测尺寸之差会晒值，即为检测尺寸。

表2-4-9　　　　　　　塑钢门窗组装后高度和宽度的尺寸偏差　　　　　　单位：mm

精度等级＼门窗对角线尺寸	＜1000	1000～2000	＞2000
1	±2	±3	±4
2	±3	±3.5	±5
3	±1.5	±4	±5

注　检测门窗对角线的尺寸，以门窗框或扇的型材中心线交于门窗角处的交点作为测量对角线的终点，量取两端点间的距离。

4. 等级评定

组装每一樘和每一批塑钢门窗产品，应在班组自检的基础上，由单位技术负责人根据设计图纸和有关质量检验评定标准组织评定，专职质量检查员核定。有关评定资料提交当地质量监督或主管部门核定，并签发该批塑钢门窗产品的质量等级和合格证明书。每一批塑钢门窗产品的质量保证资料内容如下。

(1) 硬 PVC 塑料型材及加强型钢的出厂合格证和抽样复检的试验记录。

(2) 产品焊接检查和试验记录。

(3) 产品外观检验和尺寸偏差记录。

(4) 产品物理性能和力学性能检验报告。

三、任务实施

(一) 安装准备

1. 产品验收

安装单位根据合同规定的门窗型号、规格进行验收，并核实生产单位提交的该批产品有关质量保证资料和产品合格证。

运到现场的产品，逐一检查有无运输损坏。然后将门窗框、扇分类垂直堆放在干燥平整的地面上，并用防雨帆布盖好，防雨防尘。堆放地点注意避开热源。

2. 清点配件

配件的清点包括：连接门窗与墙体的镀锌铁支架（即铁脚）、5×30 螺丝、PE 发泡软料、乳胶密封膏、△形和○形橡胶密封条、塑料垫片、玻璃压条和五金配件、胶水等。

3. 工具机具

安装用的工具、机具有电锤（配 8 号钻头）、手枪钻（配 3.5 号钻头）、射钉枪及子弹、一字形和十字形螺丝刀、注膏枪、对拔木楔、线锤、钢卷尺、锉刀、剪刀、刮刀、钢錾子、小撬棍、水平尺、灰线包、挂线板、手锤等。

4. 作业条件

(1) 按建筑物施工图规定的门窗型号和尺寸，检查洞口的实际尺寸（含框与墙应留的间隙）。合格后，在洞口周边抹厚 2～4mm 的 1∶3 水泥砂浆底糙，木楔搓平、划毛。洞口尺寸的允许偏差：高、宽各 5mm，对角线长度 3mm，表面平整度 3mm，垂直度 3mm。不符合要求时应修正。

(2) 在洞口内按设计要求弹好门窗安装线。

(3) 准备好安装脚手架及安全设施。

(二) 安装程序

塑钢门窗的安装程序：检查洞口尺寸→洞口抹水泥砂浆底糙→验收洞口抹灰质量（如已预埋木砖应检查木砖的位置和数量）→框上安装连接铁件→立樘子、校正→连接铁件与墙体固定→框边填塞软质材料→注密封膏→验收密封膏注入质量→粉刷洞口饰面面层→安装玻璃→安装五金零件→清洁→验收安装→成品保护。

(三) 安装操作要点

1. 装框子连接铁件

连接铁件的安装位置是从门窗宽和高度两端向内各标出 150mm，作为第一个连接件的安装点，中间安装点间距不大于 600mm。

其安装方法，先把连接铁件按与框子成 45°放入框子背面燕尾槽口内，顺时针方向把连接件扳成直角，然后成孔旋进 4mm×15mm 自攻螺钉固定，施工中严禁锤子敲打框子，以防损坏。

2. 装立框架

(1) 把门窗放进洞口的安装线上就位，用对拔木楔临时固定。校正、侧面垂直度、对角线和水平度合格后将木楔固定牢靠。为防止门窗框受弯损伤，木楔应塞在边框、中竖框、中横框等能受力的部位。框子固定后，及时开启门窗扇，反复检查开关灵活度，如有问题及时调整。

（2）塑钢门窗边框连接件与洞口墙体固定。

（3）用膨胀螺栓固定连接件。一只连接件不宜少于2只螺栓。如洞口有预埋木砖，则用2只木螺丝将连接件紧固于木砖上。

3．填缝

门窗洞口面层粉刷前，除去木楔，在门窗周围缝隙内塞入发泡轻质材料（丙烯酸酯或聚氨酯），使之形成柔性连接，以适应热胀冷缩，并从框底清除浮灰，嵌注密封膏，做到密实均匀。连接件与墙面之间的空隙内，也应注满密封膏，要求胶液冒出连接件1～2mm。严禁用水泥或麻刀灰填塞，以免框架变形。

4．五金件

塑钢门窗安装五金件时，必须先在框架上钻孔，然后用自攻螺丝拧入，严禁直接锤击钉入。

5．安装玻璃

对可拆卸的（如推拉窗）窗扇，可先将玻璃装在扇上，再把扇装在框上；扇、框连在一起的窗扇（如半玻平开门），可于安装后直接装玻璃，玻璃的安装由专业玻璃工操作。

6．清洁

粉刷门窗洞口墙面面层时，先在门窗框、扇上贴好防污纸，防止水泥浆污染。局部受水泥浆污染的框扇，应及时用擦布抹干净。玻璃安装后，及时擦除玻璃上的胶液，直至光洁明亮。

7．成品保护

安装完门窗后，每樘门窗务必采取保护措施，防止损坏。

四、质量保证

（一）塑钢门窗安装质量要求

（1）塑钢门窗及附件质量必须符合设计要求和有关标准的规定。

（2）塑钢门窗安装的位置、开启方向必须符合设计要求。

（3）塑钢门窗必须安装牢固；预埋件的数量、位置、埋设连接方法必须符合设计要求。

（4）塑钢门窗框与非不锈钢紧固件接触面之间必须做防腐处理。框与墙体间严禁用水泥砂浆作填塞材料。

（5）塑钢门窗质量要求和检验方法见表2-4-10。

表2-4-10　　　　　　　　塑钢门窗质量要求和检验方法

项目	质量等级	质 量 要 求	检验方法
平开门窗	合格	关闭严密，间隙基本均匀，开关灵活	观察和开闭检查
	优良	关闭严密，间隙均匀，开关灵活	
推拉门窗	合格	关闭严密，间隙基本均匀，扇与框搭接量不小于设计要求的80%	观察和深度尺检查
	优良	关闭严密，间隙均匀，扇与框搭接量符合设计要求	
弹簧门窗	合格	自动定位准确，开启角度为90°±3°，关闭时间在3～15s范围之内	用秒表、角度尺检查
	优良	自动定位准确，开启角度为90°±1.5°，关闭时间在6～10s范围之内	
门窗附件安装	合格	附件齐全，安装牢固，灵活适用，达到各自的功能	观察、手板和尺量检查
	优良	附件齐全，装位置正确、牢固，灵活适用，达到各自的功，端正美观	
门窗框与墙体间缝隙填嵌	合格	填嵌基本饱满密实，表面平整，填塞材料、方法基本符合设要求	观察检查
	优良	填嵌饱满密实，表面平整、光滑无裂缝，填塞材料、方法符合设要求	
门窗外观	合格	表面洁净，无明显划痕、碰伤；涂胶表面光滑，无气孔	观察检查
	优良	表面洁净，无划痕、碰伤；涂胶表面光滑、平整、厚度均匀，无气孔	
密封质量	合格	关闭后各配合处无明显缝隙，不透气	观察检查
	优良	关闭后各配合处无缝隙，不透气，严实均匀	

（6）塑钢门窗安装的允许偏差、限值和检验方法见表 2-4-11。

表 2-4-11　　　　　　　　塑钢门窗安装的允许偏差、限值和检验方法

项　　目			允许偏差值	检验方法
门窗框两对角线长度差 （mm）		≤2000	3	用钢卷尺检查、量里角
		>2000	5	
推拉扇	门窗扇开启	扇面积≤1.5m²	≤40	用 100N 弹簧秤钩住拉手处，启闭 5 次取平均值
		扇面积>1.5m²	≤60N	
	门窗扇与框或相邻扇立边平行度（mm）		2	用 1m 钢板尺检查
平开窗	门扇与框搭接宽度差（mm）		1	用深度尺或钢板尺检查
	同樘窗相邻扇的横端角高度差（mm）		2	用拉线或钢板尺检查
弹簧门窗	门扇对口缝或扇与框之间立横缝留缝限值（mm）		2～4	用楔形塞尺检查
	门扇与地面间隙留缝限值（mm）		2～7	
	门扇对口缝关闭时平整（mm）		2	用深度尺检查
门窗框（含拼樘料）正、侧面的垂直度（mm）		≤2000	2	用 1m 托线板检查
		>2000	3	
门窗框（含拼樘料）的水平度（mm）			2	用 1m 水平尺和楔形塞尺检查
门窗框的标高（mm）			5	用钢板尺检查与基准线比较
双层门窗内外框、梃（含拼樘料）中心距（mm）			4	用钢板尺检查

（二）塑钢门窗常见质量问题及预防措施见表 2-4-12。

表 2-4-12　　　　　　　　塑钢门窗常见质量问题及预防措施

项目	质量问题	预　防　措　施
材料	小五金易锈蚀	小五金应选用镀铬、不锈钢或铜质产品
安装	门窗框变形	1. 临时固定门窗框的对拔木楔，应设置在边框、中横框、中竖框等受力部位。门框下口必须安装水平木撑子方可抄楔； 2. 对拔楔固定后，严格校正门窗框的正侧面垂直度、对角线和水平度；如偏差值超过规定，应进行调整，直至门窗扇启闭正常
	门窗扇启闭不正常	1. 门窗框与扇应配套组装； 2. 安装门窗时，门窗扇应放入框内，待框和扇四周缝隙合适，扉扇反复启闭灵活后，方可将门窗框固定牢固
	门窗框显锤痕	1. 安装时，严禁用锤子敲打门窗框，如需轻击时，应垫木板，锤子不得直接接触框料； 2. 框扇上的污物严禁用刮刀刮抹，应用软物轻轻擦去； 3. 有严重锤痕的门窗，应撤除换新
	硬物塞缝	1. 门窗框与洞口墙体之间的填缝材料，必须采用发泡的软质材料，并在安装前备足备齐； 2. 严禁用含沥青的材料、水泥砂浆或麻刀灰塞缝； 3. 双面注密封膏要求冒出连接件 1～2mm
	门窗污染	1. 粉刷洞口时，必须粘防污纸； 2. 个别被水泥污染部位，立即用擦布抹干净； 3. 门窗玻璃安装后，及时擦去胶液，使玻璃明亮无瑕

五、其他案例

（一）木门窗

木门窗是室内装饰造型的一个重要组成部分，也是创造装饰气氛与效果的一个重要手段，在现代装修工程中占有较大的比例。

（二）铝合金门窗

铝合金型材制作的门、窗在室内装修工程中较为普遍。目前常见规格的铝合金窗有：70、90系列推拉窗和38～60系列平开窗等；铝合金门有：46系列的弹簧门、100系列自动门、42～90系列平开门、70～90系列推拉门等，46系列的弹簧门和90系列推拉窗最为多见。

2.4.3.5　隔断与台架施工

一、任务描述

室内隔断形成的方式可分为活动隔断和固定隔断两种，用来分割建筑物内部空间达到不同使用功能的目的。

活动隔断是利用室内的家具或其他陈设物件将空间加以分割，把单一功能的室内空间划分为具有多种不同使用功能的空间区域，如家具隔断、立板隔断、软隔断和推拉式隔断等。固定隔断是在室内将隔断墙体与建筑物基体相接将空间加以分隔，有龙骨隔断墙，如木龙骨隔墙、轻钢龙骨隔墙、铝合金隔墙等；还有砌筑隔墙和条板隔墙，如砖隔墙、玻璃砖隔墙、砌块隔墙等。在室内装修工程中，隔断装修工程主要是指部分隔墙的安装施工，即固定隔断的安装施工。

二、任务实施

木隔断墙是由木方做成的木龙骨架和罩面板组成，分为全封隔断墙、带门窗隔断墙和半高隔断墙三种，具有质量轻、墙体薄、便于拆卸等优点，不足之处是防火、防潮性能差。

（一）施工准备

1. 材料

木方、罩面板、膨胀螺栓、圆钉以及辅助材料等。

2. 机具

冲击电钻、手电钻、电锯及各类手工工具等。

（二）结构形式

1. 大木方骨架

一般采用截面尺寸50mm×（80～100）mm的木方作主框架，框体的规格为500mm×500mm的方框架或500mm×800mm的长方框架。多用于墙面较高地面较宽的隔断墙。

2. 小木方双层骨架

一般采用截面尺寸25mm×30mm的木方做成两片骨架的框体，每片规格为300mm×300mm或400mm×400mm，将两个框架用横木方连接，墙体的厚度通常为150mm左右。

3. 单层木方骨架

一般采用截面尺寸25mm×30mm的木方作主框架，框架规格为300mm×300mm。多用于高度3m以下的全封闭隔断墙或半高隔断墙。

（三）施工工艺

1. 弹线打孔

依据施工图，在需要固定木隔断墙的地面和墙面，弹出隔断墙的宽度线和中心线，同时画出固定点的位置。通常按300～400mm的间距在地面和墙面的中心线上用冲击电钻打孔，孔位与骨架竖向木方错开位。

2. 固定骨架

木骨架的固定在不破坏原建筑结构并牢固可靠的前提下，进行处理骨架固定工作。一般采用最常见的膨胀螺栓、木楔铁钉固定。固定前，在木骨架上标出相应的固定点的位置，便于准确地安装木骨架。

（1）全封隔断墙的木骨架是沿墙面、顶面、地面固定位置。

（2）半高隔断墙的木骨架是沿地面、墙面固定位置。

（3）各种木隔墙的门框竖向木方，均采用铁件加固法。否则，木隔断墙会因门的开闭振动出现较大颤动，进而使门框、木隔墙松动。

3. 隔断墙与吊顶的连接

如果隔断墙的顶端不是原建筑结构，而是与吊顶面相接触，其处理方法要根据不同的吊顶结构而定。

（1）无门隔断墙：当与铝合金龙骨或轻钢龙骨吊顶接触时，要求相接缝隙小、平直。当与木龙骨吊顶接触时，应将木隔断墙的沿顶木龙骨与吊顶木龙骨钉接起来，使之成为整体。

（2）有门隔断墙：考虑到门开闭的振动和人来人往的碰动，顶端必须再进一步地固定。

其方法为：木隔断的竖向龙骨应穿过吊顶面，在吊顶面以上再与建筑层的顶面进行固定。通常采用斜角支撑，支撑杆可以是木方或角铁，支撑杆与建筑层顶面夹角以 60°为宜，并用木楔铁钉或膨胀螺栓与顶面固定。

4. 罩面板的安装

（1）各种装饰板饰面：直接安装在木龙骨上或有基层板的骨架上，无需重新饰面。

（2）以木夹板为基层板：安装方式有明缝和拼缝两种。明缝要求缝隙宽度一致，大小符合设计要求。拼缝要求对木夹板正面进行倒角处理，以便在进行基层处理时，可将木夹板之间的缝隙补平。固定时，最好采用射钉布钉，且均匀一致，钉距为 100mm 左右。

5. 饰面

指木夹板为基层的隔断墙饰面，一般为油漆、裱糊、喷刷涂料及贴各类饰面板等。

6. 收口

木隔断墙的收口部位主要是与吊顶面、墙面之间，以及与本身的门窗之间。采用的材料主要是木线条，固定方法为胶加小圆头铁钉。

（四）木隔断墙体门窗的结构与做法

1. 门框结构

是以隔断门洞两侧的竖向木方为基体，配以档位框、饰边板、饰边线条组合而成。

大木方骨架的木方截面较大，档位框的木方可直接固定在竖向木龙骨上。小木方双层骨架的木方截面较小，应先在门洞内侧钉上实木板或厚木夹板后，再在其上固定档位框。

门框的包边饰边结构形式有很多种，常见的有木夹板加木线条和大木线条包边。门框的包边饰边均采用铁钉固定，钉头需嵌入处理。

2. 窗框结构

木隔断中的窗框用木夹板包边（直角包边和倒角包边）和木线条压边或定位。窗户有固定窗和活动窗扇两种。固定窗是用木压条直接把玻璃板定位在窗框中；活动窗扇为推拉式和平开式。

三、质量保证

（一）木隔断施工的质量要求

木龙骨安装质量要求

（1）木骨架所用材料的品种、规格及隔断骨架安装构造和固定方法等，均应符合设计要求。

（2）木骨架的防腐、防蛀和防火处理，应符合设计要求及有关规定。

（3）木骨架与基体结构的连接应牢固，无松动现象。

（4）木骨架的允许偏差见表 2-4-13。

项　目	允许偏差（mm）	检验方法	项　目	允许偏差（mm）	检验方法
立面垂直度	3	用 2m 托线板检查	表面平整度	2	用 2m 直尺和楔形塞尺检查

（二）罩面板安装质量要求

（1）罩面板表面平整、边缘整齐，没有污垢、裂纹、缺角、翘曲、起皮、变色、脱胶和腐朽等缺陷，质量符合国家及行业标准的规定。

（2）胶合板不得有曝透处。

（3）隔断的下端如用木踢脚板覆盖，罩面板应离地面 20～30mm；用大理石等其他材质的踢脚板时，罩面板下端应与踢脚板上口齐平，接缝严密。

（4）民用电器等的底座，嵌装应牢固，其表面与罩面的底面齐平。

（5）门窗框或筒子板与隔断相接处符合设计要求。

（6）胶合板及纤维板隔断罩面工程质量允许偏差，符合表 2－4－14 的规定。

表 2－4－14　　　　　　　　　　胶合板及纤维板隔断罩面工程质量允许偏差

项目	允许偏差（mm）		检验方法	项目	允许偏差（mm）		检验方法
	胶合板	纤维板			胶合板	纤维板	
表面平整	2	3	用 2m 直尺和楔形塞尺检查	压条平直	3	3	拉 5m 线检查，不足 5m 拉通线检查
立面垂直	3	4	用 2m 托线板检查	接缝高低	0.5	—	用直尺和楔形塞尺检查
接缝平直	3	3	拉 5m 线检查，不足 5m 拉通线检查	压条间距	2	2	用直尺检查

（三）常见质量问题与预防措施

（1）饰面锈斑：用胶合板及硬质纤维板作罩面的室内隔断，当采用涂料或壁纸墙布作饰面时，锈斑的出现原于钉件质量和批抹钉眼的问题。板材铺钉的钉件必须选用镀锌防锈合格制品，罩面完成后以油性腻子封盖钉头部位。

（2）罩面板的裂缝和墙体变形：木龙骨应为质量合格的锯材，且有足够的断面尺寸，重要部位要采取增强措施，龙骨接触混凝土及砖砌结构面应作防腐处理；木质罩面及木质板材在运输、存放和施工过程不得扔摔、碰撞和受潮；隔断构造必须按设计要求严格装配，各连接紧固点确保固结质量；骨架施工完成后，在罩面板安装前应通过中间验收。

目前使用最多的木隔断胶合板罩面，应选用五层以上的厚质胶合板，板材作封闭式铺钉时应尽可能地采用整板，并保证边角完整、锯割板规矩，板块拼装时要使板缝严密但不应强压就位。板块的周边应确保铺钉于立筋及横撑上，不得空置浮搁。

罩面板板缝处理方法取决于最终的饰面要求，根据设计规定，可以在龙骨处保留凹缝，或做压条缝以及局部罩面的阶梯缝等。凡属密缝（无缝）处理需再做表层饰面的板块对接处，宜采用粘贴接缝带（纸带或玻璃纤维网格胶带）的方法，以保证板缝处的固结强度及罩面的平整度。

为有效防止隔断变形和开裂现象，木隔断与建筑结构体表面接触部位，宜采用纸面石膏板隔断的做法，加垫氯丁橡胶条或泡沫塑料条，而不是与楼地面（或踏脚台面）、楼板（或梁）底及墙柱面顶紧。缝隙表层注入弹性密封膏，各阴角可采用柔性接缝纸带封闭，或以装饰线脚（角条）收边。

四、其他案例（木花窗格、博古架施工）

（一）材料种类及规格

木花格窗、博古架通常用实木制作，博古架也可用木质复合材料制作。

1. 薄实木板

薄实木板是将原木毛料烘干处理后，经锯切、刨光加工而成。用于装饰的实木板种类有：柚木、水曲柳、枫木、楠木、榉木、红松、鱼鳞松等。厚度一般为 1.2～1.8cm，也有 1.9～3.0cm 厚的中板。宽度（单位：mm）一般为 50、60、70、80、90、100、120、140、160、180、200、220、240 等。

2. 胶合板

胶合板是将原木经蒸煮软化，沿年轮切成大张薄片，通过干燥、整理、涂胶、组坯、热压锯边而成。层数为奇数，可分为三、五、七、九等层，分别称为三合板、五合板等。其中最常用的是三合板、五合板。

胶合板具有较强的装饰性。在胶合板表面上可油漆各种类型的漆面，可裱糊各种壁纸、壁布，可粘贴各种塑料装饰板、铝塑板、不锈钢板等。还可进行涂料的喷涂等。

3. 薄木贴面装饰板

薄木贴面装饰板是利用珍贵的树种通过精密刨切，制成厚度为 0.2～0.5mm 的薄木，以胶合板为基材，采用先进的胶合工艺将薄木片贴在胶合板上而成。

（1）分类：按厚度分有厚薄木和微薄木。厚薄木的厚度大于 0.5mm，一般指 0.7～0.8mm 厚的薄木；微薄木厚度小于 0.5mm，一般指 0.2～0.3mm 厚的薄木。按制造方法分有旋切薄木、刨切薄木和半圆旋切薄木。按薄木形态分有组合薄木、集成薄木、染色薄木、成卷薄木和天然薄木等。按树种分有榉木、黑胡桃、莎比丽、水曲柳、柞木、椴木、枫木、樟木、柚木、花梨木、龙楠等。

（2）规格：常用规格有 1830mm×915mm×（3～6）mm、213mm×915mm×（3～6）mm、2135mm×1220mm×（3～6）mm、1830mm×1220mm×（3～6）mm 等。

（3）特点：花纹美丽，具有真实感、立体感，既有自然美的特点又有木质复合材料的特点。

4. 宝丽板

它是以胶合板为基材，以适宜的胶合工艺及胶粘剂贴以特种花纹表层纸，涂覆不饱和树脂后表面再压合一层塑料薄膜保护层制得。外观与其相似，但表面不加塑料薄膜保护层的称为富丽板。

（1）规格：宝丽板和富丽板有普通板与坑板两种。在板的表面按一定距离加工出一条宽 3mm、深 1mm 左右的坑槽装饰线的称为坑板。常用规格有 1800mm×915mm、2440mm×1220mm。

（2）特点：板面光亮、平滑、色调丰富多彩，有多种图案花纹；板面硬度中等，耐热耐烫性能优于油漆面，对酸、碱、油脂、酒精等有一定抗御能力；板面易清洁。

5. 防火装饰板

也称防火板。它是将多层纸材浸渍于石炭酸树脂溶液中，经烘干送入热压机，在较高温度及压力下制成。表面的保护膜使其具有防火防热功效。

具有美丽的花纹，可逼真地模仿各种珍贵木材或石材的花纹，真实感强，装饰效果好，且有防尘、耐磨、耐酸碱、耐冲击、耐擦洗、防火防水、易保养等特性。

防火板的一般规格有 2440mm×1270mm、2150mm×950mm、635mm×520mm 等，厚度为 1～2mm，也有薄形卷材。

6. 细木工板

细木工板是用一定规格的木条排列胶合起来，作为细木工板的芯板，再上下胶合单板或三合板作面板。作芯板的木条为整木块，块与块中间留有一定缝隙，可耐热胀冷缩。

细木工板的规格主要有 1830mm×915mm、2135mm×1220mm、2440mm×1220mm，厚度为 15mm、18mm、20mm、22mm 四种。细木工板的芯板木条每块宽不超过 25mm，缝宽不超过 7mm。

7. 材料选用时注意以下几点：

（1）木质花格窗、博古架宜选用硬木或杉木制做，现代室内高级装修也可用人造板（原木胶合

板、中密度板、刨花板等）作博古架的结构部分，然后外贴薄木装饰板等木质饰面板。选用硬木或杉木要求疖疤少，无虫蛀、无腐蚀现象，并且经过干燥（含水率小于12％）处理。

（2）由于木质花格窗与博古架除了榫接方式制作外，还可使用铁板、铁钉、螺栓、胶粘剂等材料，因此设计与施工要认真选用各种金属连接件、紧固件。

（二）施工要点

1. 操作程序

锚固准备、车间预制拼装、现场安装、打磨涂饰。

2. 操作要点

（1）锚固准备。结构施工时，根据设计要求在墙、柱、梁或窗洞等部位准确埋置防腐木砖或准确设置金属埋件。

（2）制作程序。实木制作花格窗、博古架程序：下料、刨面、起线、画线、开榫、连接拼装（装花饰）、打磨。

人造板制作博古架程序：配料、下料、连接拼装、粘贴饰面装饰板、打磨。

（3）制作要点（用实木制作）。

1）配料：按设计要求选择符合要求的木材。先配长料，后配短料；先配框料，后配花格料；先配大面积板材，后配小块板材。

2）下料：毛料断面尺寸应大于净料尺寸3～5mm，长度按设计尺寸放长30～50mm锯成段备用。

3）刨面、起线：用刨将毛料刨平、刨光，并用专用刨刨出装饰线。刨料时，不论用手工刨还是机械刨均应顺木纹刨削，这样刨出的刨面才光滑。刨削时先刨大面，后刨小面。刨好的料，其断面形状、尺寸都应符合设计净尺寸。

4）画线开榫：榫结合的形式很多，如双肩斜角明榫、单肩斜角开口不贯通双榫、贯通榫、夹角插肩榫等。

画线时首先检查加工件的规格、数量，并根据各工件的颜色、纹理、疖疤等因素确定其内外面，并做好记号。然后画基准线，根据基准线，用尺度量画出所需的总长尺寸或榫肩线，再以总长线或榫肩线完成其他对应的榫眼线。画好一面后，用直角尺把线引向侧面。画线后应将空格相等的料颠倒并列进行校正，检查线条和空格是否准确相符，如有差别立即纠正。

开榫时先锯榫头，后凿榫眼。凿榫眼时，应将工作面的榫眼两端处保留画出的线条，在背面可凿去线条，但不可使榫眼口偏离线条。榫眼内部应力求平整一致，榫眼的长度要比榫头短1mm左右，榫头插入榫眼时木纤维受力压缩后，将榫头挤压紧固。榫头榫眼配合不能太紧，也不能松动。只能顺木纹挤压一些，而不能让横木纹过紧，如榫眼的横木纹横向挤压力过量会使榫眼裂缝，影响质量。

（4）拼装。将制作好的木花格窗、博古架的各个部件按图拼装好备用。为确保工程质量和工期，木花格窗、博古架应尽可能提早预制装配程序，减少现场制作工序。

（5）打磨。拼装好的木花格窗、博古架用细砂纸打磨一遍，使其表面光滑，并刷一遍底油（干性油），防止受潮变形。

（6）木花格窗、博古架安装。预制装配好的木花格窗，可以直接安装到已做成的窗洞口。其安装方法同普通木窗安装方法。

博古架可以先做好，然后安放到设计位置。如果博古架做室内的隔断，既能分隔空间，又能摆设工艺品，这时博古架可以先预制好，然后与墙、梁（或板底）上的连接件联结起来摆到设计位置。还可以像木质隔断墙一样施工。施工方法参见"木质隔断墙"。

另外，附墙设计的博古架也不少，它是室内木墙身的一部分，起到装饰美化的作用。这种博古架的制作同木墙身的制作基本相同。即先在墙上画线分格，在结构墙上打眼塞木楔，装钉木龙骨，铺钉三合板，然后用人造板预制博古架毛坯并固定在木墙身指定的位置。最后根据博古架各面、各边的实际尺寸，裁割薄木贴面装饰板，用白乳胶粘贴并用枪钉固定在毛坯架上。同时装钉木装饰线，使博古架更趋完美，与室内墙面木装修协调、统一。

需要注意的是：安装木花格窗、博古架若采用金属连接件，金属连接件表面应刷 3 遍防锈漆。否则应采用镀锌金属连接件或不锈钢连接件。要求螺钉、铁件等金属紧固件不得外露。

（三）质量要求

（1）所选用的材料应符合设计要求，含水率不应大于 12%，如果所用木料有允许限值以内的死疖及直径较大的虫眼等缺陷时，应用同一树种的木塞加胶进行填补；清漆木花格窗和博古架，所用的木塞的色泽和木纹力求一致。

（2）刨面应光滑、平直，不得有刨痕、毛刺和锤印。

（3）割角应准确平整，接头及对缝应严密。

（4）各种木线应平整地固定在木结构上，其接头和阴阳角应衔接紧密，接口上下平齐。

（5）实木花格窗及博古架制成后，立即刷一遍底油，防止受潮变形。

（6）木花格窗窗框和博古架制成后，与砖石砌体、混凝土或抹灰层接触处均应进行防腐处理。

（7）活动的木花格窗安装小五金应符合下列规定。

1）小五金安装齐全，位置适宜，固定可靠。

2）合页距窗上、下端宜取立挺高度的 1/10，并避开上、下冒头。安装后开启灵活。

3）小五金均应用木螺钉固定，不得用钉子代替。木螺钉先打入 1/3 深度后，再拧入全部，严禁打入全部螺钉。硬木应先钻 2/3 深的孔，孔径为木螺钉的 0.9 倍，然后再拧入木螺钉。

（四）常见质量问题及预防措施

木花格窗、博古架质量问题及预防措施参见"木花格、玻璃花格（骨架部分）质量问题及防治措施"见表 2-4-15。

表 2-4-15　　　　　　　　　　　　　常见质量问题及预防措施

质量问题	原因分析	预防措施
外框变形	1. 木材含水率超过规定； 2. 选材不适当； 3. 堆放不平，露天堆放无遮盖	1. 木材含水率应符合规定要求； 2. 选用优质木材加工； 3. 堆放时，底面拉支撑在一个平面内，上盖油布防止日晒雨淋
外框对角线不相等	1. 榫头加工不方正； 2. 拼装时未校正垂直； 3. 搬运过程中撞碰变形	1. 加工、打眼要方正； 2. 拼装时应校正垂直； 3. 搬运时留心保护
木材表面有明显刨痕，手感不光滑而且粗糙	木材加工参数，如进给速度、转速、刀轴半径选用不当	调整加工参数，必要时可改用手工工具精刨一次
花格中的垂直立挺变形弯曲	1. 选用木材不当； 2. 保管不当，日晒雨淋； 3. 未认真检查杆件垂直度	1. 选用优质材； 2. 爱护半成品，码放整齐通风； 3. 安装时应在两个方向同时检查
横向杆件安装位置偏差大	1. 加工安装粗糙； 2. 原有框架尺寸不准或整体外框变形	1. 认真加工，量准尺寸； 2. 花格外框尺寸过大或小于建筑洞口尺寸的需加以修复
花格尺寸与建筑物洞口缝隙过大或过小	1. 框的边梃四周缝很宽，填塞砂浆会脱落； 2. 抹灰后，框边梃外露很少	1. 事先检查洞口与外框口尺寸误差情况，予以调整； 2. 将误差分散处理掉，不要集中一处

1. 轻钢龙骨隔断墙

轻钢龙骨隔断墙常用龙骨有 C50、C75、C100 三种系列，各系列轻钢龙骨由沿顶、沿地龙骨、竖向龙骨、加强龙骨和横撑龙骨以及配件所组成。以此为基本骨架，配以各种轻质板材。该墙具有安装拆卸方便、灵活、质量轻、刚度大、强度高、抗震、防火、隔声和隔热等特点。

轻钢龙骨隔断墙是装配式作业，施工操作工序有：弹线、固定沿地、沿顶和沿墙龙骨、龙骨架装配及校正、安装板材、饰面处理等。下面就以室内常见的轻钢龙骨纸面石膏板隔断墙为例，介绍轻钢龙骨隔断墙施工的工艺过程。

2. 铝合金隔断墙

铝合金隔断墙是由铝合金型材组成框架，再配以玻璃或铝合金装饰板而成。特点是：自重轻、抗弯度好、色泽柔和，是一种较理想的隔断墙骨架材料。

3. 玻璃砖隔墙

玻璃砖是目前较为新颖的装饰材料，形状为方扁形空心的玻璃半透明体，由两块分开压制的玻璃在高温下封接制成。它以砌筑局部隔墙为主，具有优良的保温、隔音、抗压耐磨、透光折光、防火避潮的性能；同时图案精美、华贵典雅。

4. 移动式木隔断

室内移动式木隔断亦称活动式木隔断。它吸取了中国传统屏风的可活动、可封可闭的特点，便于将大空间分成小空间，又可以将小空间恢复成大空间。以其灵活性来适应功能需要。

2.4.4 课后作业

【理论思考题】

1. 木质层级吊顶的造型及装修所用的材料有哪些？各自有什么特点？
2. 说明微晶石地面铺设的特点，施工工艺流程，施工机具与技术要点。
3. 塑钢推拉门的安装中主要用到哪些施工机具？

【实训题】

1. 根据项目设计方案，编写餐厅装修施工程序。
2. 餐厅装修施工现场参观。
3. 说明墙面装修材料的选择方法。

课题5 阳台装修施工技术

2.5.1 学习目标

知识点

1. 强化木地板的特点，施工工艺流程，施工机具与技术要点，铺设高度及龙骨的选择
2. 成品保护措施
3. 施工质量验收标准及检验方法

技能点

1. 吊顶施工技术与客厅相同
2. 强化地板的铺设方法，采用空铺法施工的技术要点，施工工艺流程，合理地选择辅助材料
3. 能正确判断施工质量问题，并提出相应的预防、解决措施

2.5.2 相关知识

（一）强化地板的特点

强化地板一般都是由四层材料复合组成，即耐磨层、装饰层、基材层和防潮层。

强化地板的底层是防潮层，一般采用聚酯材料；基材层是强化地板的主体部分，多采用密度板作为基材；基材层以上是装饰层，也就是花纹层，这一层是采用一种经过特殊加工的纸为材料的；耐磨层就是在强化地板的表层上均匀压制的一层耐磨剂如图2-5-1所示。

耐磨层(三氧化二铝)

装饰纸

基材(高密度板)

平衡层(平衡纸)

图 2-5-1　常用强化木地板

在这四层中，基材层最为重要，它是强化地板的核心成分。强化地板以松木、速生树种为主要原材料，并经剥皮和筛选处理后，利用木材或植物纤维经机械分离和化学处理，掺入胶粘剂和防水剂，再经铺装、成型和高温、高压压制而成。

强化地板具有尺寸精度高、耐磨性好、抗静电性好、耐化学腐蚀性好、抗冲击能力强和耐擦洗等特点，而且安装方便快速，是一种装饰性好、拆装方便、价格较低的地板材料，适合于各种建筑的室内地面装修。

（二）强化地板分类

从地板的特性上，可分为水晶面、浮雕面、锁扣、静音、防水等。

（1）水晶面强化地板：基本上就是平面的，好打理，好收拾。

（2）浮雕面强化地板：从正面看，与水晶面没有区别，侧面看，用手摸，表面有木纹状的花纹。

（3）锁扣强化地板：地板的接缝处，采用锁扣形式，即控制地板的垂直位移，又控制地板的水平位移；原来的榫槽式，即常说的企口地板，只能控制地板的垂直位移。再早的木地板块，接缝处没有榫槽，不能控制位移，所以地板块经常翘起，走路绊脚，使用不便。

（4）静音强化地板：即在地板的背面加软木垫或其他类似软木作用的垫子。用软木地垫后，踩踏地板的噪音可降20dB以上，起到增加脚感、吸音、隔声的效果。这对提高强化地板舒适性，起到积极的作用，也是强化地板今后发展的一个方向。

（5）防水强化地板：在强化地板的企口处，涂上防水的树脂或其他防水材料，这样地板外部的水分潮气不容易侵入，内部的甲醛不容易释出，使得地板的环保性、使用寿命都得到明显提高；尤其是在大面积铺设，不便留伸缩缝、加压条的条件下，可以防止地板起拱，减少地板缩缝。

（三）构造做法

木地板的安装方法有空铺法、实铺法及浮铺法，其中空铺法的运用范围很广，用这种方法安装的地板，脚感舒服，使用年限长，它适用于平房的室内地面、楼房的第一层（无地下室）地面。

（四）木格栅的安装固定

1. 预埋镀锌铁丝固定

若采用镀锌铁丝绑扎固定时，为了防止铁丝高于木格栅顶面，而妨碍地板的铺平，故应在木格栅

110

的顶面开一长槽,以使绑扎镀锌铁丝卧于槽内而不高出木格栅顶面。

2. 预埋 U 形铁件固定

若采用预埋镀锌 U 形铁件时,可在浇筑钢筋混凝土时,将镀锌 U 形铁件预埋于混凝土中,安装木龙骨时,将木龙骨嵌入 U 形铁件中,并予以固定。

3. L 形铁件固定

如果不采用在浇筑混凝土时预埋固定件的方法,则可在木龙骨的一侧用镀锌 L 形角钢来予以固定,做法是将 L 形角钢的一翼用射钉与钢筋混凝土中结构固定,另一翼则与木龙骨的一侧相固定。

4. 射钉固定

采用射钉固定时最简便易行的方法,其做法是将木格栅放在钢筋混凝土结构层上,确认就位准确无误后,使用长度 80～90mm 点的带钉头射钉将木龙骨与混凝土紧固在一起,而且要注意射钉的钉头部分要低于木格栅顶面,以免妨碍毛地板的铺钉。

5. 钢板锚件固定

如果是钢筋混凝土预制板,则可利用板缝处形成的空腔插入钢板锚件,然后通过螺栓来将钢板锚件与木格栅连接,最后在板缝空腔内填灌细石混凝土。

2.5.3 学习情境

2.5.3.1 地面施工(强化地板 空铺法)

一、任务描述

在室内阳台地面上安装强化木地板,阳台净宽 1620mm,净长为 3960mm,地面为钢筋混凝土整捣层,安装的强化木地板均为从专业生产厂家选购的成品,如图 2-5-1 所示。

强化地板是将木纤维加入胶粘剂通过高温、高压而成,其密度比较均匀,力学性能接近木材,近些年由于提倡环境保护、节约资源,而且强化木地板造价低,因此成为目前国际上比较流行的一种人造板材。

首先,施工人员测量阳台的长宽尺寸,以此作为备料的依据,并做好水平标志,以控制铺设的高度和厚度,可采用竖尺、拉线、弹线等方法。

其次,应已对所覆盖的隐蔽工程进行验收且合格,并进行隐检会签。安装方法采用空铺法。

二、任务实施

(一)施工准备

1. 材料准备

(1)强化地板。强化地板面层所采用的条材和块材,其技术等级和质量要求应符合设计要求。木格栅、垫木和毛地板等必须做防腐、防蛀、防火处理。木格栅应选用烘干料,毛地板如选用人造板,应有性能检测报告,而且对甲醛含量复验。

(2)胶粘剂。应采用具有耐老化、防水和防菌无毒等性能的材料,或按设计要求选用。胶粘剂应符合现行国家标准《民用建筑工程室内环境污染控制规范》(GB 50325—2001)的规定。

2. 主要机具设备

木工手刨、电刨、手提钻、电锯、刮刀、橡皮锤、铁锤、螺丝刀、水平仪、水平尺、方尺、钢尺、小线等。

3. 作业条件

(1)材料检验已经完毕并符合要求。

(2)应已对所覆盖的隐蔽工程进行验收且合格,并进行隐检会签。

（3）施工前，应做好水平标志，以控制铺设的高度和厚度，可采用竖尺、拉线、弹线等方法。

（4）对所有作业人员已进行了技术交底。

（5）作业时的施工条件（工序交叉、环境状况等）应满足施工质量可达到标准的要求。

（6）木地板作业应待抹灰工程和管边试验等项施工完后进行。

（二）施工工艺

1. 工艺流程

基层清理→弹线→铺防潮层→安装木格栅→划强化地板位置线→填充轻质材料→安装强化木地板→木踢脚板安装。

2. 施工步骤

（1）基底清理。基层表面应平整、坚硬、干燥、密实、洁净、无油脂及其他杂质，不得有麻面、起砂裂缝等缺陷。

（2）弹线。先弹好＋50cm线，然后弹出木格栅的位置线及标高。

（3）安装木格栅。按位置线将木格栅放平，用垫木找平，垫实钉牢；在木格栅之间加钉横撑，间距为800mm，木格栅与墙之间留30mm缝隙。木格栅与横撑所形成的平面必须刨平、刨光。

（4）划强化地板位置线。根据所采用的长条强化地板规格尺寸，在木格栅上画出其位置线。长条强化地板要错缝安装，在木格栅上弹出走向控制线即可，四周墙上划出地板的标高控制线。

若地板有设计图案，则应按图案形状尺寸在毛地板上画出定位线，划定位线时应从室内中央位置开始分别向其他方向依次划出，以确保铺设后视觉效果好。

（5）填充轻质材料。在木格栅之间填充干炉渣或其他保温、隔声等轻质材料。

（6）安装强化地板。从墙的一边开始铺钉企口强化复合地板，靠墙的一块板应离开墙面10mm左右如图2-5-2所示，缝隙用木楔塞紧，以后逐块排紧、钉牢，安装完之后将木楔取出。

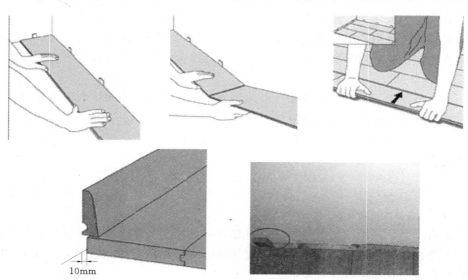

图2-5-2 强化地板的安装

可采用长38mm的气动钉以45°～60°斜向在板侧凹角处钉入，简便快速，对复合地板损伤小。安装时要随时用直尺找平找直。

在门的洞口，地板铺至洞口外墙皮与走廊地板平接。如果为不同材料时，留出5mm缝隙，用卡口盖缝条盖缝，如图2-5-3所示。

（7）安装踢脚板。先按踢脚板高度弹水平线，清理地板与墙缝隙中杂物，用钉子将踢脚板固定到墙上的木块上，踢脚板的接头尽量设在不明显的地方。踢脚板粘贴铺钉均可。

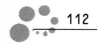

安装地板前，要先在墙面上钻孔，将木块钉在钻好的孔中，固定踢脚线的钉子就钉在此木块上。

三、质量保证

（一）成品保护

（1）强化木地板铺完后应进行遮盖和拦挡，避免受侵害。

（2）后续工程在强化复合地板面层上施工时，必须进行遮挡、支垫，严禁直接在强化复合地板面上动火、焊接、拌灰、调漆、支铁梯、搭脚手架等。

（3）搬动重物、家具等，以抬动为宜，勿要拖拽。

（4）定期清洁，局部脏迹可用清洁剂清洗。用不滴水的拖把顺地板方向拖擦，避免含水率剧增。

（5）防止阳光长期暴晒。

图 2-5-3　强化地板接缝处理

（二）施工质量验收标准

1. 一般规定

（1）中密度（强化）复合地板面层的材料以及面层下的板或衬垫等材质应符合设计要求，并采用具有商品检验合格证的产品，其技术等级及质量要求均应符合国家现行标准的规定。

（2）中密度（强化）复合地板面层铺设时，相邻条板端头应错开不小于300mm距离；衬垫层及面层与墙之间应留不小于10mm空隙。

2. 主控项目

（1）中密度（强化）复合地板面层所采用的材料，其技术等级及质量要求应符合设计要求。木格栅、垫木和毛地板等应作防腐、防蛀处理。检验方法：观察检查和检查材质合格证明文件及检测报告。

（2）木搁栅安装应牢固、平直。检验方法：观察、脚踩检查。

（3）面层铺设应牢固。检验方法：观察、脚踩检查。

3. 一般项目

（1）中密度（强化）复合地板面层图案和颜色应符合设计要求，图案清晰，颜色一致，板面无翘曲。检验方法：观察、用2m靠尺和楔形塞尺检查。

（2）面层的接头应错开、缝隙严密、表面洁净。检验方法：观察检查。

（3）踢脚线表面应光滑，接缝严密，高度一致。检验方法：观察和钢尺检查。

（4）中密度（强化）复合木地板面层的允许偏差应符合表2-5-1的规定。

表 2-5-1　　　　中密度（强化）复合木地板面层的允许偏差　　　　　单位：mm

项　目	实木地板面层			实木复合地板、中密度（强化）复合地板面层、竹地板面层	检验方法
	松木地板	硬木地板	拼花地板		
板面缝隙宽度	1.0	0.5	0.2	0.5	用钢尺检查
表面平整度	3.0	2.0	2.0	2.0	用2m靠尺和楔形塞尺检查
踢脚线上口平齐	3.0	3.0	3.0	3.0	拉5m通线、不足5m拉通线和用钢尺检查
板面拼缝平直	3.0	3.0	3.0	3.0	
相邻板材高差	0.5	0.5	0.5	0.5	用钢尺和楔形塞尺检查
踢脚线与面层的接缝	1.0	1.0	1.0	1.0	楔形塞尺检查

（三）施工质量问题、原因及防治措施

1. 行走有声响

（1）原因分析。

1）木格栅未垫实、垫平，没有固定牢固。木格栅含水率高，安装后收缩。

2）木格栅间距过大。

（2）防治措施。

1）在铺强化木地板前，应认真检查木格栅的质量，并且只有当人踩上没有声响之后再铺钉强化木地板。铺钉强化木地板时，不得垫木屑或薄木片，以免脱落造成声响。

2）不得随意加大木格栅的间距。

2. 地板层起拱

（1）原因分析。

1）强化木地板与墙、强化木地板之间碰头缝处理不当。

2）受潮或受水浸泡。

（2）防治措施。

1）铺钉竹地板时，要注意竹地板与墙、竹地板之间碰头缝的处理，要按规范留缝，不应硬挤。

2）避免受潮，如不小心洒上水应及时擦干。

3. 拼缝歪斜

（1）原因分析。

1）铺设强化木地板时，没有认真弹线、找规矩。

2）铺钉强化木地板时，操作不认真。

（2）防治措施。

1）铺设强化木地板时，应认真弹线、找规矩。

2）铺设强化木地板时，应每一行随时找直。

4. 拼缝不严

（1）原因分析。

铺钉强化地板时，企口处理不当。

（2）防治措施。

铺钉强化木地板时，企口要插严、钉牢，钉子入木的方向应该是斜向的（通常为 45°～60°），以使接缝严密。

四、其他案例

（一）实铺法施工

1. 材料准备

（1）强化地板。要求同空铺法。

（2）胶粘剂。白乳胶、强力胶等。

2. 施工工艺

（1）工艺流程。基层处理→铺防潮层→试铺预排→铺强化地板→安装踢脚板→清理。

（2）施工步骤

1）基层处理。同空铺法。

2）铺防潮层。防潮层为聚乙烯泡沫塑料薄膜，铺时按房间尺寸净尺寸加 100mm 裁切，横向搭接 150mm。注意：两块防潮层间，应用胶带封好，以保证密封效果。

3）试铺预排。在正式铺贴复合木地板前，应进行试铺预排。板的长缝应顺入射光方向沿墙铺放，槽口对墙，从左至右，两板端头企口插接。

4）铺强化地板。按照预排板块的顺序，在板的背面涂胶对缝拼接，并用木锤敲紧。

注意：板的侧面也应涂上胶粘剂，粘合后，并将溢出的胶粘剂立即擦净。

5）安装踢脚板。同空铺法。

（二）浮铺法施工

1. 工艺流程

基层处理→铺设垫层→弹线→铺强化地板→调整固定→安装踢脚线。

2. 施工步骤

（1）基层处理。同空铺法。

（2）铺设垫层。将具有封闭气孔的泡沫塑料铺放在基层上，依次由一边墙根向另一面墙根处铺放，铺放时应注意，行与行间应错缝，既不宜过松，也不易过紧，以免有隆起现象。

（3）弹线。同空铺法。

（4）铺强化地板。同实铺法。

（5）调整固定。将所有地板安装完后，检查接缝是否紧密并调整，可用弹簧、橡胶块、密度较大的泡沫塑料填塞，将四周固定。

（6）安装踢脚线。同空铺法。

2.5.3.2 门窗施工

一、任务描述

要在阳台上安装断桥铝合金门窗，效果图如图2-5-4所示。安装前，该阳台门洞净宽只有800mm，洞高为2470mm，墙体厚度240mm。室内墙体为加气混凝土砌块墙体，门洞处预埋木砖。安装的门框及门扇均为从专业生产厂家选购的成品。

任务分析，施工人员应该测量门洞口的宽、高等构造尺寸，以此作为安装的依据。由于门洞墙体预埋木砖，而且墙体属于砌块墙体，应该采用自攻螺钉连接件，将断桥铝合金门框安装固定在墙体上。

二、相关知识

断桥铝合金材料的特点。

断桥铝合金门窗的原理是利用塑料型材（隔热性高于铝型材1250倍）将室内外两层铝合金既隔开又紧密连接成一个整体，构成一种新的隔热型的铝型材，用这种型材做门窗，其隔热性与塑（钢）窗在同一个等级——国标级，彻底解决了铝合金传导散热快、不符合节能要求的致命问

图2-5-4　断桥铝合金窗户

题，同时采取一些新的结构配合形式，彻底解决了"铝合金推拉窗密封不严"的老大难问题。该产品两面为铝材，中间用塑料型材腔体做断热材料。这种创新结构设计，兼顾了塑料和铝合金两种材料的优势，同时满足装饰效果和门窗强度及耐老性能的多种要求，其构造如图2-5-5所示。

性能及优点：

（1）保温性好：结合断桥壁厚强度高，合金成分高的特点适用于高层建筑高档住宅小区，抗风压

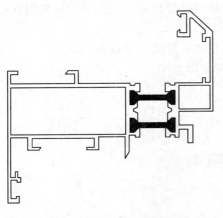
图 2-5-5 断桥铝合金窗户的构造

承重好隔热保温性好，所以断桥窗又叫高级气密窗。隔热效果明显高于铝材。

（2）隔音性好：断桥窗玻璃必须是中空玻璃 5mm＋9A＋5mm 双面钢化，而普通彩铝一般都是单层玻璃，其结构经精心设计，接缝严密，所以隔音效果好。

（3）耐冲击：断桥彩色铝门窗是通过 1.4mm 或 1.4mm 以上的壁厚切成 45°，拐角处用 3mm 以上的专用插件将门窗组装成套设备，组装好的彩色断桥铝门窗成人站立于上走动也不会有问题，因此它比塑钢窗型材耐冲击。

（4）气密性好：铝塑复合窗各缝隙处均装多道密封毛条或胶条，气密性为一级。

（5）水密性好：门窗设计有防雨水结构，将雨水完全隔绝于室外。

（6）防火性好：铝合金为金属材料，不燃烧。

（7）防盗性好：铝塑复合窗，配置优良五金配件及高级装饰锁，使盗贼束手无策。

（8）免维护：铝塑复合型材不易受酸碱侵蚀，不会变黄褪色，几乎不必保养。

（9）多种色彩，极具装饰性：断桥彩色铝门窗是必须由钢材厂家专业生产周期定做而成其表面颜色处理都专业化技术化，使用期限是永久性的，如图 2-5-6、图 2-5-7 所示。

三、任务实施

（一）施工准备

1. 材料

断热铝合金窗型材、隔热条、密封胶条、中空玻璃、钢化玻璃、组角胶、五金配件、推拉窗系统。

2. 主要机具

电焊机、无齿切割锯、砂轮机、单头切割锯、自攻钻、手电钻、电锤、射钉枪、水平仪、角磨机、玻璃吸盘。

3. 作业条件

室内外墙体应粉刷完毕，洞口套抹好底糙；核对门的型号、规格、开启方式、开启方向、安装孔方位、门洞尺寸、五金附件及断桥铝合金型材规格与尺寸等；检查核对图纸与现场是否相符，是否需要与有关方面协调，保留或搭设脚手架。

（二）工艺流程

测量放线→确认安装基准→安装钢副框→校正→固定钢副框→土建抹灰收口→安装铝合金窗框→装窗扇→玻璃安装→填充发泡剂→塞海绵棒→窗外周圈打胶→安装窗五金配件→清理、清洗铝合金窗→检查验收。

（三）安装步骤

1. 测量放线

（1）上墙安装前，先检查洞口表面平整度、垂直度应符合施工规范，对土建提供的基准线进行复核。事先与土建队协商安装时机、上墙步骤、技术要求等，做到相互配合，确保产品安装质量。

（2）根据土建队弹出的窗子安装标高控制线及平面中心位置线测出每个窗洞口的平面位置、标高及洞口尺寸等偏差。要求洞口宽度、高度允许偏差±10mm，洞口垂直水平度偏差全长最大不超过10mm。否则土建队在窗副框安装前对超差洞口进行修补。

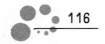

116

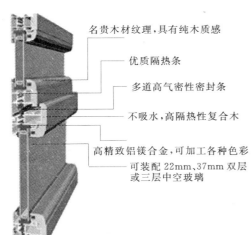

名贵木材纹理,具有纯木质感

优质隔热条

多道高气密性密封条

不吸水,高隔热性复合木

高精致铝镁合金,可加工各种色彩
可装配 22mm、37mm 双层
或三层中空玻璃

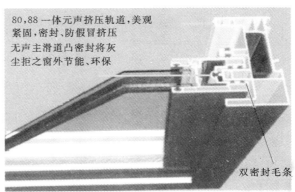

80,88 一体元声挤压轨道,美观
紧固,密封、防假冒挤压
无声主滑道凸密封将灰
尘拒之窗外节能、环保

双密封毛条

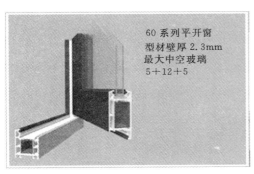

60 系列平开窗
型材壁厚 2.3mm
最大中空玻璃
5+12+5

60平开窗结构图

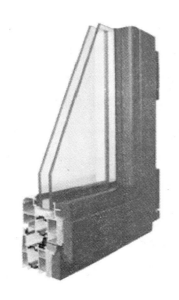

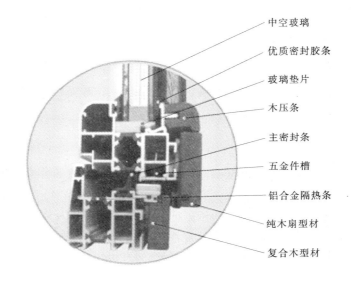

中空玻璃

优质密封胶条

玻璃垫片

木压条

主密封条

五金件槽

铝合金隔热条

纯木扇型材

复合木型材

图 2-5-6 断桥铝合金窗户结构(一)

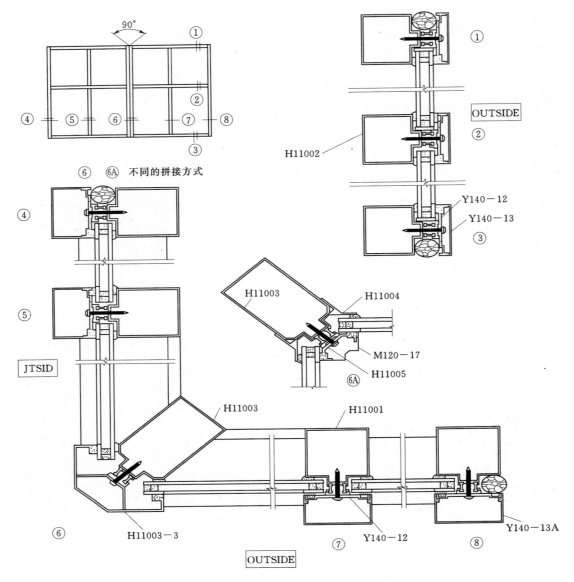

图 2-5-7 断桥铝合金窗户结构（二）

2. 确认安装基准

（1）根据实测的窗洞口偏差值，进行统计，根据统计结果最终确定每个窗子安装的平面位置及标高。

（2）逐个清理洞口。

3. 钢副框安装

（1）钢副框在外墙保温及室内抹灰施工前进行。按照作业计划将即将安装的钢副框运到指定位置，同时注意其表面的保护。

（2）将固定片镶入组装好的钢副框，四角各一对，距端部 50～100mm。严格按照图纸设计安装点采用膨胀螺栓和固定片安装。固定片按不同安装位置及工程要求分别选用 150mm×20mm×1.5mm 及 75mm×20mm×1.5mm 两种；射钉 M5×32mm 加强钉。

（3）将副框放入洞口，按照调整后的安装基准线准确安装副框，按照隔热铝合金窗工艺标准的要求将副框找正。将副框与主体结构用固定片和膨胀螺栓连接，安装点间距为 500mm（洞口高 1950mm 的窗子侧面副框均匀设置 4 个膨胀螺栓固定；窗洞口高 1500mm 侧面副框中间位置为膨胀螺栓，上下两端为固定片，安装点间距控制在 700mm 以内）。根据所用位置不同，膨胀螺栓分别选用 M6×100mm 及 M6×80mm 两种，保证进入结构墙体的长度不小于 50mm；安装就位后，在膨胀螺栓钉帽处将膨胀螺栓与钢副框点焊连接，以防止膨胀螺栓在外力作用下松动。并及时对膨胀螺栓钉帽焊缝用防锈漆进行防锈处理。

4. 土建抹灰收口

（1）副框下部用水泥砂浆固定几点，间距约 500mm。

（2）当封堵水泥砂浆强度达到 3.5MPa 以上后，取下木楔及上次砂浆固定块。

（3）钢副框与墙体间缝隙用 1：2.5 水泥砂浆封堵，要求 100%填充（用水泥砂浆封堵该缝隙由土建队完成）

5. 铝合金主框安装

工艺流程：检查验收→初安装→调整固定→填充发泡剂。

（1）检查验收。铝合金主框在外保温施工完闭、外墙涂料施工前进行安装。窗扇随着铝合金主框一起安装；窗扇可以在地面组装好，也可以在主框安装完毕验收后再行安装。

（2）初安装。根据钢副框的分格尺寸找出中心，确定上下左右位置，由中心向两边按分格尺寸安装窗的主框。安装工作由顶部开始向下安装，将主框放入洞口。

（3）调整固定。严格按照设计安装点将主框通过安装螺母调整。严格按照隔热铝合金窗工艺标准用调整螺钉将主框与副框连接牢固，每组调整螺母与调整螺钉的间距为 350mm。铝合金主框内侧（朝向室内一侧）与钢副框内侧齐平。

（4）填充发泡剂。铝合金主框外侧（朝向室外一侧）超出钢副框部位下打发泡剂，目的是使发泡剂与铝合金主框、钢副框、外窗台很好的粘结，以有效防止该部为出现渗漏。

6. 装窗扇

铝合金主框安装完毕后，根据图纸要求安装窗扇；主框与窗扇配合紧密、间隙均匀；窗扇与主框的搭接宽度允许偏差±1mm。

窗附件必须安装齐全、位置准确、安装牢固，开启或旋转方向正确、启闭灵活、无噪声，承受反复运动的附件在结构上应便于更换。

7. 玻璃安装

（1）固定窗玻璃，需钢副框抹灰养护后，窗框安装完，严格按照隔热铝合金窗工艺标准用调整垫块将玻璃调整垫好。

（2）安装前将合页调整好，控制玻璃两侧预留间隙基本一致，然后安装扣条。安装玻璃时在玻璃上下用塑料垫块塞紧，防止窗扇变形；装配后应保证玻璃与镶嵌槽间隙，并在主要部位装有减振垫块，使其能缓冲启闭力的冲击。

（3）清理和修型。

8. 注发泡剂

向槽内打发泡剂，并使发泡剂自然溢出槽口；清理溢出的发泡剂并使其沿主框周圈成宽×深为 10mm×10mm（53 系列窗）、20mm×10mm（64 系列窗）的凹槽。

注发泡剂、塞海绵棒、打胶等密封工作在保温面层及主框施工完毕外墙涂料施工前进行。

9. 塞海绵棒

将海绵棒塞入槽内准确位置。

10. 窗外周圈打胶

先将基层表面尘土、杂物等清理干净，放好保护胶带后进行打胶。注胶后注意保养，胶在完全固化前不要被粘灰和碰伤胶缝。最后做好清理工作。

11. 安装窗五金配件

五金配件与门窗连接用镀锌螺钉。安装的五金配件应结实牢固，使用灵活。

12. 清理、清洗铝合金窗

注胶完成后将保护纸撕掉、擦净窗主框、窗台表面（必要时可以用溶剂擦拭）。

四、质量保证

（一）成品保护

（1）型材加工、存放所需台架等均垫胶垫等软质物。型材不能与硬质物直接接触。

（2）加工完的铝合金窗框需立放，下垫木方。

（3）铝合金主框、窗扇表面的保护胶带应在本层外墙涂料、室内抹灰完毕及外脚手架拆除后撕掉。

（4）应采取措施，防止焊接作业时电焊火花损坏周围的铝合金门窗型材、玻璃等材料。

（5）严禁在安装好的铝合金门窗上安放脚手架，悬挂重物，经常出入的门洞口，应及时保护好门框，严禁施工人员踩踏、碰擦铝合金门窗。

（6）交工前撕去保护胶纸时，要轻轻剥离，不得划破、剥花铝合金表面氧化膜。

（二）施工质量验收标准

1. 主控项目

（1）金属门窗的品种、类型、规格、尺寸、性能、开启方向、安装位置、连接方式及门窗的型材壁厚应符合设计要求。金属门窗的防盗处理及填嵌、密封处理应符合设计要求。

检验方法：观察，尺量检查。检查产品合格证书、性能检测报告、进场验收记录和复验报告，检查隐蔽工程验收记录。

（2）金属门窗框和副框的安装必须牢固。预埋件的数量、位置、埋设方式、与框的连接方式必须符合设计要求。

检验方法：手扳检查，检查隐蔽工程验收记录。

（3）金属门窗扇必须安装牢固，并应开关灵活、关闭严密、无倒翘。推拉门窗扇必须有防脱落措施。

检验方法：观察，开启和关闭检查，手扳检查。

（4）金属门窗配件的型号、规格、数量应符合设计要求，安装应牢固，位置应正确，功能应满足使用要求。

检验方法：观察，开启和关闭检查，手扳检查。

2. 一般项目

（1）金属门窗表面应洁净、平整、光滑、色泽一致，无锈蚀。大面应无划痕、碰伤。漆膜或保护层应连续。

检验方法：观察。

（2）推拉门窗扇开关力应不大于100N。

检验方法：用弹簧秤检查。

（3）金属门窗框与墙体之间的缝隙应填嵌饱满，并采用密封胶密封。密封胶表面应光滑、顺直、无裂纹。

检验方法：观察，轻敲门窗框检查，检查隐蔽工验收记录。

（4）金属门窗扇的橡胶密封条或毛毡密封条应安装完好，不得脱槽。

检验方法：观察，开启和关闭检查。

（5）有排水孔的金属门窗，排水孔应畅通，位置和数量应符合设计要求。

检验方法：观察。

（6）断桥铝合金窗各项允许偏差。如表2-5-2。

表 2-5-2   断桥铝合金窗各项允许偏差   单位：mm

分项名称	检查项目	尺寸	允许偏差	检查方法
钢副框安装	钢副框槽口宽度、高度	≤1500	2.5	用钢卷尺
		>1500	3.5	
	钢副框槽口对边尺寸之差	≤2000	5	用钢卷尺
		>2000	6	
	钢副框槽口对角线尺寸之差	≤2000	5	用钢卷尺
		>2000	6	
铝合金主框安装	主框槽口宽度、高度允许偏差	≤2000	1.0	用钢卷尺
		>2000	1.5	
	主框槽口对边尺寸之差	≤2000	1.5	用钢卷尺
		>2000	2.5	
	主框槽口对角线尺寸之差	≤2000	1.5	用钢卷尺
		>2000	2.5	
框扇等相邻构件	同一水平面高低差	—	≤0.3	用钢卷尺
	装配间隙	—	≤0.3	用钢卷尺

（三）施工质量问题、原因及防治措施

1. 门窗开关不灵活，关闭不严

（1）原因分析。

1）门窗框或扇变形，密封条松动脱落。

2）五金配件损坏。

3）安装质量差，超出允许偏差，未予及时调整。

（2）防治措施。

1）门窗安装要符合安装工序，随时检查和调整每道工序的安装质量。

2）窗框及窗洞均要划出中线，窗框装入洞口时要中线对齐，框角作临时固定，仔细调整窗框的垂直度、水平度及直角度，误差应在允许偏差范围内。

3）门窗扇入框前应检查对角线及平整度偏差，入框后要用钢板尺、塞尺检查框扇的搭接宽度、周边缝隙，直至符合要求。

4）正确安装五金零件，发现损坏应及时更换。

5）做好成品保护及平时的使用保养，防止外力冲击，不得悬挂重物，致使门窗变形。使用时要轻开轻关，延长其使用寿命。

2. 门窗五金配件损坏的原因与防治措施

（1）原因分析。五金配件选择不当，质量低劣；紧固时未设金属衬板，没有足够的安装强度。

（2）防治措施。

1）选用五金配件的型号、规格和性能应符合国家现行标准和有关规定，并与选用的塑料门窗相匹配。

2）对宽度超过1m的推拉窗，或安装双层玻璃的门窗，宜设置双滑轮，或选用滚动滑轮。

3）滑撑铰链不得采用铝合金材料，应采用不锈钢材料。

4）用紧固螺丝安装五金件，必须内设金属衬板，衬板厚度至少应大于紧固件间距的二倍。不得紧固在塑料型材上，也不得采用非金属内衬。

5）五金配件应最后安装，门窗锁、拉手等应在窗门扇入框后再组装，保证位置正确，开关灵活。

6）五金件安装后要注意保养，防止生锈腐蚀。在日常使用中要轻开轻关，防止硬开硬关，造成损坏。

3. 玻璃安装松动

（1）原因分析。

1）安装玻璃时没有及时清除槽口内的杂物，使玻璃与槽口不对中。

2）玻璃同玻璃槽口的缝隙不均，橡胶条与玻璃、玻璃槽接触不良，凸出玻璃槽口，用手能轻易地将密封条拉脱。

3）在转角处橡胶条未断开，未注胶粘结。

（2）防治措施。

1）安装玻璃前要认真清除槽口内的杂物，如砂浆、砖屑、木块等，玻璃安放时应认真对中，保证两侧间隙均匀，并及时校正固定，防止碰撞移位，偏离槽口中心。

2）橡胶密封条不能拉得过紧，下料长度比装配长度长 20～30mm。安装时应镶嵌到位，表面平直，与玻璃、玻璃槽口紧密接触，使玻璃周边受力均匀。在转角处橡胶条应作斜面断开，并在断开处注胶粘结牢固。

3）用密封胶填缝固定玻璃时，应先用橡胶条或橡胶块将玻璃挤住，留出注胶空隙，注胶深度应不小于 5mm，在胶固化前，应保持玻璃不受振动。

4. 推拉窗下滑槽槽口积水

（1）原因分析。没有开设排水孔道，或排水孔道被杂物堵塞，使滑槽内的积水不能顺畅排出。

（2）防治措施。

1）外墙面的推拉窗必须设置排水孔道，排水孔间距宜为 600mm，每扇门窗不宜少于 2 个。孔的大小应保证槽内积水迅速排出。

2）塑料窗的排水孔道大小宜为 4mm×35mm，距离拐角 20～140mm。孔位应错开，排水孔道要避开设有增强型钢的型腔。

3）安装玻璃或注密封胶时，注意不得堵塞排水孔。

4）推拉窗安装后应清除槽内砂浆颗粒及垃圾，并作灌水检查，槽内积水能顺畅排出的为合格，否则应予以整改，直至做到合格。

5. 断桥铝合金门窗渗漏水

（1）原因分析。

1）门窗框同墙体连接处产生裂缝，而安装时又未用密封胶填嵌密封，雨水自裂缝处渗入室内。

2）组合门窗拼接时，没有采用套接、搭接方式，也未采用密封胶密封。

（2）防治措施。

1）断桥铝合金门窗框同墙体应做弹性连接，框外侧应嵌木条，留设 5mm×8mm 的槽口，防止水泥砂浆同框体直接接触。施工时应先清除连接处槽内的浮灰、砂浆颗粒等杂物，再在框体内外同墙体连接处四周，打注密封胶进行封闭，注胶要连续，不要遗漏，粘结要牢固。

2）组合门窗杆件拼接时，应采用套插或搭接连接，搭接长度不小于 10mm，然后用密封胶密封。严禁采用平面同平面组合的做法。同时，对外露的连接螺钉，也要用密封胶掩埋密封，防止渗水。

6. 铝合金门窗安装不牢固

（1）原因分析。

1）门窗型材选择不当，规格偏小，型材厚度偏薄。

2）门窗框同墙体的连接、固定方法不当。

3）组合门窗拼接时构造不合理，连接不牢固，受力后产生变形。

（2）防治措施。

1）铝合金门窗应按门窗洞口尺寸、安装高度，选择合适的型材。

2）门窗框安装时，应采用连接件同墙体作可靠的连接。连接件距框边角的距离不应大于

180mm，连接件之间的间距不大于 500mm。连接件应采用厚度不小于 1.5mm 的薄钢板，并有防腐处理。连接方法一般采用膨胀螺栓、射钉或开叉铁脚埋入墙体内，不得用圆钉将门窗框直接钉入墙体固定。

3）安装组合门窗时，要注意合理设置中梃、中档，确保拼接杆件及门窗的整体刚度，连接件的规格间距符合要求，并应连接紧密。断桥铝合金门窗安装后，可用力推压门窗框作检查，如发现摇动，或变形大于 L/200 时，应进行加固处理。

2.5.4　课后作业

【理论思考题】

1. 简述强化地板的特点。
2. 如何保护强化地板？
3. 简述安装强化地板的施工工艺流程。
4. 分析强化地板行走有声响的原因及防治措施。
5. 断桥铝合金的特点。
6. 断桥铝合金窗的施工工艺流程。
7. 门窗开关不灵活、关闭不严的原因及防治措施。

课题 6　儿童房装修施工技术

2.6.1　学习目标

知识点

　　掌握儿童房装修施工中，各种施工图的读识，了解装饰装修工程顶面、墙面、地面施工的基本功能，了解装饰空间材料和选用

　　儿童房顶面、墙面、地面施工分类、组成、常用机具设备，工艺流程，施工注意事项，及成品保护措施及施工质量验收标准及检验方法

技能点

1. 儿童房间顶棚施工技术，材料的选用
2. 儿童房间墙面施工技术，材料的选用施工机具的选用
3. 儿童房间地面施工技术，材料的选用施工机具的选用
4. 不同功能区域装修施工质量保证措施与验收检验方法

2.6.2　相关知识

　　儿童房设计是为宝宝装修的一种房子，为了孩子的健康，在家中为孩子设计和营造理想、温馨的儿童小天地，对其装修、装饰遵守健康原则，切忌使用阴森、灰暗、怪诞、另类的设计造型，以免影响孩子的心理健康。

一、儿童房设计与施工的安全

　　给儿童以必要的防护。根据专业人士介绍，儿童房的设计，主要是考虑五个方面的问题：安全性能、材料环保、色彩搭配、家具选择以及光线。

　　安全性是儿童房设计时需考虑的重点之一。儿童生性活泼好动，好奇性强，同时破坏性也强，缺乏自我防范意识和自我保护能力，在布置房间的时候应该更心细一点。在居室装修的设计上，要避免意外伤害发生，建议室内最好不要使用大面积的玻璃和镜子；家具的边角和把手应该不留棱角和锐利的边；地面上也不要留容易磕磕绊绊的杂物；电源最好选用带有插座罩的插座；玩具架不宜太高，应

以孩子能自由取放玩具为好，棱角应有棉套等辅助装饰。

环保：为孩子保健康。在装饰材料的选择上，儿童房的装饰、装修要选择加工工序少的装修材料，以"无污染、易清理"为原则，尽量选择天然材料，中间的加工程序越少越好。

色彩可以培养开朗个性。儿童房在色彩和空间搭配上最好以明亮、轻松、愉悦为选择方向，不妨多点对比色。橙色及黄色带来欢乐和谐，粉红色带来安静，绿色与大自然最为接近，海蓝系列让孩子的心更加自由、开阔，红、棕等暖色调给人热情、时尚、有效率的感受。用这些来区分不同功能的空间效果最好，过渡色彩一般可选用白色。把孩子的空间设计得五彩缤纷，不仅适合儿童天真的心理，而且鲜艳的色彩会激发起希望与生机。对于性格软弱过于内向的孩子，宜采用对比强烈的颜色，刺激神经的发育。而对于性格太暴躁的儿童，淡雅的颜色则有助于塑造健康的心理。

空间可以启发创造性思维。为保证有一个尽可能大的游戏区，家具不宜过多，应以床铺、桌椅及储藏玩具、衣物的橱柜为限。儿童喜欢在墙面随意涂鸦，可以在其活动区域挂一块白板，让孩子有一处可随性涂鸦的天地。这样不会破坏整体空间，又能激发孩子的创造力。孩子的美术作品或手工作品，可利用展示板加个层板架放置，既满足了孩子的成就感，也达到了趣味展示的作用。买家具的时候，应该考虑多功能且具多变性的家具。

灯光可以消除恐惧心理。合适且充足的照明，能让房间温暖、有安全感，有助于消除孩子独处时的恐惧感，一般可采取整体与局部两种方式布设。当孩子游戏玩耍时，以整体灯光照明；孩子看图画书时，可选择局部可调光台灯来加强照明，以取得最佳亮度。此外，还可以在孩子居室内安装一盏低瓦数的夜明灯或者在其他灯具上安装调节器，方便孩子夜间醒来。

二、儿童房装修设计原则

颜色：在年纪稍小的孩子眼里，他们喜欢对比反差大、浓烈的纯色。随着渐渐长大，他们才有能力辨别或者喜欢一些淡雅的颜色。因此，在给这个年龄段孩子买家具产品的时候特别要注意颜色。

材质：刷墙漆、贴壁纸都要注重环保。值得注意的是，在贴壁纸时，一定要选用环保胶进行粘贴。另外，年龄小一些的孩子喜欢颜色鲜艳的卡通类家具，大一些时可以加入自然元素，比如原木、实木等。

功能：青少年家居更讲究功能性。青少年每天花费时间最多的就是学习，加上电脑的诱惑，自己的房间是他们最长时间停留的地方，家具功能要合理，家具一定要符合他们的身体特点。

装饰：儿童房也讲究"轻装修重装饰"，尽量给孩子展示自己的空间，孩子喜欢的东西比如毛绒玩具、飞机模型或是自己的一件作品，是最可取的装饰。

2.6.3 学习情境

2.6.3.1 顶棚施工

一、任务描述

对儿童房的顶棚进行装修，儿童房净宽 3600mm，净深 3000mm。

吊顶是建筑内部的上部界面，是室内装饰装修的重要部位，其装饰效果如何对室内的整体装饰效果有重要影响。

儿童房顶棚进行装修，考虑到儿童的心理特点及行为特征，儿童房顶棚一般采用木龙骨石膏板吊顶。中间为圆形吊顶，圆形周围暗藏灯带。

吊顶又称悬吊式顶棚，是指在建筑物结构层下部悬吊由骨架及饰面板组成的装饰构造层。

吊顶装饰工程是室内装饰的有机组成部分，它在装饰工程中的作用十分重要，尤其吊顶的造型形式和构造对室内装饰的整体效果起到画龙点睛的作用。吊顶装饰既要考虑技术要求（如保温、隔声、隔热），又要考虑艺术要求（如造型形式、材料的质感、色彩以及光影声效果等）。

吊顶按承载形式分为上人吊顶和不上人吊顶；按骨架材料分为轻钢龙骨吊顶、铝合金龙骨吊顶、木龙骨吊顶；按封闭性分为开敞式、顶和封闭式吊顶。

（一）吊顶饰面板的种类

1. 石膏装饰板的种类

（1）装饰石膏板。装饰石膏板是一种具有良好的防火性能和一定强度及隔声性能的吊顶板材，它还可有调节室内温度的功能。其密度适中，故施工安装简便、快速。可以制成各种有浮雕图案、造型独特的板材。

（2）嵌装式装饰石膏板。它同装饰石膏板一样具有密度适中，一定的强度及良好的防火性能、隔声性能，也具有施工安装简便、快速的特点。嵌装式石膏板最大的特点是由于板材背面四边加厚，并带有嵌装企口，采用嵌装的形式进行吊顶施工，所以施工完毕后的吊顶表面既无龙骨显露，又无紧固螺钉帽显露。吊顶显得美观大方典雅。

（3）吸声用穿孔石膏板。吸声用穿孔石膏板具有防火、吸声和调节室内空气湿度的功能，施工简便、快速，安装时仅需采用搭装的方法，而不需要用自攻螺钉紧固板材。由于背面贴有吸声性优异的材料，所以其吸声性能更加优异，故被广泛应用于具有特殊吸声性能的室内吊顶工程。

（4）印花装饰石膏板。印花装饰石膏板是以纸面石膏板为基础板材，经过锯切、丝网印刷、干燥而成。除了具有纸面石膏板所有的特性之外，还因其表面可采用丝网印刷的方法印刷上单色、双色、三色或多色图案，从而使室内吊顶表面可具有不同的色调、图案和风格。

2. 各种无机纤维装饰板

（1）矿物棉装饰吸声板。矿物棉装饰吸声板的密度与导热系数都较小，所以保温、隔热性能较好；其难燃性能属于难燃一级；其吸声率一般为0.4～0.6。该类吊顶的表面可以喷刷各色涂料或粘贴各种装饰薄膜而成为具有各种色泽的板材；也可以在喷涂料后，再经压制而成具有各种立体图案的板材，效果美观、大方、典雅。同时又因其质轻，故可以贴覆于旧吊顶上来使吊顶翻新。所以说，该类吊顶板材是一种非常有推广价值的吊顶板材。

（2）玻璃棉装饰吸声板。玻璃棉装饰吸声板是目前国内最轻的吊顶板材，吸声效果则比矿物棉装饰吸声板更好一些。同时还具有良好的保温性能和装饰效果。由于其密度小周边不能开榫，所以采用搭装式安装方法。

3. 其他装饰板

（1）纤维水泥穿孔吸声板。纤维水泥穿孔吸声板是以纤维增强的水泥平板为基板，通过切割、打孔等工序而制成。它具有轻质、高强、耐火及良好的吸声性能，而且价格适中，花色品种多样，具有良好的装饰效果。

（2）膨胀珍珠岩装饰吸声板。膨胀珍珠岩装饰吸声板是一种质轻、耐火和吸声性能良好的装饰板材，制作简单，被用于较低档的室内吊顶工程中，通常采用搭装式的安装方法。

（二）吊顶的基本组成

吊顶一般由吊筋、龙骨和面层三部分组成，如图2-6-1所示。

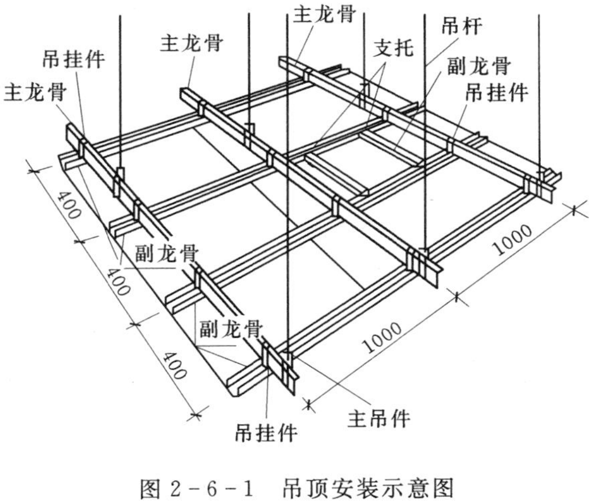

图2-6-1 吊顶安装示意图

1. 吊筋

吊筋是连接龙骨和承重结构的承重受力构件。其作用主要是承受下部龙骨和面层荷载，并将这一荷载传递给屋面板、楼板、屋面梁、屋架等部位。它的另一作用是用来调整、确定悬吊式顶棚的空间高度，以适应不同场合、不同艺术处理上的需要。

2. 龙骨

龙骨是吊顶的基层，即吊顶的骨架层，它是由主龙骨、次龙骨、小龙骨（或称为主搁栅、次搁栅）组成的网格骨架体系。其作用主要是承受吊顶的荷载，并由它将荷载通过吊筋传递给楼盖或屋盖。在有设备管道或检修设备的马道吊顶中，龙骨还承担由此产生的荷载。

3. 面层

面层的作用是装饰室内空间，一般还兼有其他功能，如吸声、反射等。面层的做法主要有湿作业面层和干作业面层两种。在选择面层材料及做法时，应综合考虑重量轻、湿作业少、便于施工、防火、吸声、保温、隔热等要求。

二、任务实施

（一）施工准备

（1）在所要吊顶的范围内，机电安装均已施工完毕，各种管线均已试压合格，且已经过隐蔽验收。

（2）已确定灯位、通风口及各种照明孔口的位置。

（3）顶棚罩面板安装前，应做完墙、地湿作业工程项目。

（4）搭好顶棚施工操作平台架子。

（二）常用的施工材料与机具

（1）常用施工材料。①龙骨及配件（吊挂件、连接件等），如图2-6-2所示；②罩面板；③吊杆（ϕ6mm或ϕ4mm钢筋）；④固结材料，花篮螺丝、射钉、自攻螺钉、膨胀螺栓等。

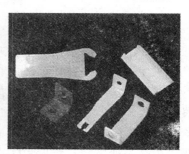

图2-6-2 龙骨安装五金连接件

（2）常用工具。电动冲击钻、无齿锯、射钉枪、手锯、手刨、螺丝刀、电锤、电动或气动螺丝刀、扳手、方尺、钢尺、钢水平尺等。如图2-6-3所示。

（三）施工步骤

主要工艺程序：弹线→安装吊杆→安装边龙骨→安装主龙骨→安装次龙骨、横撑龙骨→铺设管线→校正龙骨架→安装面板→板缝处理。

（1）弹线包括：顶棚标高线、造型位置线、吊点位置线、吊具位置线等。

1）顶棚标高线：在弹顶棚标高线前，应先弹出施工标高基准线，一般常以0.5m为基线，弹与四周的墙面上，以施工标高基准线为准，根据吊顶设计标高在四周墙壁上弹线。

2）造型位置线：根据吊顶的平面设计，以房间的中心为准，将设计造型按照先高后低的顺序，逐步弹在顶板上，并注意累计误差的调整。

126

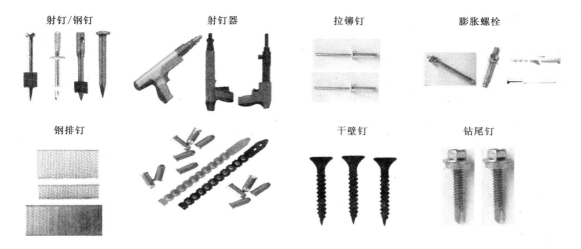

射钉/钢钉　　　　射钉器　　　　拉铆钉　　　　膨胀螺栓

钢排钉　　　　　　　　　　　　干壁钉　　　钻尾钉

图 2-6-3　龙骨安装主要施工机具与五金连接件

3）吊点位置线：根据造型线和设计要求，确定吊筋吊点的位置，并弹于顶板上。吊点的间距应小于 1.2m，吊点距承载龙骨端部应小于 300mm。

4）吊具位置线：所有设计的大型灯具、电扇等的吊杆位置，应按照具体设计测量准确，并用墨线弹于楼板的板底上。

（2）安装吊杆。用膨胀螺栓或用射钉固定吊杆。吊杆应通直，当吊杆与设备相遇时，应调整吊点构造或增设吊杆；当预埋吊杆需加长时，必须采取焊接。

（3）安装边龙骨。用射钉将边龙骨沿墙上水平龙骨线固定，若墙为砖砌体，则用自攻螺钉固定在预埋木砖上。

（4）安装主龙骨 。主龙骨按弹线位置就位，利用吊件悬挂在吊筋上，若吊顶长度超过主龙骨长度，可用龙骨连接件将两根龙骨对接延长；待全部主龙骨安装就位后，调整位置及标高，龙骨中间部分应起拱。如图 2-6-4 所示。

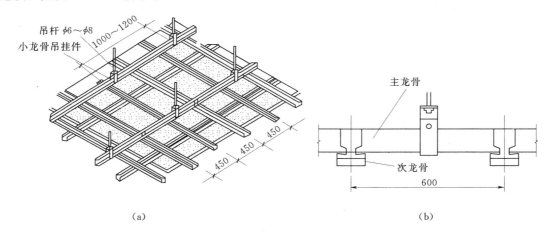

图 2-6-4　龙骨安装
（a）U 形轻钢龙骨吊点；（b）U 形轻钢龙骨节点

（5）安装次龙骨、横撑龙骨。用吊挂件将次龙骨按设计要求的间距与主龙骨固定牢靠，连接件要错位安装；次龙骨间距不得大于 600mm，用沉头自攻钉安装饰面板时，接缝处次龙骨宽度不得小于 40mm。

为了加强龙骨架的整体性，通常在次龙骨之间用连接件安装一些横撑龙骨。

（6）铺设管线。若有管线，完成其安装调试。

（7）校正龙骨架。全面校正主次龙骨的位置及平整度。

（8）安装面板。罩面板安装前应对吊顶龙骨架安装质量进行检验，符合要求后，方可进行罩面板安装。

罩面板常有明装、暗装、半隐装三种安装方式。

纸面石膏板是轻钢龙骨吊顶常用的罩面板材，通常采用暗装方法。

安装纸面石膏板时，应使纸面石膏板长边与主龙骨平行，从顶棚的一端向另一端安装，用自攻螺钉固定在次龙骨上，固定时应从石膏板中部开始，向两侧展开，钉距以 150～170mm 为宜，板中钉距不得大于 200mm；螺钉距纸包边（长边）以 10～15mm 为宜，距切割边（短边）以 15～20mm 为宜。钉头略埋入板面，但不能使板材纸面破损。钉头应做防锈处理，并用石膏腻子抹平。

（9）板缝处理。嵌缝一般采用三道腻子。先将嵌缝腻子均匀饱满地填入缝隙，将浸湿的穿孔纸带贴在板缝处，用刮刀刮平抹实，然后再薄压一层腻子如图 2-6-5 所示。待第一道腻子完全干燥后，覆盖第二道嵌缝腻子，并刮平，腻子宽 200mm 左右。第二道腻子完全干燥后，再薄压嵌缝腻子一层，宽 300mm 左右，并刮平，待其凝固后，用砂纸轻轻打磨，使其同板面平整一致。

螺钉端头用嵌缝腻子直接抹入，压实刮平。

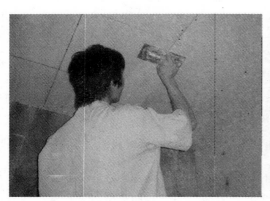

图 2-6-5　吊顶装修板缝处理

三、质量保证

（一）常见的问题、原因及防治措施

1. 吊顶龙骨骨架拱度不均

（1）原因分析。

1）龙骨的材质不好，施工中难以调整。

2）施工中没有按照所弹的线起拱。

3）吊杆的间距过大，没有将吊顶的拱度调均匀，从而受力后导致位移。

（2）防止措施。

1）选择质量好的龙骨材料。

2）应按设计要求起拱。

3）应按设计要求设置吊杆，不得将吊杆间距随意调大。

4）龙骨有弯曲时，应及时调整。

5）龙骨的连接点应结合牢固，受力均匀，以保证龙骨骨架的整体刚度。

2. 吊顶的面板变形

（1）原因分析。

1）面板的接头未留缝隙，板材受潮膨胀而导致变形。

2）面板与龙骨未贴紧。

3）龙骨的间距过大，面板因自重而产生挠度变形。

（2）防治措施。

1）面板接头处留预留缝。

2）铺钉面板时，应从板的中心向四周固定，钉距应为150～170mm。

3）次龙骨的间距一般应为500～600mm，对于潮湿地区应为300mm。

3. 吊顶表面裂缝

（1）原因分析。

1）面板干燥速度快，导致收缩产生裂缝。

2）嵌缝处理不好。

3）局部受力过大。

（2）预防措施。

1）应在湿度小于70％的条件下施工。

2）严格按照要求使用嵌缝腻子嵌缝。

3）对于非上人吊顶严禁防止重物或踩踏。

4）将裂缝处的面板及嵌缝材料取下，调整吊顶结构，然后重新铺钉面板，并将嵌缝工作做好。

4. 面板拼缝不直，分格不均

（1）原因分析。

1）弹线时，放线找直不准确，导致龙骨间距不均匀。

2）面板的尺寸不准确，或方正度没达到要求。

（2）防治措施。

1）严格按照设计要求弹线，保证分格均匀。

2）面板应方正，铺钉前，应在每条横龙骨上按其位置弹出拼缝中心线及边线，并按照线的位置将板固定。如发现超线，则应及时调整。

（二）施工质量验收及标准

1. 一般规定

（1）吊顶工程中的预埋件、钢筋吊杆和型钢吊杆应进行防锈处理。

（2）吊杆距主龙骨端部距离不得大于300mm，当不大于300mm时，应增加吊杆。当吊杆长度大于1.5m时，应设置反向支撑。当吊杆与设备相遇时，应调整并增设吊杆。

（3）重型灯具、电扇和其他重型设备严禁安装在吊顶工程的龙骨上。

2. 主控项目

（1）饰面标高、尺寸、起拱和造型应符合设计要求。

检验方法：观察；尺量检查。

（2）饰面材料的材质、品种、规格、图案和颜色应符合设计要求。

检验方法：观察；检查产品合格证书、性能检测报告、进场验收记录和复验报告。

（3）暗龙骨吊顶工程的吊杆、龙骨和饰面材料的安装必须牢固。

检验方法：观察；手扳检查；检查隐蔽工程验收记录和施工记录。

（4）吊杆、龙骨的材质、规格、安装间距及连接方式应符合设计要求。金属吊杆、龙骨应经过表面防腐处理；木吊杆、龙骨应进行防腐、防火处理。

检验方法：观察；尺量检查；检查产品合格证书、性能检测报告、进场验收记录和隐蔽工程验收记录。

（5）石膏板的接缝应按其施工工艺标准进行板缝防裂处理。安装双层石膏板时，面层板与基层板的接缝应错开，并不得在同一根龙骨上接缝。

检验方法：观察。

（三）一般项目

（1）饰面材料表面应洁净、色泽一致，不得有翘曲、裂缝及缺损。压条应平直、宽窄一致。

检验方法：观察；尺量检查。

（2）饰面板上的灯具、烟感器、喷淋头、风口算子等设备的位置应合理、美观，与饰面板的交接应吻合、严密。

检验方法：观察。

（3）金属吊杆、龙骨的拉缝应均匀一致，角缝应吻合，表面应平整，无翘曲、锤印。木质吊杆、龙骨应顺直，无劈裂、变形。

检验方法：检查隐蔽工程验收记录和施工记录。

（4）吊顶内填充吸声材料的品种和铺设厚度应符合设计要求，并应有防散落措施。

检验方法：检查隐蔽工程验收记录和施工记录。

（5）暗龙骨吊顶工程安装的允许偏差和检验方法应符合表2-6-1的规定。

表2-6-1　　　　　　暗龙骨吊顶工程安装的允许偏差和检验方法　　　　　　单位：mm

项目	允许偏差				检验方法
	纸面石膏板	金属板	矿棉板	木板、塑料板、格栅	
表面平整度	3	2	2	2	用2m靠尺和塞尺检查
接缝直线度	3	1.5	3	3	拉5m线，不足5m拉通线，用钢直尺检查
接缝高低差	1	1	1.5	1	用钢直尺和塞尺检查

（四）成品保护

（1）吊顶龙骨上禁止铺设机电管道、线路。

（2）为了保护成品，罩面板安装必须在棚内管道试水、保温等一切工序全部验收后进行。

（3）设专人负责成品保护工作，发现有保护设施损坏的，要及时恢复。

（4）工序交接全部采用书面形式由双方签字认可，由下道工序作业人员和成品保护负责人同时签字确认，并保存工序交接书面材料，下道工序作业人员对防止成品的污染、损坏或丢失负直接责任，成品保护专人对成品保护负监督、检查责任。

2.6.3.2　墙面施工

一、任务描述

采用多乐士五合一墙漆对儿童房墙面进行涂饰，背景贴墙纸，在建筑装饰装修中，涂料造价低廉色彩雅致，容易调色涂刷，而且水性涂料无污染，是一种十分便捷经济环保的饰面做法，很适合用于儿童房墙面的装饰。但在实际工程中影响涂料饰面质量的因素往往较为复杂，所以施工的各个方面都必须严格要求，方可达到预期的效果。

施工过程中首先要对房间进行测量，以此作为备料的依据。墙体材料为混凝土，因此先对墙体进行基层处理。施工环境最低温度不得低于5℃，湿度不能大于85%。

二、任务要求

（一）涂料的分类

（1）按涂料状态分为溶剂型涂料、乳液型涂料、水溶性涂料、粉末涂料。

（2）按涂料的特殊功能分为防火涂料、防结露涂料、防水涂料、防虫涂料、防霉涂料、防静电涂料。

（3）按涂料的装饰质感分为薄质涂料、复层涂料、厚质涂料。

（二）配套材料

1. 腻子

为保证涂料工程中腻子的质量，常用腻子及润粉的配合比（质量比），见表2-6-2。

表 2 - 6 - 2   涂料工程常用腻子及润粉的配合比（混凝土表面、抹灰表面）

适用于室内的腻子		适用于外墙、厨房、厕所、浴室的腻子	
聚醋酸乙烯乳液（即白乳胶）	1	聚醋酸乙烯乳液	1
滑石粉或大白粉	5	水泥	5
2%羧甲基纤维素溶液	3.5	水	1

2. 打磨砂纸

基层用腻子嵌实填平后，要用砂纸打磨使之平整光滑，然后再涂刷涂料。

（三）施工工具

（1）用于基层处理的有锤子、钢丝刷、打磨机、除锈机。

（2）用于涂料施涂的有涂料喷枪、高压无空气喷涂机、手提式涂料搅拌机、油刷、排笔、涂料辊。

（四）基层处理

1. 清除基层表面附着物

清除基层表面附着物的方法，见表 2 - 6 - 3。

表 2 - 6 - 3   清除基层表面附着物

项 次	常见的粘附物	清 理 方 法
1	灰尘及其他粉末状粘附物	可用扫帚、毛刷进行清扫或用吸尘器进行除尘处理
2	砂浆喷溅物、水泥砂浆流痕、杂物	用铲刀、錾子铲、剔、凿或用砂轮打磨，也可用刮刀、钢丝刷等工具进行清除
3	油脂、脱膜剂、密封材料等粘物	要先用 5%～10%浓度的火碱水清洗，然后再用清水洗
4	表面泛"白霜"	可先用 3%的草酸液清洗，然后再用清水洗
5	酥松、起皮、起砂等硬化不良或分离脱壳部分	应用錾子、铲刀将脱离部分全部铲除，并用钢丝刷刷去浮灰，再用水清洗干净
6	霉斑	用化学去霉剂清洗，然后用清水清洗
7	油漆、彩画及字痕	可用 10%浓度的碱水清洗，或用钢丝刷蘸汽油或去油剂刷净，也可用脱漆剂清除或用刮刀刮去

2. 空鼓的处理

在一般情况下，直接将空鼓部分铲除，重做基层；为防止剔除时扩大空鼓面积，可用手把石材切割机沿空鼓面周边切割，然后进行剔除处理；当空鼓不易剔除时，可用电钻钻孔，然后向孔内注入低粘度的环氧树脂使其充满空鼓的缝隙并固结。

3. 小裂缝修补

产生裂缝而不空鼓时用防水腻子嵌平，然后用砂纸将其打磨平整。如果出现的裂缝较深，则用低粘度的环氧树脂或水泥砂浆用压力灌浆的办法进行修补。

4. 大裂缝修补

产生裂缝而不空鼓时，可将裂缝打磨或剔凿成 V 形口子，并用清水洗净，然后涂刷一层底层涂料，将密封材料嵌填于缝隙内，再用合成树脂或水泥聚合物腻子抹平，最后打磨平整。

5. 空洞修补

在一般情况下，$\phi3mm$（含 $\phi3mm$）以下孔可直接用水泥聚合物腻子填平。$\phi3mm$ 以上孔应用水泥聚合物砂浆填充，待其固化后，打磨平整。

6. 凹凸不平

打磨或剔除凸出部分，凹下部分用聚合物砂浆填平。

7. 露筋

可将露出的钢筋头用砂轮打平，然后涂刷两道防锈涂料；也可将露出钢筋头周围的混凝土凿除

10mm 左右，将钢筋头除去，再用水泥砂浆找平，待干燥后用砂纸打平。

（五）基层复查

1. 潮湿与结露

影响内墙涂饰施工质量的首要因素即潮湿和结露。比如在寒冷季节，由于室内外温差，容易使内墙面产生结露，此时应采取通风换气或室内供暖等措施，促使室内干燥，待墙面含水率符合要求时再进行施工。

2. 基层发霉

对于室内墙面及顶棚基层，在处理后也常常会再度发生发霉现象，尤其在潮湿季节或潮湿地区的某些建筑部位，如阴面房间或卫生间等。对于发霉部位可用去霉剂稀释冲洗，待其充分干燥后再涂饰掺有防霉剂的涂料或其他适宜的涂料。

3. 基层裂缝

室内墙面发生丝状裂缝的现象较为普遍，特别是水泥砂浆抹灰面在干燥的过程中进行基层处理时，其裂缝现象往往会在涂料施工前才明显出现。如果此类裂缝较为严重，必须再重新批刮腻子并打磨平整。

三、任务实施

涂料涂饰的施工工艺如下：

（1）基层处理。

（2）基层复查。

（3）刮腻子。应满刮乳胶涂料腻子 1～2 遍，等腻子干后再用砂纸磨平。

为了增强基层与腻子或涂料的粘结力，可以在批刮腻子或涂刷涂料之前，先刷 1 遍与涂料体系相同或相应的稀乳液，让其渗透到基层内部，使基层坚实干净，增强与腻子或涂层的结合力。

（4）涂饰。涂饰工程常用的施工方法有刷涂、滚涂、喷涂、抹涂等，每种施工方法都是在做好基层后施涂，不同的基层对涂料施工有不同的要求。

喷涂是指利用压力将涂料喷涂于墙面上的施工方法。

将涂料调至施工所需稠度，装入储料罐或压力供料筒中，关闭所有开关。打开空气压缩机进行调节，使其压力达到施工压力。施工喷涂压力一般在 0.4～0.8MPa 范围内。喷涂作业时，手握喷枪要稳，涂料出口应与被涂面垂直；喷枪移动时应与被喷面保持平行；喷枪运行速度一般为 400～600mm/s；喷嘴与被涂面的距离一般控制在 400～600mm；喷枪移动范围不能太大，一般直线喷涂 700～800mm 后下移折返喷涂下一行，一般选择横向或竖向往返喷涂；喷涂面的上下或左右搭接宽度为喷涂宽度的 1/3～1/2。喷涂时应先喷门、窗附近，涂层一般要求两遍成活（横一竖一），喷枪喷不到的地方应用油刷、排笔填补。

四、质量保证

（一）施工质量问题、原因及防治措施

1. 流坠（流挂、流淌）

（1）原因分析。

1）涂料黏度低，涂膜厚。

2）涂料干燥慢，流动性大。

3）涂饰面凹凸不平。

4）喷涂压力大小不均，喷枪与施涂面距离不一致。

（2）防治措施。

1）调整涂料黏度及厚度。

2）加强通风。

3）尽量使基层平整。

4）调整空气压力机压力，并均匀移动。

2．渗色（渗透、调色）

（1）原因分析。

1）底层涂料未充分干燥刷面层涂料。

2）底层涂料颜色深，而面层涂料颜色浅。

（2）防治措施。

1）底层涂料充分干燥后，再刷面层涂料。

2）面层涂料的颜色一般应比底层涂料深。

3．咬底

（1）原因分析。

1）底层涂料未完全干燥就刷面层涂料。

2）面层涂料反复涂刷次数过多。

（2）防治措施。

1）待底层涂料完全干燥后，再刷面层涂料。

2）减少涂刷的反复次数。

4．起泡

（1）原因分析。

1）基层含水率过高。

2）底层涂料未干时施涂面层涂料。

（2）防治措施。

1）应在基层充分干燥后，再进行涂饰施工。

2）待底层涂料完全干燥后，再刷面层涂料

5．涂膜脱落

（1）原因：基层处理不当，表面有油垢、灰尘或发霉等。

（2）防治措施：施涂前，将基层处理干净。

（二）涂饰工程质量验收标准

1．一般规定

（1）涂饰工程验收时应检查下列文件和记录。

1）涂饰工程的施工图、设计说明及其他设计文件。

2）材料的产品合格证书、性能检测报告和进场验收记录。

3）施工记录。

（2）各分项工程的检验批应按下列规定划分。

1）室外涂饰工程每一栋楼的同类涂料涂饰的墙面每 500～1000m² 应划分为一个检验批，不足 500m² 也应划分为一个检验批。

2）室内涂饰工程同类涂料涂饰的墙面每 50 间（大面积房间和走廊按涂饰面积 30m² 为一间）应划分为一个检验批，不足 50 间也应划分为一个检验批。

（3）检查数量应符合下列规定。

1）室外涂饰工程每 100m² 应至少检查一处，每处不得少于 10m²。

2）室内涂饰工程每个检验批应至少抽查 10%，并不得少于 3 间，不足 3 间应全数检查。

（4）涂饰工程的基层处理应符合下列要求。

1）新建筑物的混凝土或抹灰基层在涂饰涂料前应涂刷抗碱封闭底漆。

2）旧墙面在涂饰涂料前应清除疏松的旧装修层，并涂刷界面剂。

3）混凝土或抹灰基层涂刷溶剂型涂料时，含水率不得大于8%；涂刷乳液型涂料时，含水率不得大于10%。木材基层的含水率不得大于8%。

4）基层腻子应平整、坚实、牢固，无粉化、起皮和裂缝；内墙腻子的粘结强度应符合《建筑室内用腻子》（JG/T 3049）的规定。

5）厨房、卫生间墙面必须使用耐水腻子。

（5）水性涂料涂饰工程施工的环境温度应在5~35℃之间。

（6）涂饰工程应在涂层养护期满后进行质量验收。

2．主控项目

（1）水性涂料涂饰工程所用涂料的品种、型号和性能应符合设计要求。

检验方法：检查产品合格证书、性能检测报告和进场验收记录。

（2）水性涂料涂饰工程的颜色、图案应符合设计要求。

检验方法：观察。

（3）水性涂料涂饰工程应涂饰均匀、粘结牢固，不得漏涂、透底、起皮和掉粉。

检验方法：观察；手摸检查。

（4）水性涂料涂饰工程的基层处理应符合规范要求。

检验方法：观察；手摸检查；检查施工记录。

3．一般项目

（1）薄涂料的涂饰质量和检验方法应符合表2-6-4的规定。

表2-6-4　　　　　　　薄涂料的涂饰质量和检验方法

项　次	项　目	普通涂饰	高级涂饰	检验方法
1	颜色	均匀一致	均匀一致	观察
2	泛碱、咬色	允许少量轻微	不允许	
3	流坠、疙瘩	允许少量轻微	不允许	
4	砂眼、刷纹	允许少量轻微砂眼，刷纹通顺	无砂眼、无刷纹	
5	装饰线、分色线直线度允许偏差（mm）	2	1	拉5m线，不足5m拉通线，用钢直尺检查

（2）涂层与其他装修材料和设备衔接处应吻合，界面应清晰。

检验方法：观察。

（三）成品保护

（1）拆脚手架时，要轻拿轻放，严禁碰撞已涂饰完的墙面

（2）涂料未干前，不应打扫室内地面，严防灰尘等玷污墙面涂料。

（3）严禁明火靠近已涂饰完的墙面，不得磕碰弄脏墙壁面等。

（4）工人涂刷时，严禁蹬踩已涂好的图层部位（窗台），防止小油桶碰翻涂料污染墙面。

2.6.3.3　地面施工

一、任务描述

儿童房是孩子休息睡眠的地方，因此卧室铺设竹地板。该儿童房净宽3600mm，净深3000mm。竹地板为专业生产厂家提供的产品。

竹地板具有色泽美观、富有弹性、防潮、硬度强、冬暖夏凉等特点，与木地板相比，更有其特殊优点。使用竹地板有助于减少木材的用量，而且价格相对便宜。竹地板最怕潮湿变形，不适合用于浴室、洗手间、厨房等属于"湿区"的区域。竹地板的表面处理多用清漆，有哑光油漆、亮光油漆、耐磨漆三种。

施工人员应先对儿童房进行测量，以此作为备料的依据。竹地板的铺设方法为空铺法和实铺法两种。下面以空铺法为例介绍竹地板的铺设。

二、任务要求

地面施工所需的材料要求如下：

（1）龙骨及毛地板：龙骨采用红白松，毛地板采用细木工板（大芯板），规格尺寸应按设计要求，经干燥和防腐处理后方可使用。不得有扭曲变形。

（2）竹地板：加工的成品顶面刨光，侧面带企口的半成品地板，企口尺寸符合设计要求，板的厚度、长度尺寸一致。制作前竹材需经烘干处理，要求竹地板含水率不超过 12％，同一批材料竹种、花纹及颜色力求一致。竹地板应严格选材、硫化、防腐、防蛀处理，并采用具有商品检验合格证的产品，其技术等级及质量要求均应符合《竹地板》（LY/T 1573）的规定。如图 2-6-6 所示。

图 2-6-6　常用竹地板

（3）竹踢脚板：宽度、厚度应按图示尺寸加工，其含水率不得超过 12％，背面应涂满防腐剂，花纹和颜色应力求与面层地板相同。

（4）其他材料：木楔、防潮纸、氟化钠或其他防腐材料，50～100mm 钉子，镀锌木螺丝等。所用材料均应符合《民用建筑工程室内环境污染控制规范》（GB 50325—2001）的规定。

三、任务实施

（一）施工准备

1．材料要求

（1）竹地板：竹地板面层所采用的材料，其技术等级及质量要求必须符合设计要求，木格栅、垫木和毛地板等必须做好防腐、防蛀、防火处理。

（2）踢脚板：踢脚板的宽度、厚度、含水率均应符合设计要求，背面应满涂防腐剂，花纹颜色应力求与面层地板相同。

（3）胶粘剂：胶粘剂应满足耐老化、防菌、有害物的限量标注。

2．主要机具设备

常用机具设备有：刨地板机、砂带机、手刨、角度锯、水平仪、水平尺、方尺、钢尺、小线，錾子、刷子、钢丝刷等。

3．作业条件

（1）材料检验已经完毕并符合要求。

（2）应已对所覆盖的隐蔽工程进行验收且合格，并进行隐检会签。

（3）施工前应弹好+50cm 水平标高控制线，以控制铺设的高度和厚度，可采用竖尺、拉线、弹线等方法。

（4）对所有作业人员已进行了技术交底，特殊工种必须持证上岗。

（二）施工工艺

1．工艺流程

基层处理→弹木格栅位置线→安装木格栅、横撑→划木地板位置线→铺竹地板→安装踢脚板→清理。

2．操作要点

（1）基层处理。基层残留的砂浆、浮灰及油渍应洗刷干净。含水率应与竹地板含水率接近。阴雨季节较长的地区，及潮湿的场所应做防潮处理，涂一层防潮漆。

（2）弹木格栅位置线。按照工程设计弹出木格栅的位置线及标高控制线，间距一般小于 300mm；

并弹出横撑的位置线，间距一般为800mm。

（3）安装木格栅、横撑龙骨。将60mm×50mm木格栅按位置线对准中线放平、放稳，用膨胀螺栓和角码（角钢上钻孔）把格栅牢固固定在基层上，固定间距为800mm。木格栅与墙面之间应留不小于20mm的缝隙。

待木格栅全部固定后，则应在木龙骨间加钉50mm×50mm横撑，间距800mm。

木格栅与横撑所形成的平面必须平整，不平处，根据格栅标高控制线在房间四周和对角拉线控制标高，用小电刨或手刨刨平、刨光。如图2-6-7所示。

图2-6-7 竹地板安装方法

（4）划木地板位置线。根据所采用的长条木地板规格尺寸，在木格栅上划出走向控制线，控制线的间距可以是2~3个木地板的宽度，并划出错缝位置的控制线；然后在墙的四周划出木地板的标高位置线。

（5）铺竹地板。长条形竹地板均应错缝铺设，且接缝要在木格栅上，按照地板的位置线，从墙的一边开始铺钉企口竹地板，靠墙的一块板应离开墙面10mm左右，先用木块塞住，然后逐块排紧。

铺设竹地板时，采用长38mm的气动钉以45°~60°斜向在竹地板企口处钉入，间距宜在250mm左右。

（6）安装踢脚板。在墙面上用电锤打孔，间距为450mm左右，然后将防腐处理的小木楔塞入，再把踢脚板用明钉钉牢在木楔上，钉帽砸扁冲入踢脚板内。

（7）清理。铺设完地板后清理地板表面，擦拭干净，然后涂擦地板蜡，最后抛光。

（三）特殊部位的做法

1. 踢脚板的安装

其做法一般是在墙体上首先弹出踢脚板的位置线，并在每隔400~600mm预埋一块防腐木砖，木砖的规格一般为60mm×120mm×120mm，有时设置两块规格较小的木砖。

2. 过渡条的安装

过渡条一般用于两种材料的过渡及地板与家具的过渡。过渡条的材质有木制、PVC，铜或铝合金，目前应用比较多的是铝合金过渡条。

3. 阳角条

阳角条用于在楼梯上铺设地板时，将楼梯的边缘包裹，以起到贴压连接和装饰保护的作用，安装构造。

4. 收口条

收口条用于地板边缘的收边，做到地板与墙面的连接，同时收口条起到保护地板边缘的作用，增

加地板的使用年限。还可使用在不方便安装踢脚板的地方，比如门口，写字台旁边等起到装饰作用。

四、质量保证

（一）施工质量验收标准

1. 主控项目

（1）实木地板面层所采用的材质和铺设时的含水率必须符合设计要求。木格栅、垫木和毛地板等必须做防腐、防蛀处理。

检验方法：观察检查和检查材质合格证明文件及检测报告。

（2）木格栅安装应牢固、平直。

检验方法：观察、脚踩检查。

（3）竹地板面层铺设应牢固，粘结无空鼓。

检验方法：观察、脚踩或用小锤轻击检查。

2. 一般项目

（1）竹地板面层品种与规格应符合设计要求，板面无翘曲。

检验方法：观察、用2m靠尺和楔形塞尺检查。

（2）面层缝隙应严密均匀；接头位置应符合设计要求、表面洁净。

检验方法：观察检查。

（3）踢脚线表面应光滑，接缝严密，高度一致。

检验方法：观察和钢尺检查。

（4）竹地板面层的允许偏差应符合表2-6-5的规定。

表2-6-5　　　　　　　　　　竹地板面层的允许偏差和检验方法　　　　　　　　单位：mm

项　　目	允许偏差	检　验　方　法
板面缝隙宽度	0.5	用钢尺检查
表面平整度	2.0	用2m靠尺和楔形塞尺检查
踢脚线上口平齐	3.0	拉5m通线、不足5m拉通线和用钢尺检查
板面拼缝平直	3.0	拉5m通线、不足5m拉通线和用钢尺检查
相邻板材高差	0.5	用钢尺和楔形塞尺检查
踢脚线与面层的接缝	1.0	楔形塞尺检查

（二）施工质量问题、原因及防治措施

1. 行走有声响

（1）原因分析。

1）木格栅未垫实、垫平，没有固定牢固，木格栅含水率高，安装后收缩。

2）木格栅间距过大。

（2）防治措施。

1）在铺毛地板前，应认真检查木格栅的质量，并且只有当人踩上没有声响之后再铺钉毛地板。铺钉毛地板时，不得垫木屑或薄木片，以免脱落造成声响。

2）不得随意加大木格栅的间距。

2. 板缝不严

（1）原因分析。铺钉竹地板时，企口处理不当。

（2）防治措施。铺钉竹地板时，企口要插严、钉牢，钉子入木的方向应该是斜向的（通常为45°～60°），以使接缝严密。

3. 地板层起鼓

（1）原因分析。

1）竹地板与墙、竹地板之间接缝处理不当。

2）受潮或受水浸泡。

3）竹地板本身的质量有问题，在制造竹地板的过程中对于清除内应力的工序没有做。

（2）防治措施。

1）铺钉竹地板时，要注意竹地板与墙、竹地板之间接缝的处理，要按规范留缝，不应硬挤。

2）避免受潮，如不小心洒上水应及时擦干。

3）应选择质量有保证的产品。

4. 拼缝歪斜

（1）原因分析。

1）铺设竹地板时，没有认真弹线、找规律。

2）铺钉木地板时，操作不认真。

（2）防治措施。

1）铺设竹地板时，应认真弹线、找规律。

2）铺设竹地板时，应每一行随时找直。

（三）成品保护

（1）尽量避免在阳光下暴晒。

（2）搬动重物、家具等，以抬动为宜，勿要拖拽。

（3）常开窗换气，调节室内空气温度和湿度。

（4）定期清洁打蜡，清洁时用不滴水的拖布或柔软湿布顺着地板板条方向拖拽，避免含水率剧增。

2.6.4 课后作业

【理论思考题】

1. 吊顶的分类。

2. 木龙骨吊顶的安装施工工艺。

3. 涂饰工程施工对基层处理有哪些一般要求？

4. 如何对混凝土基层进行处理？

5. 乳胶漆涂料的施工工艺。

6. 喷涂施工过程中应注意的事项？

7. 如何对涂饰工程成品进行保护？

8. 涂饰工程质量验收的主控项目有哪些，如何验收？

9. 竹地板的特点。

10. 竹地板有哪几种铺设方法？

11. 竹地板空铺法的施工工艺流程。

12. 如何保护竹地板？

13. 分析竹地板起鼓的原因及采取的防治措施。

【实训题】

1. 参观不同吊顶施工现场，了解施工工艺。

2. 根据不同的设计要求，参观当地建材市场，进行乳胶漆涂料的各项性能指标和施工工艺有所了解。

3. 在实训车间进行竹材地板的铺训练（空铺法）。

模块3　公共空间装饰装修施工技术

课题1　公共机房装修施工技术

3.1.1　学习目标

知识点

1. 施工图纸的读识
2. 方形微孔铝合金天花扣板顶棚施工技术，施工机具与技术要点
3. 聚酯纤维吸音板的特点，施工机具与施工技术要点，施工辅助材料的选用
4. 防静电地板的施工安装技术，轻钢龙骨的选择与高度调整，并掌握安装方法
5. 机房电气线路材料的选择与施工，根据计算机数量计算电压和电流，并依此来选择合适的电线等设备，进行电气线路的改造安装与调试
6. 门窗的安装技术
7. 成品保护措施
8. 施工质量验收标准及检验方法

技能点

1. 计算机房布局设计及现场放样
2. 方形微孔铝合金天花扣板顶棚施工方法，龙骨的选择安装等技术要点
3. 聚酯纤维吸音板的特点，施工机具与施工技术要点，施工辅助材料的选用
4. 防静电地板的施工安装技术，轻钢龙骨的选择与高度调整，并掌握安装方法及相应的施工机具
5. 依据计算机数量计算电压和电流，并依此来选择合适的电线等设备，进行电气线路的改造安装与调试
6. 门窗的安装技术
7. 对不同功能区域进行防火处理，并达到相关的标准要求

3.1.2　相关知识

一个全面的机房建设应包括以下几个方面：机房装修、电气系统、空调系统、门禁系统、监控系统、消防系统。

一、机房装修

1. 一般规定

计算机房的室内装修工程施工验收主要包括吊顶、隔断墙、门、窗、墙壁装修、地面、防静电地板的施工验收及其他室内作业。

室内装修作业应符合《建筑装饰装修工程质量验收规范》（GB 50210—2001）、《建筑地面工程施工及验收规范》（GB 50209—2002）、《木结构工程施工及验收规范》（GB 50206—2002）及《钢结构工程施工及验收规范》（GB 50205—2001）的有关规定。

在施工时应保证现场、材料和设备的清洁。隐蔽工程（如地板下、吊顶上、假墙、夹层内）在封口前必须先除尘、清洁处理，暗处表层应能保持长期不起尘、不起皮和不龟裂。

机房所有管线穿墙处的裁口必须做防尘处理，然后对缝隙必须用密封材料填堵。在裱糊、粘接贴面及进行其他涂复施工时，其环境条件应符合材料说明书的规定。

装修材料应尽量选择无毒、无刺激性的材料，尽量选择难燃、阻燃材料，否则应尽可能涂防火

涂料。

2. 吊顶

计算机机房吊顶板表面应平整，不得起尘、变色和腐蚀；其边缘应整齐、无翘曲，封边处理后不得脱胶；填充顶棚的保温、隔音材料应平整、干燥，并做包缝处理。

按设计及安装位置严格放线。吊顶及马道应坚固、平直，并有可靠的防锈涂复。金属连接件、铆固件除锈后，应涂两遍防锈漆。

吊顶上的灯具、各种风口、火灾探测器底座及灭火喷嘴等应定准位置，整齐划一，并与龙骨和吊顶紧密配合安装。从表面看应布局合理、美观、不显凌乱。

吊顶内空调作为静压箱时，其内表面应按设计要求做防尘处理，不得起皮和龟裂。

固定式吊顶的顶板应与龙骨垂直安装。双层顶板的接缝不得落在同一根龙骨上。

用自攻螺钉固定吊顶板，不得损坏板面。当设计未作明确规定时应符合五类要求。

螺钉间距：沿板周边间距 150～200mm，中间间距为 200～3000mm，均匀布置。

螺钉距板边 10～15mm，钉眼、接缝和阴阳角处必须根据顶板材质用相应的材料嵌平、磨光。

保温吊顶的检修盖板应用与保温吊顶相同的材料制作，活动式顶板的安装必须牢固、下表面平整、接缝紧密平直、靠墙、柱处按实际尺寸裁板镶补。根据顶板材质作相应的封边处理。

安装过程中随时擦拭顶板表面，并及时清楚顶板内的余料和杂物，做到上不留余物，下不留污迹。

3. 隔断墙

无框玻璃隔断，应采用槽钢、全钢结构框架。墙面玻璃厚度不小于 10mm，门玻璃厚度不小于 12mm。表面不锈钢厚度应保证压延成型后平如镜面的视觉效果。

石膏板、吸音板等隔断墙的沿地、沿顶及沿墙龙骨建筑围护结构内表面之间应衬垫弹性密封材料后固定。当设计无明确规定时固定点间距不宜大于 800mm。

竖龙骨准确定位并校正垂直后与沿地、沿顶龙骨可靠固定。

有耐火极限要求的隔断墙竖龙骨的长度应比隔断墙的实际高度短 30mm，上、下分别形成 15mm 膨胀缝，其间用难燃弹性材料填实。全钢防火大玻璃隔断，钢管架刷防火漆，玻璃厚度不小于 12mm，无气泡。

安装隔断墙板时，板边与建筑墙面间隙应用嵌缝材料可靠密封。

当设计无明确规定时，用自攻螺钉固定墙板宜符合：螺钉间距沿板周边间距不大于 200mm，板中部间距不大于 300mm，均匀布置，其他要求同 2。

有耐火极限要求的隔断墙板应与竖龙骨平等铺设，不得与沿地、沿顶龙骨固定。

隔断墙两面墙板接缝不得在同一根龙骨上，每面的双层墙板接缝亦不得在同一根龙骨上。

安装在隔断墙上的设备和电气装置固定在龙骨上。墙板不得受力。

隔断墙上需安装门窗时，门框、窗框应固定在龙骨上，并按设计要求对其缝隙进行密封。

4. 铝合金门窗和隔断

铝合金门框、窗框、隔断墙的规格型号应符合设计要求，安装应牢固、平整，其间隙用非腐蚀性材料密封。当设计无明确规定时隔断墙沿墙立柱固定点间距不宜大于 800mm。

门扇、窗扇应平整、接缝严密、安装牢固、开闭自如、推拉灵活。

施工过程中对铝合金门窗及隔断墙的装饰面应采取保护措施。

安装玻璃的槽口应清洁，下槽口应补垫软性材料。玻璃与扣条之间按设计要求填塞弹性密封材料，应牢固严密。

5. 防静电地板

计算机房用防静电地板应符合《计算机房用防静电地板技术条件》（GB 6650—86）。

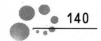

防静电地板的理想高度在18~24英寸（46~61cm）之间。

防静电地板的铺设应在机房内各类装修施工及固定设施安装完成并对地面清洁处理后进行。

建筑地面应符合设计要求，并应清洁、干燥，防静电地板空间作为静压箱时，四壁及地面均就作防尘处理，不得起皮和龟裂。

现场切割的地板，周边应光滑、无毛刺，并按原产品的技术要求作相应处理。

防静电地板铺设前应按标高及地板布置严格放线将支撑部件调整至设计高度，平整、牢固。

防静电地板铺设过程中应随时调整水平。遇到障碍或不规则地面，应按实际尺寸镶补并附加支撑部件。

在防静电地板上搬运、安装设备时应对地板表面采取防护措施。铺设完成后，做好防静电接地。

二、电气系统

（1）供配电系统数据中心供配电系统应为380V/200V、50Hz，计算机供电质量达到A级。

（2）供配电方式为双路供电系统加UPS电源及柴油发电机设备，并对空调系统和其他用电设备单独供电，以避免了空调系统启停对重要用电设备的干扰。供电系统的负荷包含如下方面：

服务器功率：

$$单台服务器功率×服务器台数＝总功率$$

UPS总功率：一般采用n+1备份方案，亦即并联UPS台数多加一台，以防止某一台机组出现故障。

目前UPS效率均在90%以上，故按照服务器总功率可以计算出UPS的总KVA数。

工作区恒温恒湿精密空调负荷：

$$工作区面积×(836.8\sim1046)kj/(h \cdot m^2)＝总的空调所需制冷量$$

3.1.3 学习情境

3.1.3.1 顶棚施工

一、任务描述

本任务要完成图3-1-1所示的计算机房的装修施工任务。本项目地面装修采用40mm防静电国标地板的施工，墙面采用喷涂乳胶漆及聚酯纤维吸音板的施工方法，顶棚采用方形微孔铝合金天花扣板顶，通过不同的课题与施工环节，装修后质量要达到目的相关国家质量标准要求，施工效果如图3-1-1所示。计算机房大小及平面图如图3-1-2、图3-1-3所示。

图3-1-1 某计算机房效果图

二、任务要求

相关知识

计算机房顶棚装饰工艺流程

1. 悬吊式顶棚的构造

悬吊式顶棚一般由三个部分组成：吊杆、骨架、面层。

（1）吊杆。

1）吊杆的作用：承受吊顶面层和龙骨架的荷载，并将这荷载传递给屋顶的承重结构。

2）吊杆的材料：大多使用钢筋。

（2）骨架。

1）骨架的作用：承受吊顶面层的荷载，并将荷载通过吊杆传给屋顶承重结构。

2）骨架的材料：有木龙骨架、轻钢龙骨架、铝合金龙骨架等。

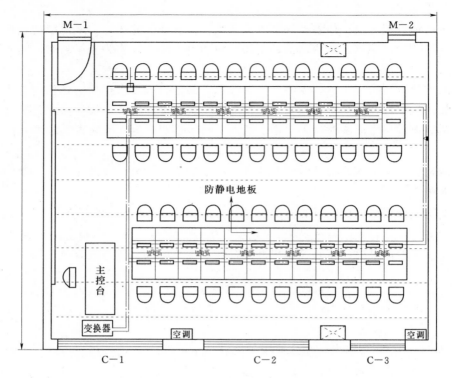

图 3-1-2 某计算机房平面图

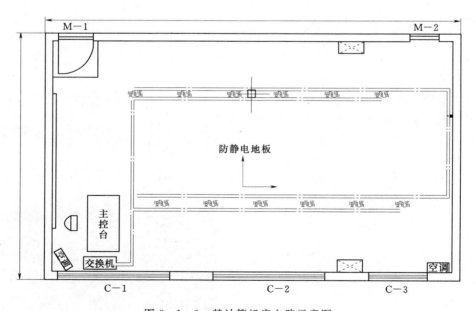

图 3-1-3 某计算机房电路示意图

3）骨架的结构：主要包括主龙骨、次龙骨和搁栅、次搁栅、小搁机所形成的网架体系。轻钢龙骨和铝合金龙骨在 T 形、U 形、LT 形及各种异形龙骨等。

（3）面层。

1）面层的作用：装饰室内空间，以及吸声、反射等功能。

2）面层的材料：纸面石膏板、纤维板、胶合板、钙塑板、矿棉吸音、铝合金等金属板、PVC 塑料板等。

3）面层的形式：条形、矩形等。

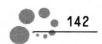

2. 悬吊式顶棚的施工工艺

（1）轻钢龙骨、铝合金龙骨吊顶：弹线→安装吊杆→安装龙骨架→安装面板。

（2）PVC塑料板吊顶：弹线→安装主梁→安装木龙骨架→安装塑料板。

3. 施工要点

首先应在墙面弹出标高线，在墙的两端固定压线条，用水泥钉与墙面固定牢固。依据设计标高，沿墙面四周弹线，作为顶棚安装的标准线，其水平允许偏差±5mm。

吊点间距应当复验，一般不上人吊顶为1200～1500mm，上人吊顶为900～1200mm。

面板安装前应对安装完的龙骨和面板板材进行检查，符合要求后再进行安装。

4. 木格栅吊顶的施工工艺流程

（1）木格栅吊顶的作用。木格栅吊顶是家庭装修走廊、玄关、餐厅及有较大顶梁等空间经常使用的方法。

（2）木格栅吊顶的施工工艺。准确测量→龙骨精加工→表面刨光→开半槽搭接→阻燃剂涂刷→清油涂刷→安装磨砂玻璃。

（3）施工要点。木格栅骨架的制作应在准确测量顶棚尺寸。龙骨应进行精加工，表面刨光，接口处开槽，横、竖龙骨交接处应开半槽搭接，并应进行阻燃剂涂刷处理。

5. 藻井吊顶的施工工艺流程

藻井吊顶的作用。在家庭装修中，一般采用木龙骨做骨架，用石膏板或木材做面板，涂料或壁纸做饰面终饰的藻井式吊顶。这种术吊顶能够克服房间低矮和顶部装修的矛盾，便于现场施工，提高装修档次，降低工程造价，达到顶部装修的目的，所以应用比较广泛。

三、任务实施

（一）施工要点

1. 木龙骨安装要求

（1）材料：木材要求保证没有劈裂、腐蚀、虫蛀、死节等质量缺陷；规格为截面长30～40mm，宽40～50mm，含水率低于10%。

（2）设计：采用藻井式吊顶，如果高差大于300mm时，应采用梯层分级处理。龙骨结构必须坚固，木龙骨间距不得大于500mm。龙骨固定必须牢固，龙骨骨架在顶、墙面都必须有固定件。

（3）施工：吊顶的标高水平偏差不得大于5mm。木龙骨底面应刨光刮平，截面厚度一致，并应进行阻燃处理。

2. 木龙骨安装规范

首先应弹出标高线、造型位置线、吊挂点布局线和灯具安装位置线。

龙骨架顶部吊点固定有两种方法：一种是用直径5mm以上的射钉直接将角铁或扁铁固定在顶部。另一种是在顶部打眼，用膨胀螺栓固定铁件或木方做吊点。都应保证吊点牢固、安全。

木龙骨架安装完毕，应进行质量检测与验收，才可进行饰面板的安装。

3. 饰面板的安装

吊顶饰面板的种类主要有石膏板和木材板两大类，都要求板面平整，无凹凸，无断裂，边角整齐。

饰面板的安装方法主要有圆钉固定法和木螺丝固定法两种，其中圆钉固定法主要用于木材饰面板安装，施工速度快；木螺丝固定法主要用于石膏板饰面板，以提高板材执钉能力。

安装饰面板应与墙面完全吻合，有装饰角线的可留有缝隙，饰面板之间接缝应紧密。

吊顶时应在安装饰面板时预留出灯口位置。饰面板安装完毕，还需进行饰面的终饰作业，常用的材料为乳胶漆及壁纸，其施工方法同墙面施工。

（二）施工准备

1. 作业条件

（1）安装完顶棚内的各种管线及设备，确定好灯位、通风口及各种照明孔口的位置。

（2）顶棚罩面板安装前，应作完墙、地湿作业工程项目。

（3）搭好顶棚施工操作平台架子。

（4）轻钢骨架顶棚在大面积施工前，应做样板间，对顶棚的起拱度、灯槽、窗帘盒、通风口等处进行构造处理，经鉴定后再大面积施工。

2．材料准备

铝合金方板板材、龙骨、吊杆等。

3．施工机具

冲击钻、无齿锯、钢锯、射钉枪、刨子、螺丝刀、吊线锤、角尺、锤子、水平尺、折线、墨斗等。如表3-1-1。

表3-1-1　　　　　　　　　　　主要的施工的主要施工机具

名　称	用　途	使用基本方法	图　示
木工刨	分长刨、短刨，用于刨削木材平面	入刨时压住刨子的前半部分，出刨时压住刨子的后半部分，推刨的速度是：刨硬杂木是速度慢一些，刨软性木材是速度可快一些，快慢以木材刨面平整、不起波浪状的刨刀滚痕为准	
木工锯	手工锯削木料的工具，由金属锯片和塑胶把手组成	1．锯削前，应将木条或者木板垫平，与地面留出合适的距离，便于锯削； 2．锯削时，可以用脚固定木料，以一手压扶住锯削一侧的木料，另一只手握住手工锯，让锯齿与切入面成30°～45°，缓慢推拉锯子，待木料表面被嵌入，再加快锯削的速度和加大力量锯削时，要控制住手腕，避免晃动过大，保持锯齿方向与木料表面垂直； 3．锯削后，应用刷子清理锯齿，注意避免用手清理而造成划伤	
手提式电动圆盘锯	用于门框、门扇的裁切	1．锯片必须平整，锯齿尖锐，不得连续缺齿两个，裂纹长度不得超过20mm； 2．被锯木料厚度，以锯片能露出木料10～20mm为限； 3．启动后，必须等待转速正常后方可进行锯料； 4．关机时，不得将木料左右摇晃或高抬，遇木料节疤要慢慢送料； 5．若锯线走偏，应逐渐纠正，不得猛扳； 6．操作人员不宜站在锯片同一直线，手臂不得跨越锯片工作； 7．锯料完毕，立即关机。必须等候锯片停止转动后，方可放置	
手提电动刨	用于门框、门扇和单体构件表面的刨削、倒棱和裁口，也常用于刨削粗大的工作物	根据选用材料的不同和抛光厚度选用适当的刀头，并调整刀头转速，持平电动刨在工件上来回运动。操作步骤： 1．将工作物固定于工作台上； 2．调整刨削斜度或适当刨削深度，并应用废木试刨检验； 3．右手握牢把手，左手压紧前端，平稳前进； 4．工作物不平凸起处应先刨平，再刨整块木材。 注意事项： 1．使用时，电刨附近避免有杂物，以免卷入危险； 2．启动时，应用双手正确操作； 3．启动中的电刨不可临时平放或倒放，应在前端置一枕木垫高； 4．排出口阻塞须清理或调整刨身或换刨刀时，必须关闭电源； 5．收存时，刨刀应确实调收至零刻度以下，以保护刀刃	

名　称	用　途	使 用 基 本 方 法	图　示
手电钻	用于建筑装饰装修中固定龙骨、面板等。规格有 6mm、10mm、13mm 等	1. 电源线不得有破皮漏电。必须安装漏电保护器。使用时应戴绝缘手套； 2. 操作时，应先启动后接触工件。钻头垂直顶在工件要垫平垫实，钻斜孔要防止滑钻； 3. 钻孔时要避开混凝土钢筋	
冲击电钻	用于砖、砌块及轻质墙等材料上钻孔的电动工具。适用于25mm 左右小口径以及钻进深度短等条件。如安装膨胀螺栓等。对周边构筑物的破坏作用甚小	1. 操作时应用杠杆加压，不允许施工人员将身体直接压在上面； 2. 使用直径 25mm 以上的冲击电钻时，作业场地周围应设护栏，在地面 4m 以上操作应有固定平台	
射钉枪	常用于装饰装修固定施工构件等	1. 枪管内应保持清洁，不允许有杂质，各部件不允许有松动现象，如发现磨损、烧毁或损坏等，应立即更换后再使用； 2. 操作时，才允许将钉、弹装入枪内，严禁将装好钉、弹的枪口对准人； 3. 射击的基体必须稳固、坚实，并具有抵抗射击冲击力的刚度。在薄墙、轻质墙体上射钉时，对面不得站人，以防射穿墙后伤人； 4. 发现枪操作不灵活时，必须及时取出钉、弹，排除故障，切不可轻易解除保险； 5. 射钉枪每天用完后，必须将枪用煤油浸泡，然后擦拭上油存放，以防止锈蚀。射击超过 100 发后应清洗	
激光测距仪	主要用于门框位置的测量、门洞高度的测量等	1. 将测距仪靠墙放置，或放在底板上，或者干脆拿在手上； 2. 按下距离按钮打开激光器； 3. 将激光瞄准目标，再次按下距离按钮，然后直接从屏幕上读取测得的读数； 4. 在测量面积时，按下面积按钮，然后进行长度和宽度测量，测距仪将自动计算面积； 5. 在测量容积时，按下容积按钮，然后测量长度、宽度和高度	

（三）工艺流程

基层弹线→安装吊杆→安装主龙骨→安装边龙骨→安装次龙骨→安装铝合金方板→饰面清理→分项、检验批验收。

操作方式工艺

（1）弹线：根据楼层标高水平线，按照设计标高，沿墙四周顶棚标高水平线，并找出房间中心点，并沿顶棚的标高水平线，以房间中心点为中心在墙上画好龙骨分档位置线。

（2）安装主龙骨吊杆：在弹好顶棚标高水平线及龙骨位置线后，确定吊杆下端头的标高，安装预先加工好的吊杆，吊杆安装用直径 8mm 膨胀螺栓固定在顶棚上。吊杆选用直径 8mm 圆钢，吊筋间距控制在 1200mm 范围内。

（3）安装主龙骨：主龙骨一般选用 C38 轻钢龙骨，间距控制在 1200mm 范围内。安装时采用与主龙骨配套的吊件与吊杆连接。

（4）安装边龙骨：按天花净高要求在墙四周用水泥钉固定 25mm×25mm 烤漆龙骨，水泥钉间距不大于 300mm。

（5）安装次龙骨：根据铝扣板的规格尺寸，安装与板配套的次龙骨，次龙骨通过吊挂件吊挂在主龙骨上。当次龙骨长度需多根延续接长时，用次龙骨连接件，在吊挂次龙骨的同时，将相对端头相连接，并先调直后固定。

（6）安装金属板：铝扣板安装时在装配面积的中间位置垂直次龙骨方向拉一条基准线，对齐基准线向两边安装。安装时，轻拿轻放，必须顺着翻边部位顺序将方板两边轻压，卡进龙骨后再推紧。

（7）清理：铝扣板安装完后，需用布把板面全部擦拭干净，不得有污物及手印等。

（8）吊顶工程验收时应检查下列文件和记录。①吊顶工程的施工图、设计说明及其他设计文件；②材料的产品合格证书、性能检测报告、进场验收记录和复验报告；③隐蔽工程验收记录；④施工记录。

四、质量保证

1. 成品保护

（1）轻钢骨架、罩面板及其他吊顶材料在入场存放、使用过程中应严格管理，保证不变形、不受潮、不生锈。

（2）装修吊顶用吊杆严禁挪做机电管道、线路吊挂用；机电管道、线路如与吊顶吊杆位置矛盾，需经过项目技术人员同意后更改，不得随意改变、挪动吊杆。

（3）吊顶龙骨上禁止铺设机电管道、线路。

（4）轻钢骨架及罩面板安装应注意保护顶棚内各种管线，轻钢骨架的吊杆、龙骨不准固定在通风管道及其他设备件上。

（5）为了保护成品，罩面板安装必须在棚内管道试水、保温等一切工序全部验收后进行。

（6）设专人负责成品保护工作，发现有保护设施损坏的，要及时恢复。

（7）工序交接全部采用书面形式由双方签字认可，由下道工序作业人员和成品保护负责人同时签字确认，并保存工序交接书面材料，下道工序作业人员对防止成品的污染、损坏或丢失负直接责任，成品保护专人对成品保护负监督、检查责任。

2. 安全措施

（1）现场临时水电设专人管理，防止长明灯、长流水。用水、用电分开计量，通过对数据的分析得到节能效果并逐步改进。

（2）工人操作地点和周围必须清洁整齐，做到活完脚下清，工完场地清，制定严格的成品保护措施。

（3）持证上岗制：特殊工程必须持有在有效期内的上岗操作证，严禁无证上岗。

（4）中小型机具必须经检验合格，履行验收手续后方可使用。同时应由专门人员使用操作并负责维修保养。必须建立中小型机具的安全操作制度，并将安全操作制度牌挂在机具旁明显处。

（5）中小型机具的安全防护装置必须保持齐全、完好、灵敏有效。

（6）使用人字梯攀高作业时只准一人使用，禁止同时两人作业。

3.1.3.2 墙面施工（聚酯纤维吸音板施工技术）

一、任务描述

聚酯纤维吸音板广泛应用于音乐厅、影剧院、录音室、演播厅、多媒体机房、会议室、体育馆、展览馆、歌舞厅、KTV 包房等公众场所的地面、墙面和天花板。能够很好地吸收噪音及防止室内声音强烈而影响室内环境，并有防静电的效果。在开会、听报告或欣赏音乐时能够获得很好的音质效果。用现代技术生产的纤维吸音装饰为改善室内音质提供了一条有效途径。聚酯纤维吸音板能满足不同吸音与装饰效果的要求，在国内装饰材料和声学工程领域应用非常广泛，成为国内大部分城市的建筑声学、工业降噪、产品降噪等工程材料的首选。

其大小不同，长宽分别为 2.42m×1.22m，厚 9mm，聚酯纤维吸音板与其他建筑材料的比较：

（1）重量轻：2kg/m²。

（2）表面稳定性：收缩率为 1％以下。

（3）安装方便：可用普通文具用刀划断，拐角处理容易。

（4）颜色种类繁多：共 21 种，分别是白色、浅驼色、深驼色、灰色、深蓝色、黑色、海蓝色、天蓝色、浅红色、暗红色、深红色、深海蓝色、浅绿色等。

（5）多种花纹：无花纹、直线、碎条纹等。

（6）卓越的长时间耐高温能力：获得消防检测单位阻燃性能认证。

（7）防虫蛀，不发霉。

（8）耐水性：含水率 0.037％。

（9）经济：安装费用比其他同类产品低 50％以上。

（10）安装便利：任何人都可安装——喷上粘贴剂即可粘到墙壁上或天花板上，也可使用敲平头钉器。

二、任务实施

（一）施工前注意选板、排板，避免微小色差

聚酯纤维吸音板，是以 100％聚酯纤维为原料，经热压成形，由于着色丝生产批号不同，在光的作用下，易产生微小的色差；因此，在进货时尽量采用同一批号生产的聚酯纤维吸音板，施工前将聚酯纤维吸音板进行排板，调整色差然后按调整好的排列顺序进行安装（最好戴手套避免污染）施工。

（二）切割板面宜用钢性靠尺

在施工中需要对聚酯纤维吸音板进行切割，切割时建议用钢尺或合金方钢作为靠尺（切勿用木条或软性材料作为靠尺）以避免切割线条不直造成拼接缝隙过大或扭曲。

为使拼接缝隙相对减少，在切割时可将刀片向内作适当倾斜 0.5～1mm，使接口面形成斜面，施工中易于板面对接，减少缝隙度。

（三）切割或倒边所用刀片，建议采用进口刀片

由于国产美工刀片钢材质量等原因，刀片不够锋利且使用寿命短，在切割或倒边时易产生毛边和毛面，特别是在倒边时产生毛面明显，所以最好采用优质进口刀片。

倒边可使用本产品专用倒边刨。

（四）基面处理

基面要求平整，在水泥基面直接粘贴时，应先将基面批荡平整后，再粘贴聚酯纤维吸音板；如遇做有后空腔的基层时，首先应将夹板拼接缝隙用胶条（或胶纸）粘贴。如遇穿孔板基层，应在穿孔板安装前，对孔洞进行处理（可采用内侧贴膜等方法），以避免基层下空气流动产生污迹，如图 3-1-4 所示。

（五）粘贴用胶水的选择

（1）首先考虑使用符合国家环保要求的胶水。

（2）根据粘贴基面不同可选用不同类型的粘胶剂。

1）水泥或木质基面：可选择以氯丁橡胶为原料的无苯万能胶或白乳胶。

2）纸面石膏板基面：在不易受潮的前提下，可选用白乳胶或以纤维素为原料的墙纸胶（刷胶粘贴后应立即用纹钉固定，以避免胶水未干，板面移动），在容易或可能受潮的前提下，可选用万能胶。

聚酯纤维吸音板，属多孔板材，极易吸收胶水、堵塞孔洞，建议施工时可单面刷胶（仅在墙面刷胶，刷胶量比正常略厚）。同时也可配以纹钉加固。

（六）阴、阳角处理

聚酯纤维吸音板，可作阴、阳角处理，其方法与铝塑板施工方法一样。

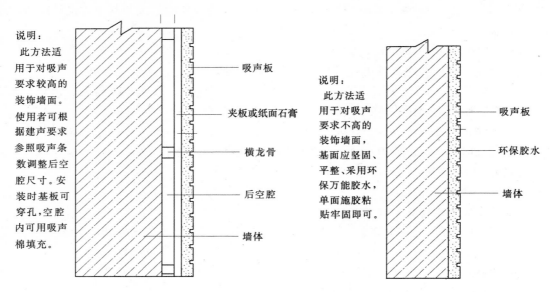

说明：
　此方法适用于对吸声要求较高的装饰墙面。使用者可根据建声要求参照吸声条数调整后空腔尺寸。安装时基板可穿孔，空腔内可用吸声棉填充。

吸声板
夹板或纸面石膏
横龙骨
后空腔
墙体

说明：
　此方法适用于对吸声要求不高的装饰墙面，基面应坚固、平整、采用环保万能胶水，单面施胶粘贴牢固即可。

吸声板
环保胶水
墙体

图 3-1-4　墙面处理结构图

3.1.3.3　地面施工（防静电地板）

一、任务描述

防静电地板分类及特点。

防静电地板又叫抗静电地板（antistatic floor），有很多种类，根据面层电阻值大小分为导静电型和静电耗散型。

（一）钢制防静电地板

钢制防静电地板又称为全钢防静电地板、高架地板。如图 3-1-5 所示。

图 3-1-5　钢制防静电地板

特点：全钢组件，上板为硬质钢板，下板为深级拉伸钢板。承载力大、抗冲击性强、互换性能好、铺装效果美观；防水、防火、防静电。

适用范围：广泛应用于各种机房，特别是通信机房、数据传输中心等有较高防静电要求和承载要求高的机房。

（二）环氧树脂地坪

特点：地面不会起灰，始终保持干净无尘。地面整体无缝，容易清洗，不会积藏尘埃和细菌等。地面涂膜厚、耐磨损、抗机械冲击，经久耐用，能长期经受卡车、铲车和其他工具的辗压和撞击。耐酸、碱、盐等化学品的腐蚀。耐汽油、机油和柴油等油类的侵蚀，不渗漏，易彻底清除。表面平整光洁，色彩丰富，能美化工作环境。

适用范围：广泛应用于工业化生产车间、设备机房以及各种要求高档次机房等。

（三）陶瓷防静电地板

陶瓷防静电地板如图 3-1-6 所示。

特点：刨花板基或者钢板，面层为高耐磨防静电瓷砖；花色多样可选择，接缝细，铺装效果好；不磨损，使用寿命远大于其他地板，整板厚为 40mm。防火性能达到 A 级。

适用范围：广泛应用于设备机房以及各种要求高档次机房等。

（四）复合防静电地板

复合防静电地板如图 3-1-7 所示。

图 3-1-6　陶瓷防静电地板

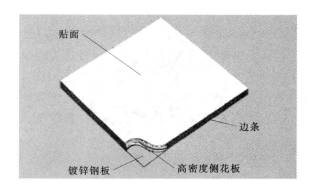

图 3-1-7　复合防静电地板

材质：刨花板或水泥无机质板基，上面可选择多种贴面材料。

特点：技术成熟，互换性能好，价格便宜。

适用范围：广泛应用于各种机房，特别是多媒体教室、监控机房、普通办公机房等。

（五）铝制防静电地板

铝制防静电地板如图 3-1-8 所示。

特点：全铝组件，上板为硬质钢板，下板为深级拉伸钢板。承载力大、抗冲击性强、互换性能好、铺装效果美观；防水、防火、防静电。

适用范围：广泛应用于各种机房，特别是通信机房、数据传输中心等有较高防静电要求和承载要求高的机房。

（六）网络地板材质

本产品为全钢构造，采用优质钢板拉伸焊接形成钢板壳，空腔内填充发泡水泥并烘干养护。地板表面经过磷化喷塑处理，耐腐蚀，耐刮擦。

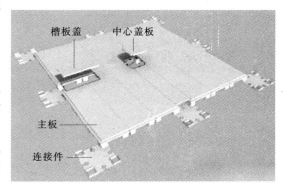

图 3-1-8　铝制防静电地板

特点：地板支架、横梁为镀锌管，坚固耐用，承载能力强。

适用范围：使用在任何智能化办公机房，是目前应用最为广泛的网络地板种类。

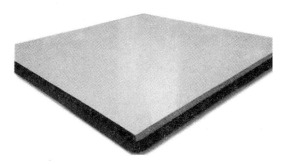

图 3-1-9　直铺式防静电地板

（七）直铺式防静电地板

直铺式防静电地板如图 3-1-9 所示。

特点：将防静电陶瓷地板直接铺贴于地面上，适用于布线量不大的各种机房地面，具有不燃、防静电、不变形、易清理等优点。在防火性和耐磨性上与其他常用的防静电地板有了本质提高。

适用范围：广泛用于各种微电子生产车间或办公机房。

（八）PVC 防静电地板

永久性 PVC 导静电贴面具有防静电性能优良、耐磨、脚感舒适、永不开裂等许多优点；PVC 贴面可以粘贴在各种板基上，形成 PVC 贴面防静电地板，它广泛适用于各种高档机房，特别是微电子厂房，洁净车间，高档设备机房等对防静电要求和洁净要求较高的场合。同时永久性 PVC 导静电贴面可以直接粘贴在地面上，形成良好的导静电网络。这种使用方法一般适用于没有下走线要求的微电子车间。

二、任务实施

本案例使用钢制防静电地板，介绍防静电地板施工工艺。

（一）材料要求

（1）防静电地板的品种和规格由设计人确定，并在施工图中示明。

（2）活动地面层承载力还应小于 7.5MPa，系统电阻应为 105～1010Ω。板块面应平整、坚实、并具有耐用磨、防潮阻燃、耐污染、耐老化和导静电等特点，技术性能应符合现行国家标准。

（3）滑石粉、泡沫塑料条、木条、橡胶条、铝型材和角铁、铝型角铁等材质要符合要求。

（二）主要机具

水平仪、铁制水平尺、铁制方尺、2～3m 靠尺板、墨斗或粉线包、小线、线坠、扫帚、盒尺、钢尺、钉子、铅丝、红铅笔、油刷子、开刀、吸盘、手推车、铁簸箕、小铁锤、合金钢扁钻子、裁改板面圆盘锯、木工截料锯、刀锯、木工用刨子和斧子、磅秤、钢丝钳子、小木桶、棉丝、小方锹、铁制螺丝扳子、工具袋、泡沫塑料拖鞋等。具体可见表 3-1-2。

表 3-1-2　　　　　　　　　防静电地板安装主要施工工具

名　称	用　途	使 用 基 本 方 法	图　示
手提式电动石材切割机	用于安装地面、墙面石材时切割防静电地板等材料，功率为 850W，转速为 11000r/min	因该机分干、湿两种切割片，因用湿型刀片切割时需用水作冷却液，故在切割石料前，先将小塑料软管接在切割机的给水口上，双手握住机柄，通水后再按下开关，并匀速推进切割	
激光测距仪	同表 3-1-1	同表 3-1-1	
水平仪	主要用于在地板的安装过程中对水平平整度的测量	1. 在检测点安置激光扫平仪； 2. 粗略整平：调节基座螺旋使圆水准器气泡居中； 3. 打开激光开关拨至 ON，打开受光器开关，将受光器声音按键调至"发声"状态，受光器受光模式调至粗测模式； 4. 调节水准尺使受光器气泡居中，通过卡夹上下调节受光器位置，当受光器接收到信号后，将受光器测量模式调到精测模式，缓慢称动卡夹位置，直至受光器屏幕上指示上下移动的箭头消失； 5. 在水准尺上读数，数值估读到毫米位，记录数据	
静电地板吸板器	主要用于在地板的安装过程中对地板的搬运、挪动处理	使用时，将吸盘与地板密切接触，紧握手柄提到，达到安装、挪动防静电地板的目的	

名　　称	用　　途	使　用　基　本　方　法	图　示
手电钻	同表 3－1－1	同表 3－1－1	
冲击电钻	同表 3－1－1		
水平尺	用来测量安装、施工水平的工具。这种水平尺既能用于短距离测量，又能用于远距离的测量，也解决现有水平仪只能在开阔地方测量，狭窄地方测量难的缺点，且测量精确，造价低，携带方便，经济适用	利用水平尺观察窗中的水泡偏离中心位置来观察和测量	观察窗

（三）施工步骤

（1）认真检查地面平整度和墙面垂直度，如发现不符合施工要求，应向甲方有关部门提出。

（2）拉水平线，并将地板安装高度用墨线弹到墙面上，保证铺设后的地板在同一水平面上，测量室内的长度、宽度并恰当选择铺设基准位置以减少地板的切割，在地面弹出安装支架的网格线。

（3）将要安装的支架调整到同一需要的高度并将支架摆放到地面网格线的十字交叉处。

（4）用螺钉将横梁固定到支架上，并用水平尺、直角尺逐一矫正横梁，使之在同一平面上并互相垂直。

（5）用吸板器在组装好的横梁上放置地板。

（6）若墙边剩余尺寸小于地板本身长度，可以切割地板的方法进行拼补。

（7）在铺设地板时，用水泡水平仪逐块找平，地板的高度靠支架调节。

（8）在机房放置较重设备时，应在设备基座的地板下加装支架，以防地板变形。

（9）防静电地板需要切割或者开孔时，应在开口拐角处应用电钻打 $\phi6 \sim \phi8mm$ 圆孔，防止贴面断裂。

（四）作业条件

（1）首先按照设计图纸要求，事先把要铺设的防静电地板的基层做好（大多是水泥地面或现制水磨地面等），基层表面应平整、光洁、不起尘，含水率不大于 8％安装前应清扫干净，必要时，在其面上涂刷绝缘脂或油漆，房间平面如是矩形，其相邻墙体必须相互垂直。

（2）安装防静电地板面层，必须待室内各项工程完工和超过地板面承载力的设备进入房间预定位置之后，方可进行，不得交叉施工；也不得在房间内加工。相邻房间内也应全部完工。

（3）架设防静电地板面层前，要检查核对地面面层标高，应符合设计要求。将室内四周的墙划出面层标高控制水平线。

（4）大面积架设前，应先放出施工大样，并做样板间，经质检部门鉴定合格方可组织按样板间要求施工。

（五）操作工艺

1. 工艺流程

基层处理与清理→找中、套方、分格、定位弹线→安装固定可调支架和引条→铺设防静电地板面层→清擦和打蜡。

2. 基层处理与清理

防静电地板面层的骨架应支承在现浇混凝土上抹水泥砂浆地面或水磨石楼地面基层上，基层表面应平整、光洁、不起尘土，含水率不大于8％。安装前应认真清擦干净，必要时，在其面上涂刷绝缘脂或清漆。

3. 找中、套方、分格、定位弹线

根据房间平面尺寸和设备布置等情况，按防静电地板模数选择板块铺设方向，具体有以下几种情况。

（1）如室内平面无控制柜等设备，平面尺寸又符合板块模数时，宜由内向外铺设。

（2）如室内平面尺寸不符合板块模数时，应把室内两个方向平面中心线找出来。看两面尺寸相差多少，若相差的不明显宜由外向内铺设；如相差较大时，宜进行对称对格，由内向外铺设。

（3）如室内有控制柜等设备要留洞时，其铺设方向和先后顺序应综合考虑。根据上述选铺方法确定后，就要进行找中、套方、分格、定位弹线工作。既要把面层分格线划在室内四周墙面上（又叫面板控制位置控制线，便于施工操作控制用），又要把分格线在基层上面，而且要尺寸正确、上下交圈对口，形成方格网并标明设备预留部位（此时应插入铺设活动地板下的管线要注意避开已弹好标志的支架座）。

4. 安装固定可调支架和引条

首先要事先检查复核原室内四周墙上弹划出的标高控制线，按选定的铺设方向和顺序确定基准点，然后按基层已弹好标出位置在方格网交点处安放可调支座，架上横梁转动支座螺杆，先用小线和水平尺调整支座面高度至全室等高，待有钢支柱和横梁构成框架一体后，应用水平仪找平。

5. 铺设防静电地板面层

首先检查防静电地板面层下铺设的电缆、管线，确保无误后才能铺设活动地面层。先在横梁上铺放缓冲胶条，并用乳胶液与横梁粘合。铺设防静电地板调整水平高度以保证四角接触平整、严密，不得使用加垫的方法。铺设防静电地板块不符合模数时，不足部分可根据实际尺寸将板面切割后镶补，并配装相应的可调支撑和横梁。切割边一般应用清漆或环氧树脂胶加滑石粉按设计要求比例调成腻子封边，也可应用防潮腻子封边。要求高的应用铝型材镶嵌后方可安装。与墙边的接缝处，应根据缝隙宽窄分别采用防静电地板或木条刷高强胶镶嵌，窄缝宜用泡沫塑料镶嵌。随后应检查调整板块水平度及缝隙。

6. 清擦和打蜡

进行清擦地板面层和涂擦地板工作。

三、质量保证

（一）保证项目

（1）防静电地板的品种、规格和技术性能必须符合设计要求，符合施工规范和现行国家标准。

（2）防静电地板安装完后行走必须无声响，无摆动，牢固性好。

（二）基本项目

（1）表面清洁，图案清晰，色泽一致，接缝均匀，周边顺直，板块无裂纹、掉角和缺楞等现象。

（2）各种面层邻接处的镶边用料及尺寸符合设计要求和施工规范规定，边角整齐、光滑。

（三）防静电地板对铺设场地的要求

（1）地板的铺设应在室内土建及装修完毕后进行。

（2）地板应平整、清洁、干燥、无杂物、无灰尘。

（3）布置在地板下的电缆、电器、空气等管道及空调系统应在安装地板前施工完毕。

（4）重型设备基座固定应完工，设备安装在基座上，基座高度应同地板上表面完成高度一致。

（5）施工现场备有 220V/50Hz 电源和水源。

（四）地板铺设验收标准

（1）防静电地板的下面和地板表面应清洁、无灰尘、遗物。

（2）地板表面无划痕，无涂层脱落，边条无破损。

（3）铺装后地板整体应稳定牢固，人员在上面行走不应有摇晃感，不应有声响。

（4）地板的边条应保证一直线，相邻地板错位不大于 1mm。

（5）相邻地板块的高度差不大于 1mm。

3.1.3.4 门窗施工技术

一、任务描述

本学习情境中主要涉及的任务是通过对计算机房门窗装修的施工项目，掌握装饰用门窗的基本知识，基本的施工工艺，质量保证措施等方面的知识。

二、任务要求

（一）施工条件要求

（1）主体结构经有关质量部门验收合格，工种之间已办好交接手续。

（2）按图纸要求尺寸弹好门中线，并弹好 +500mm 水平标高线。

（3）检查门洞口尺寸及标高是否符合设计要求。有预埋件的门口还应检查预埋件的数量、位置及埋设方法是否符合设计要求。

（4）门的开启方向必须符合设计要求，其配件位置与吊顶、专业管线等无交叉打架现象。

（二）门窗类型及材料的要求

1. 门窗的分类

按照不同的分类方法，可以把常用门分成不同的种类。根据门扇数量可分为单扇门和双扇门；根据是否带有纱扇，可分为无纱门和带纱门等。这里按照常用木质门的构造特点进行分类说明。

根据常用木质门的构造不同，可将其分为：镶板门、拼板门、夹板门（胶合板门）、玻璃门、连窗门等，具体见表 3-1-3。

表 3-1-3   按照构造特点分类的常用木质门的定义、特点、形式及应用

名　称	定义、结构特点	形　式	应　用	图　示
拼板门	门扇采用拼板结构的木质门，拼板门一般采用的是全木结构，具有强度好的特点	随洞口尺寸大小不同，拼板门有亮、无亮，单扇、双扇等多种具体形式	由于其正反两面构造不同，因而有明显的里外之分，它一般作为建筑外门	
镶板门	采用镶装门芯板结构的木质门，镶板门一般也是全木结构，有时门芯板可以用硬质纤维板代替。镶板门的强度较好	根据洞口尺寸的不同，镶板门也有亮、无亮，单扇、双扇之分，而根据功能的需要还可装玻璃和百叶，作为外门时有时还可带有纱门	无突出内外分别，适用于一般建筑的内、外门	

名　称	定义、结构特点	形　式	应　用	图　示
夹板门（胶合板门）	采用木框架贴上两张胶合板（或纤维板）结构的木质门。夹板门具有质轻、制作方便等特点	同镶板门一样，夹板门有亮、无亮、单扇、双扇之分，也可根据功能需要设计玻璃或纱扇	一般用作建筑内门，有时也可作为一些建筑外门	
玻璃门	门扇上镶装大玻璃的木质门。由于玻璃门上大面积镶装玻璃，具有采光好或视线好的特点	根据玻璃门镶装玻璃的形式和开启特点又可将玻璃门分为半截玻璃门、大玻璃门和弹簧玻璃门等类型。根据需要不同，玻璃门可采用平玻璃、花玻璃或磨砂玻璃	它适用于各种建筑的内外门，但多数情况下作为一些建筑的外门	
钢木门	采用钢木结构的门	钢木复合门造型、款式比较少，门的质感较差，但是门的稳定性好，不宜变形。	钢木质门一般多用作厂房或仓库门，也有室内装饰钢木质门	

2．材料产品要求

（1）防火门、防盗门的材质、规格、型号、防火等级应符合设计要求，五金配件配套齐全，具有生产许可证、产品合格证和性能检测报告。

（2）防火门必须为经消防部门鉴定并认可的产品，其防火等级应符合设计及有关标准的规定。

（3）带有机械装置、自动装置或智能化装置的防火、防盗门，其机械装置、自动装置或智能化装置的功能应符合实际要求和有关标准的规定。

（4）防腐材料、填缝材料、密封材料、防锈漆、水泥、砂、连接板等应符合设计要求和有关标准的规定。

本案例选用钢木门。

三、任务实施

（一）施工机具

主要施工机具见表3-1-4。

表3-1-4　　　　　　门窗施工主要施工机具

名　称	用　途	使用基本方法	图　示
木工刨	同表3-1-1	同表3-1-1	

名 称	用 途	使 用 基 本 方 法	图 示
木工锯	同表 3-1-1	同表 3-1-1	
钳子	钳子的齿口可用来紧固或拧松螺母，也可用来拆卸钉子	一般用右手操作钳子时，将钳口朝内侧，便于控制钳切部位，用小指伸在两钳柄中间来抵住钳柄，这样可以灵活开合钳柄	
手提式电动圆盘锯	同表 3-1-1	同表 3-1-1	
手提电动刨	用于门框、门扇和单体构件表面的刨削、倒棱和裁口，也常用于刨削粗大的工作物	根据选用材料的不同和抛光厚度选用适当的刀头，并调整刀头转速，持平电动刨在工件上来回运动。其操作步骤为： 1. 将工作物固定于工作台上； 2. 调整刨削斜度或适当刨削深度，并应用废木试刨检验； 3. 右手握牢把手，左手压紧前端，平稳前进； 4. 工作物不平凸起处应先刨平，再刨整块木材。 注意事项： 1. 使用时，电刨附近避免有杂物，以免卷入危险； 2. 启动时，应用双手正确操作； 3. 启动中的电刨不可临时平放或倒放，应在前端置一枕木垫高； 4. 排出口阻塞须清理或调整刨身或换刨刀时，必须关闭电源； 5. 收藏时，刨刃应确实调收至零刻度以下，以保护刀刃	
手电钻	同表 3-1-1	同表 3-1-1	
冲击电钻	同表 3-1-1	同表 3-1-1	
射钉枪	同表 3-1-1	同表 3-1-1	

（二）操作工艺

（1）工艺流程：划线定位→门洞口处理→门框内灌浆→门框就位和临时固定→门框固定→门框与墙体间隙间的处理→门扇安装→五金配件安装→清理。

（2）弹线定位：按设计要求尺寸、标高和方向，画出门框框口位置线。

（3）门洞口处理：安装前检查门洞口尺寸，偏位、不垂直、不方正的要进行剔凿或抹灰处理。

（4）门框内灌浆：对于钢质防火、防盗门，需要在门框内填充水泥素浆或 C20 细石混凝土。填充前应先把门关好，将门扇开启面的门框与门扇之间的防漏孔塞上塑料盖后，方可进行填充。填充水泥不能过量，防止门框变形影响开启。

（5）门框就位和临时固定：先拆掉门框下部的固定板，将门框用木楔临时固定在洞口内，经校正合格后，固定木楔。凡框内高度比门扇的高度大于 30mm，洞口两侧地面需设留凹槽。门框一般埋入±0.00m 标高以下 20mm，须保证框口上下尺寸相同，允许误差小于 1.5mm，对角线允许误差小于 2mm。

（6）门框固定：钢质门采用 1.5mm 厚镀锌连接件固定。连接件与墙体固定可采用膨胀螺栓、射钉或与预埋或后置的铁件焊接的方式进行。

木门框多采用钢钉固定于预埋或后置的木砖之上。

不论采用何种连接方式，每边均不应少于 3 个连接点，且应牢固连接。

（7）门框与墙体间隙间的处理：门框周边缝隙，用 1：2 的水泥砂浆或强度不低于 C20 的细石混凝土嵌缝牢固，应保证与墙体结成整体；经养护凝固后，再粉刷洞口及墙体。门框与墙体连接处打建筑密封胶。

（8）门扇及五金配件安装：粉刷完成后，安装门扇、五金配件及有关防火、防盗装置。门扇关闭后，门缝应均匀平整，开启自由轻便，不得有过紧、过松和反弹现象。

四、质量保证

（一）主控项目

（1）防火、防盗门的质量和各项性能应符合设计要求。

（2）防火、防盗门的品种、类型、规格、尺寸、开启方向、安装位置及防腐处理应符合设计要求。

（3）带有机械装置、自动装置或智能化装置的防火、防盗门，其机械装置、自动装置或智能化装置的功能应符合实际要求和有关标准的规定。

（4）防火、防盗门的安装必须牢固。预埋件的数量、位置、埋设方式、与框的连接方式必须符合设计要求。

（5）防火、防盗门的配件应齐全，位置应正确，安装应牢固，功能应满足使用要求和特种门的各项性能要求。

（二）一般项目

（1）防火、防盗门的表面装饰应符合设计要求。

（2）防火、防盗门的表面应洁净，无划痕、碰伤。

（三）成品保护

（1）防火、防盗门采用带面漆的成品门时，门框固定前应对门表面贴保护膜进行保护，防止灰浆污染。待墙面装修完成后，方可揭去保护膜。

（2）防火、防盗门面漆为后做时，应对装修后的墙面进行保护（可贴 50mm 宽纸条）。

（3）钢质门安装时应采取措施，防止焊接作业时电焊火花损坏周围材料。

（四）注意的问题

（1）门框固定不牢、松动：安装时应严格遵守工艺规程，保证连接件数量，并根据墙体材质选用连接方式。

（2）框扇翘曲变形，闭合不严：防火、防盗门安装前，必须逐樘进行检查，如有翘曲变形活脱焊等现象，应予以更换；搬运时要轻搬轻放，运输堆放时应竖直放置。

（3）钢质门返锈：钢门窗安装前，应检查防锈漆；搬运、安装时应防止撞伤及擦脱变面漆膜；如有破损，应及时补刷防锈漆后方可涂刷面漆。

3.1.4 课后作业

【理论思考题】

1. 方形微孔铝合金天花扣板顶棚施工技术，施工机具与技术要点有哪些？
2. 聚酯纤维吸音板的特点是什么？如何辨别？
3. 简要叙述防静电地板的施工安装技术，轻钢龙骨的选择与高度调整，并掌握安装方法。
4. 公共建筑物门窗的选择需要注意哪些问题？简要叙述安装施工技术。
5. 防静电地板施工质量验收标准及检验方法是什么？

课题2　酒店标准间装修施工技术（四星级）

3.2.1 学习目标

<table>
<tr><td>

知识点

1. 施工图纸的读识
2. 顶棚和墙面处理中亚光壁纸的粘贴方法及相应的辅助材料
3. 地面装修中地毯的选择与铺设，地毯使用的主要特点及注意事项
4. 卫生间装修中材料的选用，对不同材料应用不同的施工技术，具体施工方法同家装项目中卫生间的装修，施工中注意浴盆的安装方法，管道的铺设技术
5. 标准间电气线路材料的选择与施工，电视信号线、网线、床头柜电气线路的改造技术，依据室内电气功率的最大值选择合适的设备
6. 门窗及门窗套的安装技术
7. 成品保护措施
8. 施工质量验收标准及检验方法

</td><td>

技能点

1. 掌握标准间布局设计及现场放样，房间的测量方法
2. 顶棚、墙面装修中掌握亚光壁纸施工方法，粘贴辅助材料的选用
3. 地毯的选择与铺设
4. 电气线路材料的选择与施工，电视信号线、网线、床头柜电气线路的改造技术，依据室内电气功率的最大值选择合适的设备
5. 掌握门窗的安装技术
6. 成品保护措施
7. 施工质量验收标准及检验方法

</td></tr>
</table>

3.2.2 相关知识

聚酯纤维吸音板类型和特点

一、吸音性

吸音性能不仅适应专业化极强的演艺、影音设备测试室，而且被广泛用于影剧院、会议室、室内体育馆、音乐厅、教室、KTV、酒店、办公室、家庭音乐房等对声学有较高要求的场所。

二、装饰性

传统软包般的柔顺、丰富的自然材料质感体验、多种可供选择的现代系、简便的装饰造型而组合的现代吸音装饰艺术，能营造出舒适、宁静、现代、温馨而不失优雅的室内环境。

三、保温性

特殊的吸音机理，创造了出色的保温性能，从而营造十分舒适的室内恒温空间。

四、阻燃性

聚酯纤维防火材料，特殊的加工工艺，使其具有了出色的阻燃防火性能。

五、环保性

取材于聚酯纤维，具有接近自然的色泽与环保特性。

3.2.3 学习情境

3.2.3.1 顶栅、墙面装修施工

本任务要完成图3-2-1所示的酒店标准间的装修施工任务。从效果图中可以看出，本项目设计是简单的中式风格，设计中墙面采用亚光壁纸装修施工，顶棚设计了简单边花顶角线并用白色乳胶漆面采用喷涂乳胶漆喷涂施工，家具与窗帘颜色是以传统的中式仿红木颜色，墙面上，配以相应的灯具照明来体现典雅的装修风格，本项目通过不同的课题与施工环节，让读者掌握标准间装修施工的基本技术，了解设计与施工中注意的环节，达到懂施工、会设计的专业培养标准，装修后质量要达到相关国家质量标准要求，施工效果如图3-2-2所示。

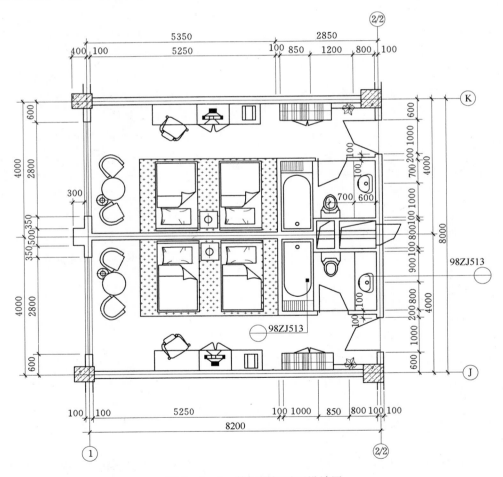

图3-2-1 某标准间平面设计图

一、任务要求

本节学习情境中的任务要求是通过公共空间，即如图3-2-3所示酒店标准间不同空间吊顶、墙面工程的装修施工，让学生了解在公共空间装修设计与施工中不同功能要求的构造的做法，材料的选

择，施工工艺知识，质量保证等方面的知识。

图 3-2-2 某标准间效果图

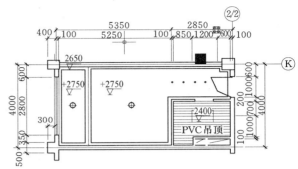

图 3-2-3 某标准间顶棚布置图

顶面施工技术

二、相关知识

（一）公共空间吊顶的分类

天花（板），也叫吊顶或顶棚，天花的装修材料是区分天花名称的主要依据，主要有：轻钢龙骨石膏板天花、石膏板天花、夹板天花、异形长条铝扣板天花、方形镀漆铝扣板天花、彩绘玻璃天花等。

1. 轻钢龙骨石膏板天花

石膏板是以熟石膏为主要原料掺入添加剂与纤维制成，具有质轻、绝热、吸声、不燃和可锯性等性能。石膏板与轻钢龙骨（由镀锌薄钢压制而成）相结合，便构成轻钢龙骨石膏板。轻钢龙骨石膏板天花具有多种种类，包括有纸面石膏板、装饰石膏板、纤维石膏板、空心石膏板条。以目前来看，使用轻钢龙骨石膏板天花作隔断墙的多，用来作造型天花的比较少。

2. 方块天花

方块天花多用于商业空间，普遍使用 600mm×600mm 规格，有明骨和暗骨之分。龙骨常用铝或铁。主板材可分为石膏板、硅钙板和矿棉板三类。

（1）浇筑石膏装饰板具有质轻、防潮、不变形、防火、阻燃等特点。并有施工方便，加工性能好，可锯、可钉、可刨、可粘结等优点。主要品种有：各种平板、花纹浮雕板、半穿孔板、全穿孔板、防水板等。花纹浮雕板适用于居室的客厅、卧室、书房吊顶；防水板多用于厨房、卫生间等湿度较大的场所；纸面装饰吸音板具有防火、隔音、隔热、抗振动性能好、施工方便等特点。

（2）硅钙板的全称是纤维增强硅酸钙板，它是由硅质材料（硅藻土、膨润土、石英粉等）、钙质材料、增强纤维等作为主要原料，经过制浆、成坯、蒸养、表面砂光等工序而制成的轻质板材。硅钙板具有质轻、强度高、防潮、防腐蚀、防火，另一个显著特点是它再加工方便，不像石膏板那样再加工容易粉状碎裂。

（3）矿棉板由矿渣经过高温、高压、高速旋转、去除杂质、洗涤成为矿棉，矿棉板主要由矿棉、粘接剂、纸浆、珍珠岩组成。矿棉板具有硅钙板类似的特征，但吸音性能要比石膏板和硅钙板更加优胜。

3. 夹板天花

现时装修常用夹板天花。夹板（也叫胶合板），是将原木经蒸煮软化后，沿年轮切成大张薄片，通过干燥、整理、涂胶、组坯、热压、锯边而成。具有材质轻、强度高、良好的弹性和韧性、耐冲击和振动。易加工和涂饰，绝缘等优点。做天花一般用 50mm 夹板。30mm 的太薄容易起拱，90mm 的太厚。其受欢迎的原因在于其能轻易地创造出各种各样的造型天花，包括弯曲的，圆的，方的更不在话下。

夹板天花用漆时用了一些时间可能会掉了，方法是在装修时一定要先刷清漆（光油），干了之后才做别的工序。另一个缺点是接口处会裂开，解决方法是在装修时用原子灰来补接口处。

4.烤漆铝扣板天花

铝扣板异形材主要分为条型、方型、栅格三种。

条形烤漆铝扣板天花就一种长条型的铝扣板，一般适用于走道等地方，在设计上有助于减弱通长的感觉。家庭装修已大多不再用些种材料，主要是不耐脏且容易变形。条形板的最大规格有 6000mm×100mm×0.5mm。

方型铝扣板分为 300mm×300mm、600mm×600mm 两种规格。前者适用于厨房、厕所等容易脏污的地方，而后者往往被使用于办公室等商用场所。是目前的主流产品。方型铝板和长条铝扣板一样。

方型铝扣板又为微孔和无孔两种。微孔式的铝扣板最主要的好处是其可通潮气，使洗手间等高潮湿地区的湿气通过孔隙进入顶部，避免了在板面形成水珠痕迹。

栅格铝扣板适用于商业空间、阳台及过道的装饰。规格为 100mm×100mm。

选购铝扣板，最主要是查看其铝质厚度。一般 300mm×300mm 的铝扣板厚度需要 0.6mm 的，而 600mm×600mm 的铝扣板需要 0.8mm 的，有一些不良商家喜欢通过加厚烤漆层从而增加整体厚度来欺负消费者，值得关注。

5.彩绘玻璃天花

彩绘玻璃是以颜料直接绘于玻璃上，再烧烤完成，再利用灯光折射出彩色的美感。其多种图案，可作内部照明。但这种材料只用于局部装饰，否则就像基督教的教堂了。

天花板的装修，除选材外，主要是造型和尺寸比例的问题。前者应按照具体情况具体处理，而后者则须以人体工程学、美学为依例进行计算。从高度上来说，家庭装修的内净空高度不应少于 2.5m。否则，尽量不做造型天花，而选用石膏线条框装饰。

6.PVC塑料扣板

PVC塑料扣板以PVC为原料，经加工成为企口式型材，具有重量轻、安装简便、防水防潮、防蛀虫的特点，它表面的花色图案变化也非常多，并且耐污染、好清洗、有隔音、隔热的良好性能，特别是新工艺中加入了阻燃材料，使其能离火即灭，使用更为安全。它成本低，装饰效果好，并且维护的耐水、耐擦洗能力很强，日常使用中可用清洗剂擦洗后，用清水清洗；板缝间易受油渍，清洗时可用刷子蘸清洗剂刷洗后，用清水冲净，因此在家庭装修吊顶材料中占有重要位置，成为卫生间、厨房、盥洗间、阳台等吊顶的主导材料。

选购时，目测外观质量板面应平整光滑，无裂纹，无磕碰，能拆装自如，表面无划痕；用手敲击板面声音清脆。检查测试报告中，产品的性能指标应满足：热收缩率小于 0.3%，氧指数大于 35%，软化温度 80℃以上，燃点 300℃以上，吸水率小于 15%，吸湿率小于 4%。

（二）吊顶装修的常用材料

根据国家环保标准，吊顶材料放射性水平划分为三类：（主要适用于非金属、非有机物类吊顶材料，如石膏板等。）

（1）A类装饰材料中天然放射性核素镭－226、钍－232、钾－40 的放射性比活度同时满足 $1Ra$ ≤1.0，$1r$≤1.3 要求的为 A 类装饰材料。A 类装饰材料产销与使用范围不受限制。

（2）B类装饰材料不满足 A 类装饰材料要求但同时满足 $1Ra$≤1.3，$1r$≤1.9 要求的为 B 类装修材料。B 类装修材料不可用于一类建筑的内饰面，但可用于民类用建筑的外饰面及其他一切建筑物的内、外饰面。

（3）C类装饰材料不满足 A、B 类装饰材料要求但满足 $1r$≤2.8 要求的为 C 类装修材料。C 类装修材料只可用于建筑的外饰面及室外其用途。

Ⅰ类民用建筑，包括住宅、老年公寓、托儿所、医院和学校等。Ⅱ类民用建筑，包括商场、体育场、书店、宾馆、办公楼、图书馆、文化娱乐场所、展览馆和公共交通等候室等。

本项目主要采用的是悬吊式顶棚中的轻钢龙骨石膏板、金属板吊顶。

三、任务实施

（一）施工材料与常用机具

1. 施工材料

（1）木料：木质龙骨材料应为烘干、无扭曲、无劈裂、不易变形、材质较轻的树种，以红松、白松为宜。

（2）罩面板材：胶合板、纤维板、纸面石膏板等按设计选用。

（3）固结材料：圆钉、射钉、膨胀螺栓、胶粘剂。

（4）吊挂连接材料：φ6～8mm钢筋、角钢、钢板、8号镀锌铅丝。

（5）木材防腐剂、防火剂。

2. 常用机具

电动冲击钻、手电钻、电动修边机、电动或气动钉枪、木刨、槽刨、锯、锤、斧、螺丝刀、卷尺、水平尺、墨线斗等。

（二）施工工艺

主要工艺程序：弹线→木龙骨处理→龙骨架拼接→安装吊点紧固件→龙骨架吊装→龙骨架整体调平→面板安装→压条安装→板缝处理。

1. 弹线

弹线包括弹吊顶标高线、吊顶造型位置线、吊挂点定位线、大中型灯具吊点定位线。

（1）弹吊顶标高线。

（2）确定吊顶造型线。

（3）确定吊挂点位置线。

2. 木龙骨处理

（1）防腐处理。建筑装饰工程中所用木质龙骨材料，应按规定选材并实施在构造上的防潮处理，同时亦应涂刷防虫药剂。

（2）防火处理。一般是将防火涂料涂刷或喷于木材表面，也可把木材置于防火涂料槽内浸渍。

3. 龙骨架的分片拼接

（1）确定吊顶骨架需要分片或可以分片安装的位置和尺寸，根据分片的平面尺寸选取龙骨尺寸。

（2）先拼接组合大片的龙骨骨架，再拼接小片的局部骨架。

（3）骨架的拼接按凹槽对凹槽的方法咬口拼接，拼口处涂胶并用圆钉固定，如图3-2-4所示。

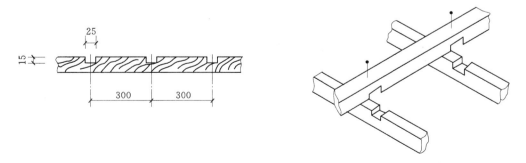

图3-2-4　木质装饰吊顶的吊点紧固安装

4. 安装吊点紧固件及固定边龙骨

（1）安装吊点紧固件：吊顶吊点的紧固方式较多，如图3-2-5所示。

（2）固定沿墙边龙骨：沿吊顶标高线固定边龙骨的方法。

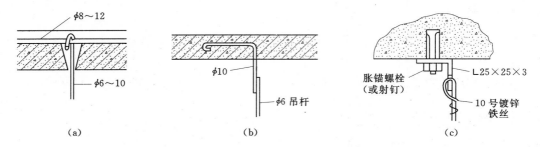

图 3-2-5　木质装饰吊顶的吊点紧固安装

(a) 预制楼板内埋设通长钢筋, 吊筋从板缝伸出; (b) 预制楼板内预埋钢筋;
(c) 用胀锚螺栓或射钉固定角钢连接件

5. 龙骨架吊装

(1) 分片吊装: 将拼接组合好的木龙骨架托起至吊顶标高位置, 先做临时固定。然后根据吊顶标高线拉出纵横水平基准线, 进行整片龙骨架调平, 然后即将其靠墙部分与沿墙边龙骨钉接。

(2) 龙骨架与吊点固定: 木骨架吊顶的吊杆, 常采用的有木吊杆、角钢吊杆和扁铁吊杆 (图 3-2-6)。角钢吊杆与木龙骨架的固定如图 3-2-7 所示。

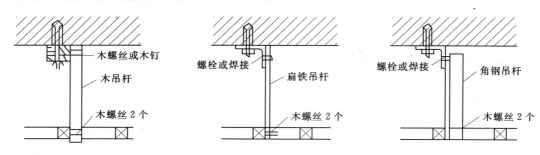

图 3-2-6　木骨架吊顶常用吊杆类型

(3) 龙骨架分片间的连接: 分片龙骨架在同一平面对接时, 将其端头对正, 然后用短木方钉于对接处的侧面或顶面进行加固如图 3-2-8 所示。

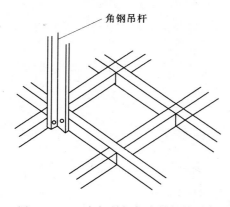

图 3-2-7　角钢吊杆与木骨架的固定

(4) 叠级吊顶上下层龙骨架的连接: 叠级吊顶, 也称高差吊顶、变高吊顶。对于叠级吊顶, 一般是自高而下开始吊装, 吊装与调平的方法与上述相同, 如图 3-2-9 所示。

6. 龙骨架整体调平

在各分片吊顶龙骨架安装就位之后, 对于吊顶面需要设置的送风口、检修孔、内嵌式吸顶灯盘及窗帘盒等装置, 在其预留位置处要加设骨架, 进行必要的加固处理及增设吊杆等。

(三) 施工安装要点

1. 轻钢龙骨吊顶安装要点

施工准备和测量放线要点:

(1) 根据设计要求, 选用轻钢龙骨主件及配件。

(2) 在结构基层上, 按设计要求弹线, 确定龙骨及吊点位置。主龙骨端部或接长部位要增设吊点。有些较大面积的吊顶 (如音乐厅、比赛厅等), 龙骨和吊点间距应进行单独设计和检算。

(3) 确定吊顶标高。在墙面和柱面上, 按吊顶高度要求弹出标高线。弹线应清楚, 位置准确, 其水平允许偏差±5mm。

龙骨与结构连接固定的方法, 可采用:

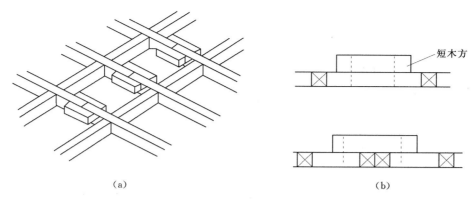

（a）　　　　　　　　　　　　　　　　　（b）

图 3-2-8　木龙骨架对接固定

（a）短木方固定于龙骨侧面；（b）短木方固定于龙骨上面

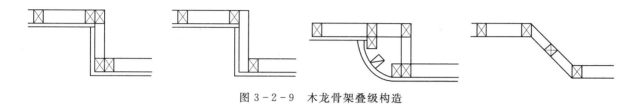

图 3-2-9　木龙骨架叠级构造

（1）在吊点位置钉入带孔射钉，然后用镀锌铁丝连接固定。

（2）在吊点位置预算埋胀管螺栓，然后用吊杆连接固定。

（3）在吊位置预留吊钩或埋件，然后将吊杆直接与预留吊钩固定或与预埋件焊接连接，再用吊杆连接固定龙骨。

（4）采用吊杆时，吊杆端头螺纹部分长度不应小于 30mm，以便于有较大的调节量。

注意事项：

（1）龙骨安装顺序，应先安装主龙骨，但也可主、次龙骨一次安装。

（2）上人的吊顶的悬挂，即要挂住龙骨，同时也要阻止龙骨摆动，所以还要用一吊环将龙骨箍住。

（3）先将大龙骨与吊杆（或镀锌铁丝）连接固定，与吊杆固定时，应用双螺帽在螺杆穿过部位上下固定。然后按标高线调整大龙骨的标高，使其在同一水平面上。大的房间可以根据设计要求起拱，一般为 1/200 左右。大龙骨的搭接位置，不允许留在同一直线上，应适当错开。

（4）主龙骨调平一般以一个房间为单元。

（5）中小龙骨的位置，一般应按装饰材的尺寸在大龙骨底部弹线，用挂件固定，并使其固定严密，不得有松动。为防止大龙骨向一边倾斜，吊挂件安装方向应交错进行。

（6）中（次）龙骨直于主龙骨，在交叉点用中（次）龙骨吊挂件将其固定在主龙骨上，吊挂件上端搭在主龙骨上挂件 U 形腿用钳子卧入主龙骨内。

（7）横撑龙骨应用中龙骨截取，下料尺寸要比名义尺寸小 2~3mm，其中距视装饰板材尺寸决定，一般安置在板材接缝处。纵向龙骨和横撑龙骨底面（即饰面板背面）要求平。

2. 石膏板吊顶安装固定方法

（1）搁置平放法。采用 T 形铝合金龙骨或轻钢龙骨时，将装饰石膏板搁置在由 T 形龙骨组成的各格栅框内，即完成吊顶安装。

（2）螺钉固定法。采用 U 形轻钢龙骨时，装饰石膏板可用镀锌自攻螺钉与 U 形龙骨固定。孔眼用腻子找平，再用与板面颜色相同的色浆涂刷。

（3）粘结安装法。采用轻钢龙骨（UC 形）组成的隐蔽式装配吊顶时，可采用胶粘剂将装饰石膏板直接粘贴在龙骨上。胶粘剂应涂刷均匀，不得漏涂，粘贴牢固。

3. 纸面石膏板安装方法

（1）石膏板从吊顶的一端开始错缝安装，逐块排列，作量放在最后安装，石膏板与墙面应留6mm间隙。

（2）自攻螺栓（3.5mm×25mm）与纸面石膏板边距离：面纸包封的板边以10～170mm为宜。

（3）固定石膏的次龙骨间距，一般不应大于600mm，在南方潮湿地区（相对湿度长期大于70％），间距应适当减小，以300mm为宜。

（4）安装双层石板时，面层板与基层板的接缝应错开，不得在同一根龙骨上接缝隙。

①纸面石膏与龙骨固定，应从一块板的中间向板的四边固定，不得多点同时操作。

②螺钉头宜略埋入板面，并不使纸破损为度。钉眼应作除锈处理，并用石膏腻子抹平。

（5）石膏装饰吸声板的安装，可根据材料情况，采用螺钉、平放粘贴及暗式系列企口咬接等安装方法。

4. 铝合金条板吊顶安装要点

铝合金条板，一般多用卡的方式与龙骨相连。但这种卡固的方法，通常只适用于板厚为0.8mm以下、板宽在100mm以下的条板。对于板宽超过100mm、板厚超过1mm的板材，多采用螺钉固定。

安装要点：

（1）安装前应全面检查中心线，复核龙骨标高线和龙骨布置的弹线；检查复核龙骨是否调平调直，以保证板面平整；在龙骨调平的基础上，才能安装条板。

（2）条板安装前应全面检查中心线，复核龙骨及条板的形式不同，安装方法也不同。

（3）条板安装应从一个方向依次安装，如果龙骨本身兼卡具，只要将板条托起后，先将板条的一端用力压入卡脚，再顺势将其余部分压入卡脚内，因这些板条比较薄，具有一定的弹性，扩张较为容量，所以可以用推压的安装方式。

（4）还有一种称为"扣板"的铝合金形板，安装采用自攻螺钉头在安装后完全隐蔽在吊顶内。

（5）在板条接长部位，往往会出现接缝过于明显的问题，应注意做好下料工作。条板切割时，除了控制好切割的角度，同时要以切口部位用锉刀修平，将毛边及不妥处修整好，然后再用相同颜色的胶粘剂（可用硅胶）将接口部位进行密合。

（6）吸声处理。铝合金板吊顶，在板上穿孔，不仅解决了吸声处理，同时也是表面处理的一种艺术形式。在板上放吸声材料，一般有两种方法。①将吸声材料铺放在板条内，紧贴板面；②将吸声材料放在板条上面，一般将龙骨之间的距离作为一个单元，满铺放。

5. 质量验收标准

质量验收标准如表3-2-1所示。

表3-2-1　　　　　　　　　质 量 验 收 标 准

项次	项目	允许偏差（mm）										检验方法
		石膏板			无纤维板		木质板		塑料板		纤维水泥加压板	金属装饰板	
		石膏装饰板	深装浮饰雕石嵌膏式板	纸面石膏板	矿棉装饰吸声板	超细玻璃棉板	胶合板	纤维板	钙塑装饰料板	聚氯乙烯塑料板			
1	表面平整		3		2		2	3	3	2		2	用2m靠尺和楔形塞尺检查观感平整
2	接缝平直	3	3		3			4	3			<1.5	拉5m线检查，不足5m接通线检查
3	压条平直		3		3		3		3		3	3	
4	接缝高低	1			1		0.5		1	1	1	1	用直尺和楔形塞尺检查
5	压条间距	2			2		2		2		2	2	用尺检查

四、质量保证

（一）成品保护

（1）轻钢骨架、罩面板及其他吊顶材料在入场存放、使用过程中应严格管理，保证不变形、不受

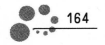

潮、不生锈。

（2）装修吊顶用吊杆严禁挪做机电管道、线路吊挂用；机电管道、线路如与吊顶吊杆位置矛盾，须经过项目技术人员同意后更改，不得随意改变、挪动吊杆。

（3）吊顶龙骨上禁止铺设机电管道、线路。

（4）轻钢骨架及罩面板安装应注意保护顶棚内各种管线，轻钢骨架的吊杆、龙骨不准固定在通风管道及其他设备件上。

（5）为了保护成品，罩面板安装必须在棚内管道试水、保温等一切工序全部验收后进行。

（6）设专人负责成品保护工作，发现有保护设施损坏的，要及时恢复。

（7）工序交接全部采用书面形式由双方签字认可，由下道工序作业人员和成品保护负责人同时签字确认，并保存工序交接书面材料，下道工序作业人员对防止成品的污染、损坏或丢失负直接责任，成品保护专人对成品保护负监督、检查责任。

（二）安全措施

（1）现场临时水电设专人管理，防止长明灯、长流水。用水、用电分开计量，通过对数据的分析得到节能效果并逐步改进。

（2）工人操作地点和周围必须清洁整齐，做到活完脚下清，工完场地清，制定严格的成品保护措施。

（3）持证上岗制：特殊工程必须持有在有效期内的上岗操作证，严禁无证上岗。

（4）中小型机具必须经检验合格，履行验收手续后方可使用。同时应由专门人员使用操作并负责维修保养。必须建立中小型机具的安全操作制度，并将安全操作制度牌挂在机具旁明显处。

（5）中小型机具的安全防护装置必须保持齐全、完好、灵敏有效。

（6）使用人字梯攀高作业时只准一人使用，禁止同时两人作业。

3.2.3.2 墙面施工（壁纸）

一、任务描述

如图3-2-2所示，此任务是对某标准间的墙面装修和施工，所采用材料为壁纸墙面施工，通过对该项目的学习，使学生应该掌握壁纸墙面施工的基本技术，质量保证措施等方面的知识。

二、任务要求

（1）基层处理：基层处理是直接影响墙面装饰效果的关键，应认真做好处理工作。对各种墙面总的要求是：平整、清洁、干燥，颜色均匀一致，应无空隙、凸凹不平等缺陷。

1）对旧墙面首先对墙体原抹灰层的空鼓、脱落、孔洞等用砂浆进行修铺，清除浮松漆面或浆面以及墙面砂粒、凸起等，并把接缝、裂缝、凹窝等用胶油腻子分1～2次修铺填平，然后满刮腻子一遍，用砂纸磨平。

2）对木基层要求拼缝严密，不外露针头。接缝、针眼应用腻于铺平，并满刷胶油腻子一遍，然后用砂纸磨平。

（2）涂刷基层处理材料：基层处理并待干燥后，表面涂满基层处理材料一遍，要求薄而均匀，减少因不均而引起纸面起胶现象。

（3）墙面划垂线：株糊壁纸，纸幅必须垂直，才能使花纹、图案、纵横连贯一致。

1）施工时，在基层涂料涂层干燥后，划垂直线作标准。

2）取线位置从墙的阴角起，以小于壁纸1～2cm为宜。

3）裱糊时，应经常校对、调整，保证纸幅垂直。

（4）壁纸及基层涂刷胶粘剂；根据实际尺寸，统筹规划裁纸，纸幅应编号，按顺序粘贴。

1）准备上墙裱糊的壁纸，纸背预先刷清水一遍（即闷水），再刷胶粘剂一遍。有的壁纸产品背面已带胶粘剂，可不必再刷。

2）为了使壁纸与墙面结合，提高粘结力，裱糊的基层同时刷胶粘剂一遍，壁纸即可以上墙裱糊。

（5）裱糊：壁纸可采取纸面对折上墙。接缝为对缝和搭缝两种形式。一般墙面采用对缝，阴、阳角处采用搭缝处理。

1）裱糊时，纸幅要垂直，先对花、对纹、拼缝，然后用薄钢片刮板由上而下赶压，由拼缝开始，向外向下顺序任平、压实。

2）多余的胶粘剂，则顺刮板操作方向挤出纸边，挤出的胶粘剂要及时用湿毛巾（软布）抹净，以保持整洁。

三、任务实施

裱糊工艺

1. 施工程序

发泡壁纸株糊施工程序：画垂线→裁纸→闷水→刷胶→纸上墙→对缝→赶大面→整理纸缝→擦净胶面。

2. 操作要点

（1）画垂线：施工时，待基层底胶干燥后画垂直线。起线位置从墙的阴角开始，以小于壁纸1～2cm为宜。

（2）裁纸：这道工序很重要，直接影响墙面裱糊质量。

1）注意花纹的上下方向，每条纸上端根据印花对应，在花纹循环的同一部位裁，并应形成方角。长度根据墙断高度而定。

2）比较每条纸的颜色，如有微小差别，应分类，分别安排在不同的墙面上。

3）裁纸时，主要墙面花纹应对称完整，一个墙面剩下不足一幅壁纸宽的窄条时，窄条应贴在较暗的阴角处。

4）窄条纸宜现用现下料，这是由于裱糊后，壁纸在宽度方向能胀出1cm左右，墙面阴阳角处难免有误差，下料时应核对窄条上下端所需宽度。窄条下料时，应考虑对缝和错缝关系，手裁的一边只能错缝不能对缝。

（3）闷水：发泡塑料壁纸吸水后能胀出1cm左右，如在干壁纸上刷胶后马上上墙，会出现大量皱折，不能成活。因此，应先把发泡壁纸放在水槽中浸泡，拿出水槽后把多余水抖掉，静置20min，使壁纸充分伸胀。

（4）刷胶：在墙面和壁纸背面同时刷胶。

1）壁纸背面刷胶时，纸上不应有明胶，多余的胶应用干燥棉丝擦去。

2）刷胶不宜太厚，应均匀一致，纸背刷胶后，胶面与胶面应对叠，以避免胶干得太快，也便于上墙。

（5）裱糊：是壁纸裱糊工程中最主要的工序，直接决定墙面质量的好坏。

1）根据阴角搭缝的里外关系，决定先做哪一片墙面。贴每一片墙的第一条壁纸前，要先在墙上吊一条垂直线，弹上粉线后用铅笔在粉线上描一条直线。垂直线的位置可比一幅壁纸宽，在原基础上增加5mm左右，每片墙先从较宽的一角以整幅纸开始，将窄条甩在较暗的一端或门两侧阴角处。

2）裱糊应先从一侧由上而下开始，上端不留余量，对花接缝到底。要求缝严，用手或棉丝将接缝处10cm压一下相对固定。

3）由对缝一边开始，上下同时用干净胶刷（不用橡胶辊）从纸幅中间向上、下划动，不能从上下端向中间赶，压迫壁纸贴在墙上，不留气泡。赶气泡时，应注意纸对缝的地方，不要错缝或离缝。

4）检查接缝时，检查有错缝或离缝的地方，并适当加以调整后，用棉丝压实，不能有"张嘴"现象（不能用木辊或铜辊压缝），对溢出纸边的胶液和在纸面上的胶液，要随时用湿棉丝擦洗、清理，保持纸面洁净，对阴角不对缝，采用搭缝做法。阴角搭缝做法是：先裱糊压在里面的一幅纸，阴角处转过0.5cm左右。阴角有时不垂直，要核对上下头再决定转过多少。阴角处和纸边要压实，无空鼓，然后糊搭缝在外面的一幅纸，纸边应在阴角处。

5）阳角处不甩缝。包角要严实，没有空鼓、气泡，注意花纹和阳角的直线关系。

3. 局部修补方法（待纸上墙胶干后）

（1）纸边"张嘴"：由于涂胶不均匀或胶液过早干燥，可在加胶后重新粘贴压实。如有微小的"张嘴"，用油笔蘸107胶粘贴，然后压实。

（2）纸面有气泡：可用纸刀在气泡处切开，挤出气体或多余的胶粘剂，再压平压实。纸面有气泡而下无胶，可采用注射器打进一些稀 107 胶压实抹平。

（3）接缝处露白茬：在接缝处如因干缩露白茬，可用乳胶漆找色。

（4）纸面出现皱折：可在胶粘剂未干前，掀起纸幅重新粘贴。

（5）碰撞损坏壁纸：可对纹、对色挖空填补，其花纹、图案、缝隙应合。

4. 应注意的几个问题：

（1）裁剪壁纸。

1）裁纸最好由专人负责，在工作台上进行。如果是大、中卷壁纸，为了拉纸方便，宜将成卷的壁纸放在一个架上，用一根铁棍或钢管穿过壁纸卷的轴心，这样在裁纸时能够拉而不乱。

2）裁纸的尺寸主要根据要裱贴的部位下料。下料时，应比要贴部位的尺寸长一点，因为壁纸在阴角及收回部位，往往让其多一点富余，然后再将多余的部分切割掉。要想做到在交接部位切割，壁纸必须大于要裱糊的实际尺寸，一般长 3cm 左右。例如墙与吊顶的交接部位，考虑到吊顶可能会局部不平，如果不是壁纸顺着边缘贴密实，那么很可能在某一部位露出"白茬"。所以，直用切割的方法使其达到密实。

3）如果室内净空较高，墙面宜分段进行，每一段的长度可根据具体情况适当掌握。一次接糊的高度，如果从方便操作的角度考虑，宜在 3m 左右。

4）壁纸应做到边缘整齐，特别是采用拼接法裱糊的壁纸，边缘整齐更显重要，如果是破损的边缘，应适当的裁取。否则，边线不整齐，影响拼接的质量。

（2）刷胶粘剂。

1）刷胶粘剂操作并不难，可刷于基层，也可刷于壁纸背面。

2）如果是较厚的壁纸，如植物纤维壁纸等，应在纸背面及基层均要刷胶粘剂，因为较厚的壁纸，胶得刷少粘不牢，刷很多又易于流淌，所以要双面刷胶。

3）裱糊塑料壁纸，正常情况下，先将胶粘剂刷在纸背面。这样，由于刷胶后可以将壁纸胶面对胶面对折存放，便于施工时拿取，又可防止胶粘剂中水分蒸发，刷过胶后起到闷水作用。

（3）壁纸闷水。

所谓闷水，是指用清水湿润纸面，使其能够得到充分的伸缩，免得在裱糊时遇到胶粘剂而发生伸缩不匀。如若伸缩不匀，则在表面起皱，影响裱糊质量。

1）裱糊普通塑料壁纸，提前闷水是必要的。闷水方法：用排笔蘸清水湿润背面（即滑水），也可将裁好的壁纸卷成一卷放入盛水的桶中浸泡 3～5min，然后拿出来将其表面的明水抖掉，再静停 20min 左右。

2）如果裱糊墙面时是将胶粘剂刷在基层上，在裱糊时干的壁纸突然遇到湿的胶粘剂，由于遇水程度的差别而造成皱折现象，所以壁纸闷水是必要的。如果将胶粘剂刷在纸背面，实际上等于刷一道水，因胶粘剂不外乎是稠一点的水溶液。所以裱糊中起皱现象会比前者少很多，如果再采用专人刷胶粘剂，刷过后再胶面对胶面对折存放一会，会使壁纸通水得以充分伸缩。所以，将胶粘剂刷在纸背面，可不再进行闷水这道工序。

（4）阴、阳角部位处理。

1）为了防止使用中的碰、磕开胶，裱糊时不要在阳角部位留拼缝。阳角部位多采用包过去的方法，在阴角处拼缝。

2）对于阴角部位，壁纸拼缝不要正好留在阴角处，而是搭入阴角 1～2cm。

3）阴、阳角及窗台等部位易于积灰尘，应增刷 1～2 遍胶粘剂，以保证粘结牢固。

4）如果局部有卷边、脱胶现象，补贴时，可用毛笔蘸上白胶，将其补牢。这种现象多发生在窗台水平部位、墙与顶的相交部位。

（5）大面积裱糊。

1）大面积裱糊前，宜先做样板间，根据使用的材料及裱糊部位，总结经验，统一操作要领。

2）有些质量上不易解决的问题，还需请有关单位共同研究解决。如图案拼接、花纹对称等，找出是材料或施工方面的原因。

（6）腻子的强度。

1）修补墙面所用的腻子，要有一定的强度，不宜单独使用羧甲基纤维素作为主要胶结材料。

2）在较潮湿墙面上裱糊完毕，白天应打开窗，适当加强通风，夜间将门窗关闭，防止潮湿气体侵入。

（7）其他。

1）裱糊壁纸是在室内其他工种基本做完的情况下进行的。如果墙面裱糊前不久仍在打洞或堵洞，因堵洞的砂浆未够充分干燥，容易造成表面色彩不匀。如果裱糊后打洞，更是不妥，破坏了成品，局部难以修复。

2）裱糊壁纸，应在完全干燥的情况下，再进行验收。因为有些缺陷，只有在干燥的情况下，才能看出毛病。

四、质量保证

（一）质量要求

（1）裱糊工程完工并干燥后，方可验收。

（2）验收时，应检查品种、颜色、图案是否符合设计要求。

（3）壁纸裱糊工程的质量应符合下列规定：

1）壁纸必须粘贴牢固，表面色泽一致，不得有气泡、空鼓、裂缝、翘边和斑污。实时无胶痕。

2）表面平整，无波纹起伏。壁纸与挂镜线、贴面板和踢脚线紧接，不得有缝隙。

3）各幅壁纸拼接横平竖直，拼接处花纹、图案吻合，不离缝，不搭接，距墙面1.5m，正视，不显明缝。

4）阴阳转角垂直，棱角分明，阴角处搭接顺光，阳角无接缝。

5）壁纸边缘平直整齐，不得有纸毛、飞刺。

6）不得有漏贴、补贴和脱层等缺陷。

（二）安全注意事项

（1）高凳必须固定牢靠，并不要放在高凳的最上端。

（2）在超高的墙面裱糊墙布时，逐层染水要牢固，要设护身栏杆等。

（3）使用的刃性工具要注意安全。

3.2.3.3 地面装修施工（地毯装修）

一、任务描述

地毯在装饰设计与施工中，一直代表着品位和身份。而它的美学价值和收藏价值则被得到了充分的凸现，目前许多高档的宾馆酒店的装饰设计中大量应用了地毯装饰效果，在本项目中，地面装饰处理使用的是纯毛地毯，下面将地毯装饰施工方法加以介绍。

（一）按地毯材质分类

1. 纯毛地毯

纯毛地毯通常采用纯羊毛制作，纯毛地毯是我国传统的手工艺品之一，历史悠久、驰名中外，用于宾馆、舞台、居室等室内地面。

2. 混纺地毯

混纺地毯品种很多，常以纯毛纤维和各种合成纤维混纺。如在羊毛纤维中加入20％的尼龙纤维，地毯的耐磨性可提高5倍；也可和聚丙烯腈纤维等合成纤维混纺。

3. 合成纤维地毯

合成纤维地毯又称化纤地毯，这类地毯近年来发展很快，品种也很多，价格较低，适用于一般的室内地面铺设。

4. 塑料地毯

塑料地毯是采用聚氯乙烯树脂，添加增塑剂等多种辅助材料，经均匀混炼、塑制而成的一种地毯材料。它具有质地柔软、色彩鲜艳、舒适耐用、自熄不燃、清洗方便等优点。其品种有割绒和圈绒两种，有各种花色和花型。常用于住宅、宾馆、舞台、商场、高层建筑、浴室及其他公共建筑。其规格是：幅宽为3m、3.6m、4m；长度为25m或按用户要求加工；绒高为5mm（圈绒）、7mm（割绒）。

5. 橡胶地毯

橡胶地毯是以天然橡胶为原料，以蒸气加热，在地毯模具下模压而成。除了具有其他地毯特点外，还具有防霉、防滑、防虫蛀、防潮、耐腐蚀、绝缘、清扫方便等特点。其色彩与图案可根据用户要求定做。规格为方块式，主要有：500mm×500mm、1000mm×1000mm，绒长为5～6mm。可用于浴室、走廊、体育场等潮湿或经常淋雨的地面铺设。

6. 植物纤维地毯

植物纤维地毯采用植物纤维加工而成。常用于高度耐磨地毯的起花结构，但摸起来十分粗糙。也有用植物纤维加工成草垫铺在室内的。最常用的是剑麻地毯，它是以剑麻纤维为原料，经纺纱、编织、涂胶、硫化等工序制成。具有耐酸碱、耐磨、尺寸稳定、无静电等特点。其价格比羊毛地毯低，但弹性较差。分素色和染色两类，有斜纹、螺纹、鱼骨纹、帆布纹、半巴拿马纹、多米诺纹等各种花纹。幅宽在4m以下，长度在50m以下。可用于楼、堂、馆、所等公共建筑及家庭地面装饰。

（二）按图案类型分类

1. 京式地毯

京式地毯是指北京式传统地毯，它有主调图案，图案工整对称，色调典雅，且具有独特的寓意及象征性。

2. 美术式地毯

美术式地毯突出美术图案，给人以繁花似锦的感觉。

3. 仿古式地毯

仿古式地毯是以古代的花纹图案、风景、花鸟等为题材，给人以古色古香、古朴典雅的感觉。

4. 彩花式地毯

彩花式地毯以黑色为底色，配以小花图案，浮现百花争艳的情调，色彩绚丽，名贵大方。

5. 素凸式地毯

素凸式地毯的色调较为清淡，图案为单色凸花织做，纹样剪片后清晰美观，犹如浮雕，富有幽静雅致的情趣。

（三）按编制工艺分类

1. 手工编织地毯

手工编织地毯专指纯毛地毯，它是采用双经双纬，通过人工打结栽绒，将绒毛层与基底一起织做而成。其做工精细，图案千变万化，是地毯中的上品。但手工地毯因操作方法的局限性，也有一些缺点（如工效较低，产量少等），所以其成本高，价格昂贵。

2. 簇绒地毯

簇绒法是目前各国生产化纤地毯的主要方式，它是通过带有一排往复式穿针的纺机，把毛纺织穿入第一层基底（初级背衬纺布），并在其面上将毛纺织穿插成毛圈而背面拉紧，然后在初级背衬的背面涂刷一层胶粘剂使之固定，这样就生产出了厚实的圈绒地毯。若再用锋利的刀片横向切割毛圈顶部，则就成为平绒地毯。簇绒地毯表面纤维密度大，因脚感舒适，而且可在毯面上印染各种花纹图案。

3. 无纺地毯

无纺地毯是指无经纬编织的短毛地毯，它是将绒毛线用特殊的钩针刺在用合成纤维构成的网布底衬上，然后在其背面涂上胶层，使之粘牢，故又称针扎地毯或针刺地毯。这种地毯因其生产工艺简单，故成本低、价格较低，但其弹性和耐久性较差。

（四）按供应方式分类

地毯按供应方式的不同可以分为整幅整卷地毯、方块地毯、花式方块地毯、小块地毯以及草垫等。

二、任务实施

地毯铺设施工工艺。

（一）材料要求

（1）地毯的品种、规格、主要性能和技术指标必须符合设计要求。应有出厂合格证明。

（2）胶粘剂：胶粘剂应无毒、不霉、快干；0.5h之内使用张紧器时不脱缝，对地面有足够的粘结强度、可剥离、施工方便的胶粘剂，均可用于地毯与地面、地毯与地毯接拼缝处的粘结。一般采用天然乳胶添加增稠剂、防霉剂等制成的胶粘剂。

（3）倒刺钉板条：在1200mm×24mm×6mm的三合板条上钉有两排斜钉（间距为35～40mm），还有五个高强钢钉均匀分布在全长上（钢钉间距约400mm左右，距两端各约100mm左右）。

（4）铝合金倒刺条：用于地毯端头露明处，起固定和收头作用。多用在外门口或其他材料的地面相接处。

（5）铝压条：宜采用厚度为2mm左右的铝合金材料制成，用于门框下的地面处，压住地毯的边缘，使其免于被踢起或损坏。

（二）主要机具

裁毯刀、裁边机、地毯撑子（大撑子撑头、大撑子承脚、小撑子）、扁铲、墩拐、手枪钻、割刀、剪刀、尖嘴钳子、漆刷橡胶压边滚筒、熨斗、角尺、直尺、手锤、钢钉、小钉、吸尘器、垃圾桶、盛胶容器、钢尺，盒尺、弹线粉袋、小线、扫帚、胶轮轻便运料车、铁簸箕、棉丝和工具袋、拖鞋等。

（三）施工条件

（1）在地毯铺设之前，室内装饰必须完毕。室内所有重型设备均已就位并已调试，运转，并经核验全部达到合格标准。

（2）铺设楼地面毯的基层，要求表面平整、光滑、洁净，如有油污，须用丙酮或松节油擦净。如为水泥楼面，应具有一定的强度，含水率不大于8%。

（3）地毯、衬垫和胶粘剂等进场后应检查核对数量、品种、规格、颜色、图案等是否符合设计要求，如符合应按其品种、规格分别存放在干燥的仓库或房间内。用前要预铺、配花、编号，待铺设计按号取用。

应事先把需铺设地毯的房间、走道等四周的踢脚板做好。踢脚板下口按施工工艺应离开地面8mm左右，以便将地毯毛边掩入踢脚板下。

（4）大面积施工前应先放出施工大样，并做样板，经质检部门鉴定合格后方可组织按样板要求施工。

（四）操作工艺

1. 工艺流程

基层处理→安装倒木刺条→放线裁减→接缝处理→铺衬垫→铺装地毯→装门口压条→清扫。

2. 活动式铺设

是指不用胶粘剂粘贴在基层的一种方法，即不与基层固定的铺设，四周沿墙角修齐即可。一般仅适用于装饰性工艺地毯的铺设。

3. 固定式铺设操作工艺

（1）基层处理：铺设地毯的基层，一般是水泥地面，也可以是木地板或其他材质的地面。要求表面平整、光滑、洁净，如有油污，须用丙酮或松节油擦净。如为水泥地面，应具有一定的强度，含水率不大于8%，表面平整偏差不大于4mm。

（2）弹线、套方、分格、定位：要严格按照设计图纸对各个不同部位和房间的具体要求进行弹线、套方、分格，如图纸有规定和要求明确，则严格按图施工。如图纸没具体要求时，应对称找中并弹线便可定位铺设。

（3）地毯剪裁：地毯裁剪应在比较宽阔的地方集中统一进行。一定要精确测量房间尺寸，并按房间和所用地毯型号逐一登记编号。然后根据房间尺寸、形状用裁边机断下地毯料，每段地毯的长度要比房间长出2cm左右，宽度要以裁去地毯边缘线后的尺寸计算。弹线裁去边缘部分，然后以手推裁刀从毯背裁切，裁好后卷成卷编上号，放入对号房间里，大面积房厅应在施工地点剪裁拼缝。

（4）钉倒刺板挂毯条：沿房间或走道四周踢脚板边缘，用高强水泥钉将倒刺板钉在基层上（钉朝向墙的方向），其间距约40cm左右。倒刺板应离开踢脚板面8～10mm，以便于钉牢倒刺板。

（5）铺设衬垫：将衬垫采用点粘法刷107胶或聚醋酸乙烯乳胶，粘在地面基层上，要离开倒刺板10mm左右。

（6）铺设地毯。

1）缝合地毯：将裁好的地毯虚铺在垫层上，然后将地毯卷起，在接缝处缝合。缝合完毕，用塑料胶纸贴于缝合处，保护接缝处不被划破或勾起，然后将地毯平铺，用弯针在接缝处做绒毛密实的缝合。

2）拉伸与固定地毯：先将毯的一条长边固定在倒刺板上，毛边掩到踢脚板下，用地毯撑子拉伸地毯。拉伸时，用手压住地毯撑，用膝撞击地毯撑，从一边一步一步推向另一边。如一遍未能拉平，应重复拉伸，直至拉平为止。然后将地毯固定在另一条倒刺板上，掩好毛边。长出的地毯，用裁割刀割掉。一个方向拉伸完毕，再进行另一个方向的拉伸，直至四个边都固定在倒刺板上。

3）铺粘地毯时，先在房间一边涂刷胶粘剂后，铺放已预先裁割的地毯，然后用地毯撑子，向两边撑拉；再沿墙边刷两条胶粘剂，将地毯压平掩边。

（7）细部处理清理：要注意门口压条的处理和门框、走道与门厅，地面与管根、暖气罩、槽盒，走道与卫生间门坎，楼梯踏步与过道平台，内门与外门，不同颜色地毯交接处和踢脚板等部位地毯的套割与固定和掩边工作，必须粘结牢固，不应有显露、后找补条等。地毯铺设完毕，固定收口条后，应用吸尘器清扫干净，并将毯面上脱落的绒毛等彻底清理干净。

三、质量保证

（一）质量标准

1. 保证项目

（1）各种地毯的材质、规格、技术指标必须符合设计要求和施工规范规定。

（2）地毯与基层固定必须牢固，无卷边、翻起现象。

2. 基本项目

（1）地毯表面平整，无打皱、鼓包现象。

（2）拼缝平整、密实，在视线范围内不显拼缝。

（3）地毯与其他地面的收口或交接处应顺直。

（4）地毯的绒毛应理顺，表面洁净，无油污物等。

3. 成品保护

（1）要注意保护好上道工序已完成的各分项分部工程成品的质量。在运输和施工操作中，要注意保护好门窗框扇，特别是铝合金门窗框扇、墙纸踢脚板等成品不遭损坏和污染。应采取保护和固定措施。

（2）地毯等材料进场后要注意贵重物品的堆放、运输和操作过程中的保管工作。应避免风吹雨淋、防潮、防火、防人踩、物压等。应设专人加强管理。

（3）要注意倒刺板挂毯条和钢钉等使用和保管工作，尤其要注意及时回收和清理截断下来的零头、倒刺板、挂毯条和散落的钢钉，避免发生钉子扎脚、划伤地毯和把散落的网钉铺垫在地毯垫层和面层下面，否则必须返工取出重铺。

（4）要认真贯彻岗位责任制，严格执行工序交接制度。凡每道工序施工完毕就应及时清理地毯上的杂物和及时清擦被操作污染的部位。并注意关闭门窗和关闭卫生间的水龙头，严防雨水和地毯泡水事故。

（5）操作现场严禁吸烟，吸烟要到指定吸烟室。应从准备工作开始，根据工程任务的大小，设专人进行消防、卫生、成品保护监督，给他们佩戴醒目的袖章并加强巡查工作，同时要发证严格控制非工作人员进入。

（二）应注意的质量问题

（1）压边粘结产生松动及发霉等现象：地毯、胶粘剂等材质、规格、技术指标，要有产品出厂合格证，必要时做复试。使用前要认真检查并事先做好试铺工作。

（2）地毯表面不平、打皱、鼓包等：主要问题发生在铺设地毯这道工序时，未认真按照操作工艺缝合、拉伸与固定、用胶粘剂粘结固定要求去做所致。

（3）拼缝不平、不实：尤其是地毯与其他地面的收口或交接处，例如门口、过道与门厅、拼花或变换材料等部位往往容易出现拼缝不平、不实。因此在施工时要特别注意上述部位的基层本身接槎是否平整，如严重者应返工处理，如问题不太大可采取加衬垫的方法用胶粘剂把衬垫粘牢，同时要认真把面层和垫层拼缝处的缝合工作做好，一定要严密、紧凑、结实，并满刷粘结剂粘牢固。

（4）涂刷胶粘剂时由于不注意往往容易污染踢脚板、门框扇及地弹簧等，应认真精心操作，并采取轻便可移动的保护挡板或随污染随时清擦等措施保护成品。

（5）暖气炉片、空调回水和立管根部以及卫生间与走道间应设有防水坎等，防止渗漏将已铺设好的地毯成品泡湿损坏。此事在铺设地毯之前必须解决好。

3.2.3.4 卫生间装修施工（墙、顶、地及洁具的安装）

一、任务描述

卫生间作为酒店的洗理中心，是每位客人入住酒店中生活中不可缺少的一部分。它是一个极具实用功能的地方，也是装饰设计中的重点之一。

一个完整的卫生间，应具备入厕、洗漱、沐浴、更衣、洗衣、干衣、化妆，以及洗理用品的储藏等功能。

在布局上来说，卫生间大体可分为开放式布置和间隔式布置两种。所谓开放式布置就是将浴室、便器、洗脸盆等卫生设备都安排在同一个空间里，是一种普遍采用的方式；而间隔式布置一般是将浴室、便器纳入一个空间而让洗漱独立出来，本项目中装修设计是采用开放式的卫生间装修风格。

从设备上来说，卫生间一般包括卫生洁具和一些配套设施。卫生洁具主要有浴缸、蒸汽房、洗脸盆、便器、沐浴房、小便斗等；配套设施如整容镜、毛巾架、浴巾环、肥皂缸、浴缸护手、化妆橱和抽屉等。考虑到卫生间易潮湿这一特点，应尽量减少木制品的使用，如果一定要用木制品的话，也应采用防火板耐水材料。

图 3-2-10 卫生间装修效果图

卫生间的装饰材料一般较多采用墙地砖、PVC或铝制扣板吊顶。一般来说，先应把握住整体空间的色调，再考虑选用什么花样的墙地砖及天花吊顶材料，所以选择一些亮度较高，或色彩亮丽的墙砖会使得空间感觉大一些。地砖则应考虑具有耐脏及防滑的特性，天花板无论是用 PVC 或铝扣板，都应该选择简洁大方色调轻盈的材质，这样才不致于产生"头重脚轻"的感觉，三者之间应协调一致，与洁具也应相和谐，如图 3-2-10 所示。

二、任务实施

卫生间的装修主要涉及到墙砖和卫生洁具两方面，施工工艺流程大致是：镶贴墙砖→吊顶→铺设地砖→安装大便器、洗脸盆、浴盆→安装连接给排水管→安装灯具、插座、镜子→安装毛巾杆等五金配件。

墙砖铺贴施工前应注意事项

（1）严格按国家标准或订货合同验收产品，索取生产企业近期的检测报告，要求对产品进行重要

技术指标的验收（尺寸、色差、吸水率、抗冻试验、抗折强度等）。

（2）对产品按厂家表明不同尺寸、色号，分别堆放，不混淆。

（3）在结构施工时，墙面应尽可能按清水墙标准，做到平整垂直，基层面为砖墙时，应清理干净墙砖上的残存废余砂浆、灰尘、油污等，并提前洒水湿润。基层面为混凝土时，应剔凿胀膜处、灰尘、油污，太光滑的墙面要凿毛，打底时要分层进行，第一层厚 5～7mm，第二层为 8～12mm，随即刮平、起毛、养护。除贴纸马赛克外，墙砖在使用前需浸水后，方能使用。

3.2.4 课后作业

【理论思考题】

1. 酒店标准间顶棚和墙面处理中亚光壁纸的粘贴方法及相应的辅助材料是什么？

2. 地面装修中地毯的选择与铺设，地毯使用的主要特点及注意事项有哪些？

3. 简要叙述卫生间装修中材料的选用，对不同材料应用不同的施工技术，具体施工方法同家装项目中卫生间的装修，施工中注意浴盆的安装方法，管道的铺设技术。

4. 装修施工成品保护措施主要体现在哪些方面？

【实训题】

1. 由学生进行独立设计，根据自己的设计进行模拟施工。

2. 结合教学实际，组织学生参观标准间装修施工现场。

3. 参观建材市场，进一步了解最新的建筑装饰材料的性能特点、行情等。

课题3 KTV包厢装修施工技术

3.3.1 学习目标

知识点

1. 施工图纸的读识

2. 高泡海绵加铝塑板顶棚装修施工中注意事项，龙骨的选择与高泡海绵加铝塑板的固定

3. 墙面装修中软包材料的选择与安装

4. KTV包厢中灯光的要求较高，根据设计要求选用合适的灯光来表现不同的效果，施工中注意灯具的安装方法与施工工艺

5. KTV包厢电气线路材料的选择与施工，电视信号线、控制线、各种防火感应器、壁灯等电气线路的改造技术，依据室内电气功率的最大值选择合适的设备

6. 掌握公共场所防火安全要求

7. 成品保护措施

8. 施工质量验收标准及检验方法

技能点

1. 掌握KTV包厢布局设计并现场测量与放样，掌握房间的测量方法

2. 顶棚装修中掌握高泡海绵加铝塑板的施工方法，选用合适的辅助材料

3. 墙面装修中软包材料的选择与安装

4. 大理石地面砖的铺设方法同家装修部分

5. 掌握灯具及相关电气设备的安装检测技术

6. 掌握公共场所防火安全要求，了解成品保护措施

7. 施工质量验收标准及检验方法

3.3.2 相关知识

KTV包厢的装修，涉及到建筑、结构、声学、通风、暖气、消防、照明、音响、视频等，还涉

图 3-3-1 某 KTV 包房效果图

及到安全、实用、环保、文化（装饰）等方面问题。各国的 KTV 的装修风格都各不相同，我国是世界上 KTV 最多的国家，所见所闻装修风格各有千秋，但是存在的普遍问题是声学效果差。装修特别豪华的 KTV，去唱歌时同样存在声学缺陷。

一、房间的隔音

隔音是解决"串音"的最好办法，从理论上讲材料的硬度越高隔音效果就越好。而常见的轻钢龙骨石膏板隔断墙，虽然中间放入了吸音棉但是由于质量不够，隔音效果很差。一些 KTV 大多数都采用这种装修方法。

二、房间的混响

清晰度和响度都是不能忽视的，声音应该在保证清晰度的前提下充分的扩散。

三、房间的结构

KTV 包房的声场区别于一般剧场、厅堂。最大特点房间小容易引起啸叫，所以 KTV 包房的声场条件是很复杂的，其声学设计有时比剧场的设计还要困难。

四、房间的家具

KTV 包房的家具通常是由沙发、茶几、电视柜子、酒吧桌椅（中、大包房）等组成。这些家具在一定程度上对声场起到了改善的作用，在选择上应该采用硬质材料，不要使用框架结构外面是三合板，这种结构很容易产生共振。

五、房间的装修材料

KTV 包房的装修材料直接关系声场参数。从环境保护的观点在装修设计时就应该采用环保型材料，有些场所外观设计很豪华，人在房间就会流眼泪（化学物品的刺激），这种房间是只能看不能使用。一方面装修要采用环保材料，另一方面要采用适合声学装修的材料，如矿棉吸声板等。

消费者在一个很好的声音环境中唱歌，实际上就是在装修材料中唱歌，材料的好与不好直接关系到人的健康和声音质量，因此要求装修设计在保证声音质量的前提下选择环保型的装修材料。

六、房间的声学要求

（1）背景噪声：KTV 包房不像录音棚，背景噪声充满整个房间。噪声过高，使信号的听音音域提高，破坏了声音信号的音质，造成清晰度下降。外部的噪声需要隔音处理，内部的噪音需要在选择设备时控制。背景噪声越低越好。

（2）混响时间：KTV 包房的混响时间的长短、混响强度的大小对于音质的影响很大。时间长，声音就会混浊，影响清晰度和可懂度；混响时间过短就会出现演唱时声音很干很涩，缺乏亮度和浑厚感。对于 KTV 包房以唱歌轻松，没有回授（啸叫）。

（3）扩散性：扩散性是当今 KTV 包房声学的重要指标。声音扩散的均匀是指在各个点的声压级控制在一定的范围内，这要求在一定的扩声增益下，声音在包房内分布的均匀。

（4）频响特性：KTV 包房内的装修材料的不同就会产生吸声特性不同。吸收和反射的不一样便产生了频率响应的问题。理性的环境是包房内的声场应该对于各个频率的反射和吸收比较均匀。否则会发生畸变和失真。

（5）声聚焦：当声波撞在凹形界面时，声音就会产生声聚焦现象。造成声音在某点上特别的响，室内的声压产生不均匀的现象，严重的在此区域内无法唱歌，话筒拿到这里就会产生啸叫。

（6）声影区：是由于包间内的物体（障碍物）阻隔声音应该辐射的区域。这个区域内的声压级明显的低于其他区域。造成声音扩散不均匀的现象。合理的装修能够利用声影区设立一个相对独立的酒吧区或者私密区等。

（7）清晰度：KTV 包房的清晰度是一个很重要的指标，对于音乐而言清晰度是指声音的层次感、声音力度和声像定位。不同的声源对于清晰度的要求是不同的，在包房内自己演唱歌曲，首先是演唱者的清晰度。

（8）声染色：包房装修材料和结构的不同会造成声染色现象。由于声音在扩散时会遇到不同的反射物，当反射界面或者反射物产生谐振时，使原始声音中加入了没有的音色成分，从而改变了声音的音质就是声染色。在选择材料和施工工程中应该避免声染色。

3.3.3 学习情境

3.3.3.1 顶棚装修施工（高泡海绵加铝塑板）

一、任务要求

（一）悬吊式顶棚的构造

悬吊式顶棚一般由三个部分组成：吊杆、骨架、面层。

1. 吊杆

（1）吊杆的作用：吊杆承受吊顶面层和龙骨架的载荷，并将这载荷传递给屋顶的承重结构。

（2）吊杆的材料：吊杆的材料大多使用钢筋。

2. 骨架

（1）骨架的作用：骨架承受吊顶面层的载荷，并将载荷通过吊杆传给屋顶承重结构。

（2）骨架的材料：骨架有木龙骨架、轻钢龙骨架、铝合金龙骨架等。

（3）骨架的结构：骨架主要包括主龙骨、次龙骨和搁栅、次搁栅、小搁及所形成的网架体系。轻钢龙骨和铝合金龙骨存在 T 型、U 型、LT 型及各种异型龙骨等。

3. 面层

（1）面层的作用：装饰室内空间，以及隔音、吸声、反射等功能。

（2）面层的材料：纸面石膏板、纤维板、胶合板、钙塑板、矿棉吸音、铝合金等金属板、PVC塑料板等。

（3）面层的形式：条型、矩型等。

（二）材料的选用

（1）高泡海绵具有良好的隔音功能，本任务中选用高泡海绵加铝塑板，工程所用材料的品种规格和颜色应符合设计要求，铝塑板应有产品合格证书。

（2）饰面板表面应平整，边缘应整齐，颜色应一致。

二、任务实施

（一）施工工艺

弹线→安装主梁→安装木龙骨架→安装铝塑板。

（二）施工要点

（1）首先应在墙面弹出标高线，在墙的两端固定压线条，用水泥钉与墙面固定牢固。依据设计标高，沿墙面四周弹线，作为顶棚安装的标准线，其水平允许偏差±5mm。

（2）遇藻井吊顶时，应从下固定压条，阴阳角用压条连接。注意预留出照明线的出口。吊顶面积大时，应在中间铺设龙骨。

（3）吊点间距应当复验，一般不上人吊顶为 1200~1500mm，上人吊顶为 900~1200mm。

（4）在装铝塑板前，先检查骨架质量，重点检查吊杆顺直，受力均匀，龙骨间距不大于 500mm（潮湿环境设计要求适当减小间距），龙骨下表面平顺无下坠感，主、配件连接紧密、牢固等，确认合格方可装订。

（5）板的切割，沿切割折断，使切割板的边缘平直方正，无缺楞掉角等缺陷。

（6）铺板固定，将铝塑板的边和（包封边）与支撑龙骨相垂直铺设。铝塑板对接时应靠紧，但不得

175

强压就位。可从一板角或中间行列开始，不宜同时铺订。要求板缝顺直，宽窄一致，不得有错缝现象。

（7）接缝，铝塑板对接时要靠紧，但不能强压就位，对接缝要错开，墙两面的接缝不能落在同一根龙骨上。

3.3.3.2 墙面装修施工（软包材料）

一、任务要求

（一）材料要求

软包墙面木框、龙骨、底板、面板等木材的树种、规格、等级、含水率和防腐处理，必须符合设计图纸要求和《木结构工程施工及验收规范》（GB 50206—2002）的规定。软包面料及其他填充材料必须符合设计要求，并应符合建筑内装修设计防火的有关规定。辅料有防潮纸或油毡、乳胶、钉子（钉子长应为面层厚的2～2.5倍）、木螺丝、木砂纸、氟化钠或石油沥青等。

（二）主要机具

木工工作台，电锯，电刨，冲击钻，手枪钻，切、裁织物布、革工作台，钢板尺（1m长），裁织革刀，毛巾，塑料水桶，塑料脸盆，油工刮板，小辊，开刀，毛刷，排笔，擦布或棉丝，砂纸，长卷尺，盒尺，锤子，各种形状的木工凿子，线锯，铝制水平尺，方尺，多用刀，弹线用的粉线包，墨斗，小白线，笤帚，托线板，线坠，红铅笔，工具袋等。

（三）作业条件

混凝土和墙面抹灰已完成，基层按设计要求木砖或木筋已埋设，水泥砂浆找平层已抹完灰并刷冷底油，且经过干燥，含水率不大于8%；木材制品的含水率不得大于12%；水电及设备、顶墙上预留预埋件已完成；房间里的吊顶分项工程基本完成，并符合设计要求；房间里的地面分项工程基本完成，并符合设计要求；房间里的木护墙和细木装修底板已基本完成，并符合设计要求；对施工人员进行技术交底时，应强调技术措施和质量要求。

某 KTV 软包墙面施工现场，如图 3-3-2 所示。

图 3-3-2　某 KTV 软包墙面施工现场

二、任务实施

工艺流程为：基层或底板处理→吊直、套方、找规矩、弹线→计算用料、套裁面料→粘贴面料→安装贴脸或装饰边线、刷镶边油漆→软包墙面。

原则上房间内的地、顶内装修已基本完成，墙面和细木装修底板做完，开始做面层装修时插入软包墙面镶贴装饰和安装工程。

1. 基层或底板处理

凡做软包墙面装饰的房间基层，大都是事先在结构墙上预埋木砖、抹水泥砂浆找平层、刷喷冷底子油。铺贴一毡二油防潮层、安装 50mm×50mm 木墙筋（中距为 450mm）、上铺五层胶合板。此基层或底板实际是房间的标准做法。如采取直接铺贴法，基层必须作认真的处理，方法是先将底板拼缝用油腻子嵌平密实、满刮腻子1～2遍，待腻子干燥后用砂纸磨平，粘贴前，在基层表面满刷清油（清漆＋香蕉水）一道。如有填充层，此工序可以简化。

2. 吊直、套方、找规矩、弹线

根据设计图纸要求，把该房间需要软包墙面的装饰尺寸、造型等通过吊直、套方、找规矩、弹线等工序，把实际设计的尺寸与造型落实到墙面上。

3. 计算用料、套裁填充料和面料

首先根据设计图纸的要求，确定软包墙面的具体做法。一般做法有两种：一是直接铺贴法（此法操作比较简便，但对基层或底板的平整度要求较高）；二是镶制铺贴镶嵌法，此法有一定的难度，要求必须横平竖直、不得歪斜，尺寸必须准确等。放置需要做定位标志以利于对号入座。然后按照设计要求进行用料计算和底衬（填充料）、面料套裁工作。注意同一房间、同一图案与面料必须用同一卷材料和相同部位（含填充料）套裁面料。

4. 粘贴面料

如采取直接铺贴法施工时，应待墙面细木装修基本完成、边框油漆达到交活条件，方可粘贴面料；如果采取预制铺贴镶嵌法，则不受此限制，可事先进行粘贴面料工作。首先按照设计图纸和造型的要求先粘贴填充料（如泡沫塑料、聚苯板或矿棉、木条、五合板等），按设计用料（粘结用胶、钉子、木螺丝、电化铝帽头钉、铜丝等）把填充垫层固定在预制铺贴镶嵌底板上，然后把面料按照定位标志找好横竖坐标上下摆正，首先把上部用木条加钉子临时固定，然后把下端和两侧位置找好后，便可按设计要求粘贴面料。

5. 安装贴脸或装饰边线

根据设计选择和加工好的贴脸或装饰边线，应按设计要求先把油漆刷好，便可把事先预制铺贴镶嵌的装饰板进行安装工作，首先经过试拼达到设计要求和效果后，便可与基层固定和安装贴脸或装饰边线，最后修刷镶边油漆。

6. 修整软包墙面

如软包墙面施工安排靠后，其修整软包墙面工作比较简单，如果施工插入较早，由于增加了成品保护膜，则修整工作量较大；例如增加除尘清理、钉粘保护膜的钉眼和胶痕的处理等。

3.3.3.3 地面装修施工（大理石地面砖）

一、任务要求

石材地面装饰构造

室内地面所用石材一般为磨光的板材，板厚20mm左右，目前也有薄板，厚度在10mm左右，适于家庭装饰用。每块大小在600mm×600mm～800mm×800mm。可使用薄板和1：2水泥砂浆掺107胶铺贴。

二、任务实施

（一）石材地面装饰基本工艺流程

清扫整理基层地面→水泥砂浆找平→定标高、弹线→选料→板材浸水湿润→安装标准块→摊铺水泥砂浆→铺贴石材→灌缝→清洁→养护交工。

（二）施工要点

（1）基层处理要干净，高低不平处要先凿平和修补，基层应清洁，不能有砂浆、尤其是白灰砂浆灰、油渍等，并用水湿润地面。

（2）铺装石材、瓷质砖时必须安放标准块，标准块应安放在十字线交点，对角安装。

（3）铺装操作时要每行依次挂线，石材必须浸水湿润，阴干后擦净背面。

（4）石材、瓷质砖地面铺装后的养护十分重要，安装24h后必须洒水养护，铺装完后覆盖锯末养护。

（三）注意事项

(1) 铺贴前将板材进行试拼，对花、对色、编号，以与铺设出的地面花色一致。

(2) 石材必须浸水阴干。以免影响其凝结硬化，发生空鼓、起壳等问题。

(3) 铺贴完成后，3 天内不得上人。

3.3.3.4 电气线路的装修施工

一、任务要求

首先了解 KTV 包房的灯光要求，KTV 包房的灯光一般分为以下几个部分。

1. 主光源

主光源主要的功能是给来宾进入 KTV 包房后提供照明，它的光照要求一般能比较清晰照亮室内的场景，灯光以筒灯、吊灯或吸顶灯为主，应该根据天花板的高度和造型特点来特别设计。

2. 辅助光源

辅助光源分为两类：一类是提供给来宾唱歌时用的照明，这一组照明一般要求照度很低，给人一种朦胧的感觉，朦胧中能看见对方为止，唱歌时主光源应该关掉；另一类是给来宾看歌谱和点歌用的照明光源，可以采用壁灯或局部照明的方式，照度也不宜太亮。

3. 应急照明

应急照明是按着国家有关部门的要求必须设置的，通常设置在天花的下面，能照到最大面积的地方，它在停电时会自动启动，以蓄电池供电，以供出现事故时疏散照明。

4. 长明灯

长明灯是根据部门对娱乐场所的要求设置的灯光，有总台控制，来宾没有权利控制这组灯光，我们在做设计时可以考虑和装饰灯光配合使用。

二、任务实施

（一）灯具的安装

(1) 灯具安装最基本的要求是必须牢固。

(2) 室内安装壁灯、床头灯、台灯、落地灯、镜前灯等灯具时，高度低于 2.4m 及以下的，灯具的金属外壳均应接地可靠，以保证使用安全。

(3) 卫生间及厨房装矮脚灯头时，宜采用瓷螺口矮脚灯头。螺口灯头的接线、相线（开关线）应接在中心触点端子上，零线接在螺纹端子上。

(4) 台灯等带开关的灯头，为了安全，开关手柄不应有裸露的金属部分。

(5) 装饰吊平顶安装各类灯具时，应按灯具安装说明的要求进行安装。灯具重量大于 3kg 时，应采用预埋吊钩或从屋顶用膨胀螺栓直接固定支吊架安装（不能用吊平顶吊龙骨支架安装灯具）。从灯头箱盒引出的导线应用软管保护至灯位，防止导线裸露在平顶内。

(6) 吊顶或护墙板内的暗线必须有阻燃套管保护。

（二）材料使用的要求

安装工程所用的材料的品种、线径、规格、型号等应符合设计要求，系正规厂家生产，并且有合格证。

（三）进场施工的准备工作

查验原漏电保护器工作是否可靠，检查原空气开关的数量及容量是否满足设计后的使用要求，检查 TV、网线、电话线进户点及路数。

电气定位：根据设计图纸与客户的要求确定开关、插座、灯具的位置及数量，并请客户签字存档。

（四）施工中的工艺要求

(1) 单相 220V 供电线路分色为：相线（L）为黄、绿、红中的任意一种，中性线（N）为淡兰色、接地线（PE）为黄绿双色线、灯头线头白色。

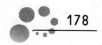

（2）室内照明及插座布线应用 BV2.5 塑料电线，空调、热水器等大功率用电器应用 BV4 塑料电线，并设单独回路。

（3）暗管布线的原则：横平竖直，应用无齿锯开好管线槽排入专用 PVC 阻燃型电线管，线管在线槽中必须用木楔进行固定，线管距墙面应有 5mm 的预留水泥膨胀空隙。线盒与线管连接，应使用锁头。导线必须待管敷设好后穿入，不得将导线穿管后进行敷设，以保证今后导线能进行更换。严禁使用护套线直接埋墙、导线暴露在墙体中不作套管（顶部移灯位除外，但必须用软塑料管护套后敷设）。

（4）严禁线管直接敷设在复合地板、地毯下和厨房及卫生间地砖下。敷设在地板下的线管必须有固定处理。

（5）地面线管敷设好后，在未安装地板或地砖前，应做好保护工作。

（6）管内穿线不准有接头，导线接头应放于接线盒内，所有电线接头必须锡焊并用防水胶布包好以后用黑胶布再包一次。卫生间及厨房内的暗盒内应做防潮处理。

（7）分线时必须使用分线盒，吊顶内使用八角盒分线，并且线管固定在天棚或墙面上，不能固定在木龙骨上。灯具引线要穿 PVC 蛇皮管做保护，并加接头和盒盖。

（8）导线穿入暗盒内必须留有一定的长度，长度不得小于 150mm，以便进行开关、插座的安装维修及今后的导线更换。

（9）弱电线路与照明电气布线不得同管敷设，连接插座、开关、螺口灯具导线时，应方法正确。

（10）照明开关的下沿距离地面高度一般为 1.3m，距离门口为 150～200mm；开关不得置于单扇门后。电源插座的下沿距地面高度一般为 300mm。

（11）同一室内安装的开关（插座）高低差不应大于 5mm；成排安装的开关（插座）高低差不应大于 2mm，间距不小于 20mm。

（12）油漆施工结束后，再进行开关、插座面板的安装，灯具必须待施工全部结束后再进行安装。

（13）暗装的插座应有专用的暗盒，安装面板时应将暗盒内残存的灰块剔掉，再用湿布将盒内灰尘擦净。面板应端正严密并与墙面平。

（14）灯具安装牢固、平整、接线正确，当吊灯自重超过 3kg 时，应先在顶板上安装预埋件，再进行固定，严禁安装在木楔、木砖上。

（15）电气布线属隐蔽工程，应在施工进行中做好隐蔽工程记录，经施工监理与业主共同验收合格后方可继续作业，电气完工后由电工绘制隐蔽工程图纸、电气线路图纸交公司施工监理备档。

（16）原有配电箱需要改造或电器线路图纸的更改应征求业主意见并签证后进行。

（17）电气施工人员必须持证上岗，配备规范的电工工具。

3.3.4 扩展学习：公共场所防火安全要求

（1）安全出口处不得设置门槛、台阶，疏散门应向外开启，不得采用卷帘门、转门、吊门和侧拉门，门口不得设置门帘、屏风等影响疏散的遮挡物。

（2）营业时必须确保安全出口和疏散走道畅通无阻，严禁将安全出口上锁、阻塞。

（3）安全出口、疏散走道和楼梯口应当设置符合标准的灯光疏散指示标志。指示标志应当设在门的顶部、疏散走道和转角处距地面 1m 以下的墙面上。设在走道上的指示标志的间距不得大于 20m。

（4）场所内应当设置火灾事故应急照明灯，照明供电时间不得少于 20min。

（5）在地下建筑内设置的公共娱乐场所，只允许设在地下一层；通往地面的安全出口不应少于两个。严禁使用液化石油气；应设置机械防排烟设施、火灾自动报警系统和自动喷水灭火系统。

（6）严禁带入和存放易燃易爆物品。

（7）营业时严禁检修设备、电气焊、油漆粉刷等施工、维修作业。

（8）演出、放映场所的观众厅内禁止吸烟和明火照明。

（9）营业时不得超过额定人数。

（10）场所内应按《建筑灭火器配置设计规范》（GB 50140—2005）配置灭火器材，设置报警电话，保证消防设施、设备完好有效。

3.3.5 课后作业

【理论思考题】

1. 装修中常见的吸音、隔音材料有哪些？
2. KTV 包房灯光设计中需要注意哪些地方？
3. KTV 包房施工中的防火要求是怎么规定的？

【实训题】

1. 参观施工现场。
2. 工程案例仿真操作。

课题4 玻璃幕墙施工技术

3.4.1 学习目标

<table>
<tr><td>

知识点

1. 掌握现场测量的基本方法
2. 了解常用的施工机具
3. 了解玻璃等选用材料的性能特点

</td><td>

技能点

1. 放线定位，测量放样
2. 上部承重钢构安装
3. 下部和侧边边框安装
4. 玻璃安装就位并注密封胶
5. 表面清洁和验收

</td></tr>
</table>

3.4.2 相关知识

近年来，玻璃幕墙近年发展很快，它具有独特的艺术效果。使用玻璃幕墙的建筑物具有挺拔、美观、高雅的风格。设计和安装时要考虑建筑造型和建筑结构多方面的性能要求，如力学（承载力、刚度和稳定性）、防水、隔热、气密、防火、抗震和避雷等性能。

3.4.3 学习情境（施工前技术与机具准备）

一、任务要求

1. 技术资料收集

现场土建设计资料收集和土建结构尺寸测量。由于土建施工时可能会有一些变动，实际尺寸不一定都与设计图纸符合。全玻璃幕墙对土建结构相关的尺寸要求较高。所以在设计前必须到现场量测，取得第一手资料数据。然后才能根据业主要求绘制切实可行的幕墙分隔图。对于有大门出入口的部位，还必须与制作自动旋转门、全玻璃门的单位配合，使玻璃幕墙在门上和门边都有可靠的收口。同时也需满足自动旋转门的安装和维修要求。

2. 设计和施工方案确定

在对玻璃幕墙进行设计分隔时，除要考虑外形的均匀美观以外，还应注意尽量减少玻璃的规格型号。由于各类建筑的室外设计都不尽相同，对有室外大雨棚、行车坡道等项目，更应注意协调好总体施工顺序和进度，防止由于其他室外设施的建设，影响吊车行走和玻璃幕墙的安装。在正式施工前，还应对施工范围的场地进行整平填实，做好场地的清理，保证吊车行走畅通。

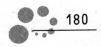

二、任务实施

（一）施工准备

1. 主要材料质量检查

（1）玻璃的尺寸规格是否正确，特别要注意检查玻璃在储存、运输过程中有无受到损伤，发现有裂纹、崩边的玻璃决不能安装，并应立即通知工厂尽快重新加工补充。

（2）金属结构构件的材质是否符合设计要求，构件是否平直，加工尺寸、精度、孔洞位置是否满足设计要求。要刷好第一道防锈漆，所有构件编号要标注明显。

2. 主要施工机具检查

（1）玻璃吊装和运输机具及设备的检查，特别是对吊车的操作系统和电动吸盘的性能检查。

（2）各种电动和手动工具的性能检查。

（3）预埋件的位置与设计位置偏差不应大于20mm。

3. 搭脚手架

由于施工程序中的不同需要，施工中搭建的脚手架需满足不同的要求。

（1）放线和制作承重钢结构支架时，应搭建在幕墙面玻璃的两侧，方便工人在不同位置进行焊接和安装等作业。

（2）安装玻璃幕墙时，应搭建在幕墙的内侧。要便于玻璃吊装斜向伸入时不碰脚手架，又要使站立在脚手架上下各部位的工人都能很方便地能握住手动吸盘，协助吊车使玻璃准确就位。

（3）玻璃安装就位后注胶和清洗阶段，这时需在室外另行搭建一排脚手架，由于全玻璃幕墙连续面积较大，使室外脚手架无法与主体结构拉接，所以要特别注意脚手架的支撑和稳固，可以用地锚、缆绳和用斜撑的支柱拉接。施工中各操作层高度都要铺放脚手板，顶部要有围栏，脚手板要用铁丝固定。在搭建和拆除脚手架时要格外小心，不能从高处向下抛扔钢管和扣件，防止损坏玻璃。

（二）放线定位

放线是玻璃幕墙安装施工中技术难度较大的一项工作，除了要充分掌握设计要求外，还需具备丰富的工作经验。因为有些细部构造处理在设计图纸中并未十分明确交代，而是留给操作人员结合现场情况具体处理，特别是玻璃面积较大，层数较多的高层建筑玻璃幕墙，其放线难度更大一些。

1. 测量放线

（1）幕墙定位轴线的测量放线必须与主体结构的主轴线平行或垂直，以免幕墙施工和室内外装饰施工发生矛盾，造成阴阳角不方正和装饰面不平行等缺陷。

（2）要使用高精度的激光水准仪、经纬仪，配合用标准钢卷尺、重锤、水平尺等复核。对高度大于7m的幕墙，还应反复2次测量核实，以确保幕墙的垂直精度。要求上、下中心线偏差小于1～2mm。

（3）测量放线应在风力不大于4级的情况下进行，对实际放线与设计图之间的误差应进行调整、分配和消化，不能使其积累。通常以利用适当调节缝隙的宽度和边框的定位来解决。如果发现尺寸误差较大，应及时反映，以便采取重新制作一块玻璃或其他方法合理解决。

2. 放线定位

全玻璃幕墙是直接将玻璃与主体结构固定，那么应首先将玻璃的位置弹到地面上，然后再根据外缘尺寸确定锚固点。

（三）上部承重钢构安装

（1）注意检查预埋件或锚固钢板的牢固，选用的锚栓质量要可靠，锚栓位置不宜靠近钢筋混凝土构件的边缘，钻孔孔径和深度要符合锚栓厂家的技术规定，孔内灰渣要清吹干净。

（2）每个构件安装位置和高度都应严格按照放线定位移设计图纸要求进行。最主要的是承重钢横梁的中心线必须与幕墙中心线相一致，并且椭圆螺孔中心要与设计的吊杆螺栓位置一致。

（3）内金属扣夹安装必须通顺平直。要用分段拉通线校核，对焊接造成的偏位要进行调直。外金属扣夹要按编号对号入座试拼装，同样要求平直。内外金属扣夹的间距应均匀一致，尺寸符合设计要求。

（4）所有钢结构焊接完毕后，应进行隐蔽工程质量验收，请监理工程师验收签字，验收合格后再涂刷防锈漆。

（四）下部和侧边边框安装

要严格按照放线定位和设计标高施工，所有钢结构表面和焊缝刷防锈漆。将下部边框内的灰土清理干净。在每块玻璃的下部都要放置不少于两块氯丁橡胶垫块，垫块宽度同槽口宽度，长度不应小于100mm。

（五）玻璃安装就位

1. 玻璃吊装

大型玻璃的安装是一项十分细致、精确的整体组织施工，施工前要检查每个工位的人员到位，各种机具工具是否齐全正常，安全措施是否可靠。高空作业的工具和零件要有工具包和可靠放置，防止物件坠落伤人或击破玻璃。待一切检查完毕后方可吊装玻璃。如图3-4-1所示。

图3-4-1 某大型玻璃幕墙施工现场

（1）再一次检查玻璃的质量，尤其要注意玻璃有无裂纹和崩边，吊夹铜片位置是否正确。用干布将玻璃的表面浮灰抹净，用记号笔标注玻璃的中心位置。

（2）安装电动吸盘机。电动吸盘机必须定位，左右对称且略偏玻璃中心上方，使起吊后的玻璃不会左右偏斜，也不会发生转动。

（3）试起吊。电动吸盘机必须定位，然后应先将玻璃试起吊，将玻璃吊起2～3cm，以检查各个吸盘是否都牢固吸附玻璃。

（4）在玻璃适当位置安装手动吸盘、拉缆绳索和侧边保护胶套。玻璃上的手动吸盘可使在玻璃就位时，在不同高度工作的工人都能用手协助玻璃就位。拉缆绳索是为了玻璃在起吊、旋转、就位时，工人能控制玻璃的摆动，防止玻璃受风力和吊车转动发生失控。

（5）在要安装玻璃处上下边框的内侧粘贴低发泡间隔方胶条，胶条的宽度与设计的胶缝宽度相同。粘贴胶条时要留出足够的注胶厚度。

2. 玻璃的安装

（1）吊车将玻璃移近就位后，使玻璃对准位置慢慢靠近。

（2）上层工人要把握好玻璃，防止玻璃在升降移位时碰撞钢架。待下层各工位工人都能把握住手动吸盘后，可将拼缝一侧的保护胶套摘去。利用吊挂电动吸盘的手动倒链将玻璃慢慢吊高，使玻璃下端超出下部边框少许。此时，下部工人要及时将玻璃轻轻拉入槽口，并用木板隔挡，防止与相邻玻璃碰撞。另外，有工人用木板依靠玻璃下端，保证在倒链慢慢下放玻璃时，玻璃能被放入到底框槽口内，要避免玻璃下端与金属槽口磕碰。

（3）玻璃定位。安装好玻璃吊夹具，吊杆螺栓应放置在标注在钢横梁上的定位位置。反复调节杆螺栓，使玻璃提升和正确就位。第一块玻璃就位后要检查玻璃侧边的垂直度，以后就位的玻璃只需检查与已就位好的玻璃上下缝隙是否相等，且符合设计要求。

（4）安装上部外金属夹扣后，填塞上下边框外部槽口内的泡沫塑料圆条，使安装好的玻璃有临时固定。

（六）注密封胶

（1）所有注胶部位的玻璃和金属表面都要用丙酮或专用清洁剂擦拭干净，不能用湿布和清水擦洗，注胶部位表面必须干燥。

（2）沿胶缝位置粘贴胶带纸带，防止硅胶污染玻璃。

（3）要安排受过训练的专业注胶工施工，注胶时应内外双方同时进行，注胶要匀速、匀厚，不夹气泡。

（4）注胶后用专用工具刮胶，使胶缝呈微凹曲面。

（5）注胶工作不能在风雨天进行，防止雨水和风沙侵入胶缝。另外，注胶也不宜在低于 5℃ 的低温条件下进行，温度太低胶液会发生流淌、延缓固化时间，甚至会影响拉伸强度。严格遵照产品说明书要求施工。

（6）耐候硅酮嵌缝胶的施工厚度应介于 3.5～4.5mm 之间，太薄的胶缝对保证密封质量和防止雨水不利。

（7）胶缝的宽度通过计算确定，最小宽度为 6mm，常用宽度为 8mm，对受风荷载较大或地震设防要求较高时，可采用 10mm 或 12mm。

（8）结构硅酮密封胶必须在产品有效期内使用，施工验收报告要有产品证明文件和记录。

三、质量保证

（一）表面清洁和验收

（1）将玻璃内外表面清洗干净。

（2）再一次检查胶缝并进行必要的修补。

（3）整理施工记录和验收文件，积累经验和资料。

（二）保养和维修

现在全玻璃幕墙使用的材料都有一定的有效期，在平常使用中还应定期观察和维护，所以在验收交工后，使用单位最好能制定幕墙的保养和维修计划，并与有关公司签订合同。

（1）应根据幕墙的积灰涂污程度，确定清洗幕墙的次数和周期，每年至少清洗一次。

（2）清洗幕墙外墙面的机械设备（如清洁机或吊篮），应有安全保护装置，不能擦伤幕墙墙面。

（3）不得在 4 级以上风力和大雨天进行维护保养工作。

（4）如发现密封胶脱落或破损，应及时修补或更换。

（5）要定期到吊顶内检查承重钢结构，如有锈蚀应除锈补漆。

（6）当发现玻璃有松动时，要及时查找原因和修复或更换。

（7）当发现玻璃出现裂纹时，要及时采取临时加固措施，并应立即安排更换，以免发生重大伤人事故。

（8）当遇台风、地震、火灾等自然灾害时，灾后对玻璃幕墙进行全面检查。

（9）玻璃幕墙在正常使用情况下，每 5 年要进行一次全面检查。

3.4.4　课后作业

【理论思考题】

1. 玻璃幕墙施工时有哪些注意事项？

2. 有裂纹、崩边的玻璃为什么不能安装?

3. 玻璃幕墙的保养与维修为什么很重要?

【实训题】

1. 参观玻璃幕墙施工现场。

2. 在实训车间进行玻璃幕墙施工放样训练。

课题5 洗浴中心装修施工技术

3.5.1 学习目标

<table>
<tr><td>知识点
1. 掌握洗浴中心装修注意事项
2. 了解洗浴中心装修的常用施工机具
3. 了解洗浴中心装修施工的基本方法</td><td>技能点
1. 洗浴中心装修施工组织设计
2. 洗浴中心地面装修处理
3. 对原有建筑物的拆除改造方法
4. 竣工质量验收主要指标与方法</td></tr>
</table>

3.5.2 相关知识

近年来,随着人们生活水平的不断提高,洗浴娱乐场所也呈现多元化的发展态势,因为人们追求的不仅仅是在家中洗澡,更多的是一种精神上的享受;选择洗浴中心,也不仅仅是把其当做一个洗澡的场所,在多元化、个性化元素不断注入生活领域的今天,洗浴已不仅仅停留在单纯的清洁身体的基本需求上,休闲娱乐、商务洽谈等综合性功能已体现在现今的洗浴中心等场所中。

本课题选用某洗浴中心装修施工案例,重点对洗浴中心结构、电路、灯具安装部分进行阐述,从施工组织设计、施工方法、竣工验收等方面介绍洗浴、娱乐场所装修施工的基本方法,目的是使学生今后在此类工程的施工中做到规范地组织、有计划地开展各部分项工程的施工,及时做好各项施工准备工作,保证各种资源和劳动力的及时供应,协调与各工种之间的时间安排,保证施工的顺利进行,按期保质完成施工任务。

3.5.3 学习情境

某洗浴中心装修施工平面图和设计效果图如图3-5-1、图3-5-2所示。该工程总体面积9000m² 左右,专业涉及拆除、结构、装饰、电气、给排水、通风空调、消防、桑拿洗浴设备、防水等,需要协调配合内容多,工序多。相对于90天的工期而言,时间相对紧张,为了确保工程进度和工程质量,施工中采取如下措施。

1. 建立总体进度计划

进场施工前制订一个总体流程表,用来指导和驱动项目的运作。随着工程的进展,必须进行资金动态及进度动态管理,以保证项目在受控中进展。

在进场前对施工范围内工作分解,明确各工作具体的范围、任务等。根据工作分解结构及各活动的前后顺序、持续时间等要素制订总体流程表,同时明确各里程碑目标。

2. 装饰与水电作业交叉多

本工程需负责协调管理装饰工程、水电安装工程、消防工程、暖通工程等的施工,同时对于其他专业工程(包括综合布线等)的安装进行现场配合协调。

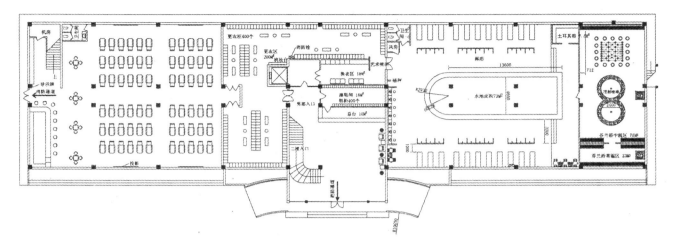

图 3-5-1　洗浴中心装修施工平面图

图 3-5-2　洗浴中心装修设计效果图

3.5.3.1　泳池、墙、地面施工

一、任务要求

（1）进度管理目标：总工期 90 天。

（2）安全文明管理目标：严格执行施工安全生产责任制，安全生产，积极做好危险区域、危险工种的安全防护工作，杜绝重大伤亡和火灾事故，力争做到安全事故发生率为零。

（3）环境保护目标：施工场地内做到目视无扬尘，无扰民投诉。

（4）服务目标：为建设单位创造精品工程以及高品质使用价值。

二、任务实施

（一）施工准备

1．图纸会审

（1）通过精装图纸的会审全面熟悉整个工程的设计意图和装饰风貌和风格的要求。

（2）施工图基本内容。设计说明、图例、物料表、设备表、平面图、立面图、剖面图、节点详图等。

（3）通过图纸会审，在施工前必须认真学习，熟悉图纸，了解设计意图及施工应达到的技术标准。

（4）通过图纸会审，进一步了解装饰设计的功能处理及艺术处理所赋予建筑师的性质、风格，与所要表达的建筑精神风貌，以保证工程质量的前提下，根据图纸涉及的各种艺术的美景问题做出重要的技术措施。

（5）图纸会审中应特别注意：施工图细部尺寸交代不清楚，造成施工困难，施工图中节点详图不全和漏注尺寸、高度，平面图与剖面图矛盾，吊顶内空调消防等机电管线布置影响到吊顶标高和天花造型，灯位布置等问题是否存在，必要进需做下综合天花布置图，必要的设计说明是否有遗漏或说明含糊不清。

（6）通过图纸会审，明确材料品牌要求，并对物料表进行核算，进行物料进场的准备工作。

（7）装饰工程范围，通过图纸会审了解建筑涉及的装饰范围及相关条件。

（8）在施工过程中，由于发现图纸中的设计与实际情况不符或施工条件材料规格、品种、质量不能完全符合设计要求或规范规定，以及提出合理建议等原因，需要进行施工图修改时，必须严格执行设计变更签证；

2. 技术交底

技术交底时间：在合同签订后，进场施工之前。

技术交底参加人员：建设单位负责人，监理工程师，本公司本工程项目经理、总工、技术负责人、施工队长。

技术交底内容：施工图交底、施工组织设计交底、分项工程技术交底、新技术交底。

建设单位组织技术交底后，由技术负责人组织班（组）工人进行交底工作。向班组交底时，要结合具体操作部位，贯彻落实施工技术措施，并指导班组明确关键部位的质量要求、操作要点及注意事项。对关键项目、部位、新技术、新材料的推广项目和部位，应细致地向班组工人进行设计交底。技术交底应做好会议记要，监理记录，会后发放给各与会单位及相关人员。

3. 安排施工临时设施

如施工用的办公室、仓库、办公设备（如电脑、电话、传真），现场临时加工场、物料堆放场地（包括水泥砂子、装饰材料、施工过程中的半成品和装饰过程中形成的废弃物分类堆放场地），施工现场临时用水、临时用电、临时消防设施、施工人员临时卫生间和其他必需的设施。接通施工用水、用电管路和线路，确定材料、设备等运输线路。

（二）游泳池砌筑施工方案

土方开挖（验槽）→砂石垫层→垫层混凝土→底板钢筋绑扎、池壁竖筋预留→池壁100高支模→底板浇混凝土→养护→池壁绑扎钢筋→池壁支模板、套管预埋→池壁浇混凝土→养护、拆模→池内侧壁、池底及池外地面装修、安装穿插施工。

1. 池坑土方开挖

2. 泳池底板施工

（1）钢筋绑扎。钢筋采用现场制作，现场绑扎，底板为双层钢层，上、下层钢筋间设ϕ18门型撑筋，撑筋脚各相反向弯80mm，间距按菱形设置，每平方米1支，底板下层筋保护层35mm，其余25mm，其他操作见施工质量计划和程序控制文件，为便于池壁模板安装，拟在离池壁1.0~1.6m距离予焊些ϕ18钢筋头伸出板底表面100mm。

（2）模板安装。四周模板采用18mm厚胶合板，配合45mm×100mm松枋以及50mm×50mm木桩等固定，池壁100mm高模板直接用45mm×100mm松枋，支撑于钢筋骨架上，竖向采用钢筋头焊接于底板上层筛上，再用14号铅丝绑牢，松枋下部需垫有25mm厚水泥垫块，模板安装后需最后检验，合符图纸尺寸后，才进入下一道工序。

（3）混凝土施工。底板混凝土采用防水混凝土，抗渗等级S6，混凝土中掺10％UEA膨胀剂；混凝土浇灌前须搭设马凳、钢管架道，禁止直接在钢筋网上铺脚手板行走，底板混凝土一次浇完，中间不间歇，注意振捣密实，底板混凝土完后养护3天，再进行池壁施工。

3. 池壁施工

（1）模板：采用18mm厚胶合板，竖向45mm×100mm松枋@500，横向两侧用2ϕ48钢管，3型扣ϕ14止水螺栓，管竖向间距600mm，螺栓水平向间距500mm，上下排相互错开，内壁模支撑可利

用予埋钢筋头靠木枋固定。

（2）钢筋：池壁钢筋在底板扎筋中已予埋竖筋，此时只需将竖筋间距调整，绑扎水平筋，水平筋均绑扎在里侧，并扎上 S 形拉筋，按竖筋的双倍间距绑扎，上下排错开，为保持壁厚 250mm 尺寸不变，可在止水穿壁螺栓上焊两根 $\phi 8$ 并与螺栓垂直的短筋，2 短筋 $\phi 8$ 的间距 250mm，或在双层钢筋网上按螺栓距离焊 250mm 长的 $\phi 14$ 筋亦可。

（3）壁与底施工缝处理：壁扎筋支模前，对池壁已浇 100mm 高度的混凝土水平面，认真进行冲刷，冲洗，模板配置时，对施工缝处，外侧留 150mm 宽活动模（类似柱模中的柱脚清扫口），待模板、钢筋安装完成，浇混凝土前 2h，再次冲洗，摆放好 BW 硅橡胶止水条后，再钉上活动侧模，随即浇混凝土，BW 止水条摆置于壁厚的中部，通圈设置，混凝土浇捣后遇水膨胀，起隔水、止水作用。

（4）混凝土浇灌：池壁混凝土浇灌前需认真冲洗施工缝处的混凝土，并按要求置放 BW 硅橡胶止水条，要全长设置，不许中断，池壁混凝土每次浇筑高度以 500～600mm 为宜，向一端推移，达到基本保水泌水后，再浇第二轮，振捣均匀，不得捣固时间过长，避免跑浆、胀模，混凝土浇完后，认真养护，特别是竖向混凝土要着重养护，拟用旧麻袋片浇湿覆盖，始终保持湿润，连续养护不少于 7 天。

4. 装修工程

装修施工前须对泳池蓄水 48h 试验，灌水后池壁外表面不得出现阴湿，每昼夜水量损耗小于每立方米 2L，以检验混凝土的抗渗效果，确不渗漏，才进行装修施工，否则需采取措施，直至不渗水为止，再进入装修。

（1）池壁、池底装修。

池底、池壁套方、打底：为找平层抹灰提供依据。

找平层：1：2 水泥防水砂浆找平层，掺 5％防水剂，最薄处 15mm 厚。

面砖结合层：采用 5mm 厚 1：2 水泥砂浆结合层。

贴泳池专用面砖，贴砖前，经弹线、分格、选砖、浸泡，特别对池角的转角砖要重点贴好。

（2）泳池外地面装修。

池内面砖贴完后再贴地面的防滑地砖，池外壁需用 20 厚 1：2 防水砂浆抹灰压光后再行回填土。

（三）洗浴中心装饰工程主要施工方法

1. 大堂、楼梯间已有石材地面清洗打蜡

原有石材地面清洗打蜡采取如下措施。

（1）扫除原有石材地面上浮尘并清洗干净。

（2）用 10％草酸溶液将石材表面污垢清除。

（3）用大力士胶掺与地面石材相同的石粉，将局部破损处修补并手工磨光。

（4）将石材表面打蜡并用石材抛光机进行打磨抛光。

2. 洗浴区域及卫生间等地砖施工方案及技术措施

（1）施工准备。

1）材料要求。

地砖：进场验收合格后，在施工前应进行挑选，将有质量缺陷的先剔除，然后将面砖按大、中、小三类挑选后分别码放在垫木上。

所有地砖的厂牌、规格、尺寸及颜色图案均应符合建设单位及设计的要求。

所有地砖均应具备出厂合格证和当地建筑材料监督检侧部门出具的产品检测报告。

地砖产品应具有质地坚硬、耐磨损、强度高、吸水率低、易清洗等特点。

所有到场地砖，不允许有裂纹、开裂和缺棱掉角的现象。在距砖面 1m 处观察，不应有斑点、起泡、麻面、硫碰、图案模糊等明显缺陷。在距砖面 1.5m 处目测应无明显色差。砖背面凸背纹的高度和凹背纹的深度均不得小于 0.5mm，以增加地砖与基层的结合力。地砖的规格尺寸允许偏差见表 3－5－1。

序号	项目	允许偏差	序号	项目	允许偏差
1	边长（mm）≤300	±2.5	4	平整度	边长的0.5%
2	边长（mm）>300	±3.0	5	边直度	边长的0.5%
3	厚度<10	±1.0	6	直角度	边长的0.6%

表 3-5-1　　　　　　　　　　　　　地砖的规格尺寸允许偏差

2）主要机具。

小水桶、半裁桶、笤帚、方尺、平锹、铁抹子、大杠、筛子、窄手推车、钢丝刷、喷壶、橡皮锤、小线、云石机、水平尺等。

3）作业条件。

墙上四周弹好+50cm水平线。地面防水层已经做完，室内墙面湿作业已经做完。楼地面垫层已经做完。板块应预先用水浸湿，并码放好，铺时达到表面无明水。

复杂地面施工前，应绘制施工大样图，并做出样板间，经检查合格后，方可大面积施工。

（2）工艺流程。

基层处理→找标高、弹线→铺找平层→弹铺砖控制线→铺砖→勾缝、擦缝→养护→踢脚板安装。

（3）操作工艺。

1）基层处理、定标高。

将基层表面的浮土或砂浆铲掉，清扫干净，有油污时，应用10%火碱水刷净，并用清水冲洗干净。

根据+50cm水平线和设计图纸找出板面标高。

2）弹控制线。

先根据排砖图确定铺砌的缝隙宽度，一般为：缸砖10mm。卫生间通体砖3mm。房间、走廊通体砖2mm。

3）铺贴瓷砖。

为了找好位置和标高，应从门口开始，纵向先铺2～3行砖，以此为标筋拉纵横水平标高线，铺时应从里向外退着操作，人不得踏在刚铺好的砖面上，每块砖应跟线。

操作程序是，铺砌前将砖板块放入半截水桶中浸水湿润，晾干后表面无明水时，方可使用。

找平层上洒水湿润，均匀涂刷素水泥浆（水灰比为0.4～0.5），涂刷面积不要过大，铺多少刷多少。

结合层的厚度：一般采用水泥砂浆结合层，厚度为10～25mm。铺设厚度以放上面砖时高出面层标高线3～4mm为宜，铺好后用大杠尺刮平，再用抹子拍实找平（铺设面积不得过大）。

结合层拌和：干硬性砂浆，配合比为1:3（体积比），应随拌随用，初凝前用完，防止影响黏结质量。干硬性程度以手捏成团，落地即散为宜。

铺贴时，砖的背面朝上抹黏结砂浆，铺砌到已刷好的水泥浆；找平层上，砖上棱略高出水平标高线，找正、找直、找方后，砖上面垫木板，用橡皮锤拍实；顺序从内往外退着铺贴，做到面砖砂浆饱满、相接紧密、结实，与地漏相接处，用云石机将砖加工成与地漏相吻合；铺地砖时最好一次铺一间，大面积施工时，应采取分段、分部位铺贴。

拨缝、修整：铺完2～3行，应随时拉线检查缝格的平直度，如超出规定应立即修整，将缝拨直，并用橡皮锤拍实。此项工作应在结合层凝结之前完成。

4）勾缝、擦缝。

面层铺贴应在24h后进行勾缝、擦缝的工作，并应采用同品种、同标号、同颜色的水泥，或用专门的嵌缝材料。

勾缝：用1:1水泥细砂浆勾缝，缝内深度宜为砖厚的1/3，要求缝内砂浆密实、平整、光滑。

随勾随将剩余水泥砂浆清走、擦净。

擦缝：如设计要求缝隙很小，则接缝应平直，在铺实修好的面层上用浆壶往缝内浇水泥浆，然后用干水泥撒在缝上，再用棉纱团擦揉，将缝隙擦满。最后将面层上的水泥浆擦干净。

5）养护。

铺完砖24h后，洒水养护，时间不应小于7天。

3．洗浴区域及卫生间等墙面陶瓷锦砖（或瓷砖）施工方案及技术措施

（1）施工准备。

1）材料要求。

水泥：32.5号普通硅酸盐水泥或矿渣硅酸盐水泥。应有出厂证明或复试单，若出厂超过3个月，应按试验结果使用。

白水泥：32.5号白水泥。

砂子：粗砂或中砂，用前过筛。

陶瓷锦砖（马赛克）：应表面平整，颜色一致，每张长宽规格一致，尺寸正确，边棱整齐，一次进场。锦砖脱纸时间不得大于40分钟。

石灰膏：应用块状生石灰淋制，淋制时必须用孔径不大于3mm×3mm的筛过滤，并储存在沉淀池中。熟化时间，常温下一般不少于15天；用于罩面时，不应少于30天。使用时，石灰膏内不得含有未熟化的颗粒和其他杂质。

生石灰粉：抹灰用的石灰膏可用磨细生石灰粉代替，其细度应通过4900孔/cm² 筛。用于罩面时，熟化时间不应小于3天。

纸筋：用白纸筋或草纸筋，使用前三周应用水浸透捣烂。使用时宜用小钢磨磨细。矿物颜料等。

2）主要机具。

磅秤、铁板、孔径5mm筛子、窗纱筛子、手推车、大桶、小水桶、平锹、木抹子、钢板抹子（1mm厚）、开刀或钢片（20mm×70mm×1mm）、铁制水平尺、方尺、靠尺板、底尺（3000～5000mm×40mm×10～15mm）、大杠、中杠、小杠、灰槽、灰勺、米厘条、毛刷、鸡腿刷子、细钢丝刷、笤帚、大小锤子、粉线包、小线、擦布或棉丝、老虎钳子、小铲、合金钢錾子、小型台式砂轮、勾缝溜子、勾缝托灰板、托线板、线坠、盒尺、钉子、红铅笔、铅丝、工具袋等。

3）作业条件。

根据设计图纸要求，按照建筑物各部位的具体做法和工程量，事先挑选出颜色一致、同规格的陶瓷锦砖，分别堆放并保管好。

预留孔洞及排水管等应处理完毕，门窗框、扇要固定好，并用1：3水泥砂浆将缝隙堵塞严实。铝合金门窗框边缝所用嵌缝材料应符合设计要求，且塞堵密实，并事先粘贴好保护膜。

脚手架或吊篮提前支搭好，最好选用双排架子（室外高层宜采用吊篮，多层亦可采用桥式架子等），其横竖杆及拉杆等应距离门窗口角150～200mm。架子的步高要符合施工要求。

墙面基层要清理干净，脚手眼堵好。

大面积施工前应先做样板，样板完成后，必须经质检部门鉴定合格后，还要经过设计、甲方、施工单位共同认定。方可组织班组按样板要求施工。

（2）工艺流程。

基层处理→吊垂直、套方、找规矩→贴灰饼→抹底子灰→弹控制线→贴陶瓷锦砖→揭纸、调缝→擦缝。

1）基层为混凝土墙面时。

基层处理：首先将凸出墙面的混凝土剔平，对大钢模施工的混凝土墙面应凿毛，并用钢丝刷满刷一遍，再浇水湿润。如果基层混凝土很光滑，亦可采用"毛化处理"的办法，即先将表面尘土、污垢清理干净，用10％火碱水将墙面的油污刷掉，随之用净水将碱液冲净、晾干。然后用1：1水泥细砂

浆内掺水重20％的108胶，喷或用笤帚将砂浆甩到墙上，其甩点要均匀，终凝后浇水养护，直至水泥砂浆疙瘩全部粘到混凝土光面上，并具有较高的强度，用手搬不动为止。

吊垂直、套方、找规矩、贴灰饼：根据墙面结构平整度找出贴陶瓷锦砖的规矩，如果是高层建筑物在外墙面全部贴陶瓷锦砖时，应在四周大角和门窗口边用经纬仪打垂直线找直；如果是多层建筑时，可从顶层开始用特制的大线坠绷铁丝吊垂直，然后根据陶瓷锦砖的规格、尺寸分层设点、做灰饼。横线则以楼层为水平基线交圈控制，竖向线则以四周大角和层间贯通柱、垛子为基线控制。每层打底时则以此灰饼做为基准点进行冲筋，使其底层灰做到横平竖直、方正。同时要注意找好突出檐口、腰线、窗台、雨篷等饰面的流水坡度和滴水线（槽）。其深宽不小于10mm，并整齐一致，而且必须是整砖。

抹底子灰：底子灰一般分二次操作，先刷一道掺水重15％的108胶水泥素浆，紧跟着抹头遍水泥砂浆，其配合比为1：2.5或1：3，并掺20％水泥重的108胶，薄薄的抹一层，用抹子压实。第二次用相同配合比的砂浆按冲筋抹平，用短杠刮平，低凹处事先填平补齐，最后用木抹子搓出麻面。底子灰抹完后，隔天浇水养护。

弹控制线：贴陶瓷锦砖前应放出施工大样，根据具体高度弹出若干条水平控制线，在弹水平线时，应计算将陶瓷锦砖的块数，使两线之间保持整砖数。如分格需按总高度均分，可根据设计与陶瓷锦砖的品种、规格定出缝子宽度，再加工分格条。但要注意同一墙面不得有一排以上的非整砖，并应将其镶贴在较隐蔽的部位。

贴陶瓷锦砖：镶贴应自上而下进行。高层建筑采取措施后，可分段进行。在每一分段或分块内的陶瓷锦砖，均为自下向上镶贴。贴陶瓷锦砖时底灰要浇水润湿，并在弹好水平线的下口上，支上一根垫尺，一般三人为一组进行操作。一人浇水润湿墙面，先刷上一道素水泥浆（内掺水重10％的108胶）；再抹2～3mm厚的混合灰粘结层，其配合比为纸筋：石灰膏：水泥＝1：1：2（先把纸筋与石灰膏搅匀过3mm筛子，再和水泥搅匀）。亦可采用1：0.3水泥纸筋灰，用靠尺板刮平，再用抹子抹平；另一人将陶瓷锦砖铺在木托板上（麻面朝上），缝子里灌上1：1水泥细砂子灰，用软毛刷子刷净麻面，再抹上薄薄一层灰浆。然后一张一张递给另一人，将四边灰刮掉，两手执住陶瓷锦砖上面，在已支好的垫尺上由下往上贴，缝子对齐，要注意按弹好的横竖线贴。如分格贴完一组，将米厘条放在上口线继续贴第二组。镶贴的高度应根据当时气温条件而定。

揭纸、调缝：贴完陶瓷锦砖的墙面，要一手拿拍板，靠在贴好的墙面上，一手拿锤子对拍板满敲一遍（敲实、敲平），然后将陶瓷锦砖上的纸用刷子刷上水，约等20～30分钟便可开始揭纸。揭开纸后检查缝子大小是否均匀，如出现歪斜、不正的缝子，应顺序拨正贴实，先横后竖、拨正拨直为止。

擦缝：粘贴后48h，先用抹子把近似陶瓷锦砖颜色的擦缝水泥浆摊放在需擦缝的陶瓷锦砖上，然后用刮板将水泥浆往缝子里刮满、刮实、刮严，再用麻丝和擦布将表面擦净。遗留在缝子里的浮砂可用潮湿干净的软毛刷轻轻带出，如需清洗饰面时，应待勾缝材料硬化后方可进行。起出米厘条的缝子要用1：1水泥砂浆勾严勾平，再用擦布擦净。

2）基层为砖墙墙面时。

基层处理：抹灰前墙面必须清扫干净，检查窗台窗套和腰线等处，对损坏和松动的部分要处理好，然后浇水润湿墙面。

吊垂直、套方、找规矩：同基层为混凝土墙面做法。

抹底子灰：底子灰一般分两次操作，第一次抹薄薄的一层，用抹子压实，水泥砂浆的配合比为1：3，并掺水泥重20％的108胶；第二次用相同配合比的砂浆按冲筋线抹平，用短杠刮平，低凹处事先填平补齐，最后用木抹子挂出麻面。底子灰抹完后，隔天浇水养护。

弹控制线、贴陶瓷锦砖、揭纸、调缝、擦缝：同基层为混凝土墙面做法。

4．墙面石材施工方案

（1）施工准备。

结构经检查验收，水电、通风、设备安装等已施工完毕，并接好加工饰面板所需的电源和水源。

弹室内外墙面水平线，室外弹±0.000线，室内弹+500mm线。

提前搭设操作架，横竖杆离窗口或墙壁面约200mm，架子高度应满足施工操作要求。

有门窗的墙面必须把门窗框立好，位置准确，并应垂直和牢固，并考虑安装大理石时尺寸有足够的留量。同时用1:3水泥砂浆将缝隙塞严实。

石材进场应堆放于室内，下垫好方木，核对数量、规格；铺贴前应预铺、配花、编号，以备正式铺贴时按号取用。

大面积施工前应先放出施工大样，并做好样板，经质检和监理确认合格，报业主、设计认可后，方可按样板组织大面积施工。

进场的石材应派专人进行验收，颜色不均匀时，应进行挑选，必须时试拼选用。

（2）工艺流程。

1）边长小于400mm，厚度在20mm以下的小规格石材，采用下述粘贴方法镶贴。

基层处理：将混凝土墙面的污垢、灰尘清理干净，用10%碱水将墙面油污刷掉，随之用清水把碱液冲净；将凸出墙面的混凝土剔平，混凝土墙面应凿毛，并用钢丝刷满刷一遍，清理干净然后浇水冲洗；等混凝土墙面干燥，将掺加水重20%建筑胶的1:1水泥细砂砂浆用笤帚甩到墙上，终凝后洒水养护，使水泥砂浆有较高的强度，与混凝土墙面粘结牢固。

吊垂直、规方、找规矩、贴灰饼、冲筋：用经纬仪或大线吊垂直，根据石材规格分层设点，按间距1600mm做灰饼，横向水平线以楼层为水平基准线交圈进行控制，竖向垂直线以大角和柱、墙垛为基准线进行控制，注意同一墙面不得有一排以上的非整块，并将其排放在较隐蔽的部位。阳角处要双面排直。

洒水湿润基层，然后涂掺水重10%建筑胶的素水泥浆一道，随刷随打底，底灰采用1:3水泥砂浆，厚度约12mm，分两遍操作，第一遍约5mm，第二遍约7mm，压实刮平，使表面平整，并将表面拉毛。

待底灰凝固后进行分块弹线，随后将已湿润的石材涂上2～3mm素水泥浆（内掺水重20%建筑胶）进行镶贴，用木锤轻轻敲击，用靠尺随时找平找直。

2）边长大于400mm、厚度在20mm以上、镶贴高度超过1m时，采用下述安装方法镶贴。

钻孔、剔槽：安装前先将饰面板用台钻钻眼。钻眼前先将石材预先固定在木架上，使钻头直对板材上端面，在缒块板的上、下两个面打眼，孔的位置打在距板宽两端1/4处，每个面各打两个眼，孔径为5mm，深度为12mm，孔位（孔中心）距石板背面以8mm为宜。如板材宽度较大时，可增加孔数。钻孔后用金钢石錾子把石板背面的孔壁轻轻剔一道槽，深5mm左右，连同孔眼形成牛鼻眼，以备埋卧钢丝之用。板的固定采用防锈金属丝绑扎。大规格的板材，中间必须增设锚固点，如下端不好拴绑金属时，可在未镶贴饰面板的一侧，用手提轻便小薄砂轮（4～5mm），按规定在板高的1/4处上、下各开一槽（槽长约30～40mm，槽深12mm，与饰面板背面打通，竖槽一般在中，也可偏外，但以不损坏外饰面和不致反碱为宜），将绑扎丝卧入槽内，便可拴绑与钢筋网（φ6钢筋）固定。

放绑扎丝：将绑扎丝（铜丝或镀锌铅丝）剪成长200mm左右，一端用木楔子粘环氧树脂将绑孔丝楔进孔内固定牢固，另一端顺槽弯曲并卧入槽内，使石材上下端面没有绑扎丝突出，以保证相邻石材接缝严密。

绑扎钢筋网：将墙体饰面部位清理干净，剔出预埋在墙内的钢筋头，焊接或绑扎φ6钢筋网片，先焊接竖向钢筋，并用预埋钢筋弯压于墙面，后焊横向钢筋，是为绑扎石材所用。如果板材高度为600mm时，第一道横筋在地面以上100mm处与竖筋绑扎牢固，用来绑扎第一层板材的下口固定绑扎丝，第二道绑扎在500mm水平线上70～80mm且比石板上口低20～30mm处，用来绑扎第一层石板上口固定绑扎丝，再往上每600mm一道横筋即可。

试拼：饰面板材颜色一致，无明显色差，经精心预排试拼，并对进场石材颜色的深浅分别进行编号，使相邻板材颜色相近，无明显色差，纹路相对应形成图案，达到令人满意的效果。

弹线：将墙面、柱面和门窗套用大线坠从上至下吊垂直。同时考虑石材的厚度、灌注砂浆的空隙和钢筋网所占的尺寸，一般石材板外皮距结构面的厚度以 50～70mm 为宜。找出垂直后，在地面上弹出石材的外廊尺寸线，此线即为第一层石材的安装基准线，编好号的石材在弹好的基准线上划出就位线，每块按设计规定留出缝隙。

安装固定：按部位取石材将其就位，石板上口外仰，右手伸入石板背面，把石板下口绑扎丝绑扎在横筋上，绑扎时不要太紧，只要把绑扎丝和横筋拴牢就可以；把石板竖起，便可绑石板上口绑扎丝，并用木楔垫稳，石板与基层间的间隙一般为 30～50mm（灌浆厚度）。用靠尺检查调整木楔，达到质量要求后再拴紧绑扎丝，如此依次向下进行。柱面按顺时针方向安装，一般先从正面开始。第一层安装固定完毕，再用靠尺板找垂直，水平尺找平整，方尺找阴阳角方正。在安装石板时如发现石板规格不准确或石板之间缝隙不符，应用铅皮固定，使石板之间缝隙一致，并保持第一层石板的上口平直。找完垂直、平整、方正后，调制熟石膏，并调成粥状的石膏贴在石板上下之间，使这两层石板粘结成一整体，木楔处也可粘结石膏，再用靠尺检查有无变形，待石膏硬化后方可灌浆。

灌浆：石材板墙面防空鼓是关键。施工时应充分湿润基层，砂浆按 1：2.5 配制，稠度控制在 80～120mm，用铁簸箕舀浆徐徐倒入，注意不要碰撞石材板，边灌边用橡皮锤轻轻敲出石板面或用短钢筋轻捣，使浇入砂浆排气。灌浆应分层分批进行，第一层浇筑高度为 150mm，不能超过石板高度1/3；第一层灌浆很重要，既要锚固石板的下口绑扎丝又要固定石板，所以必须轻轻地小心操作，防止碰撞和猛灌。如发现石板外移错位，应立即拆除重新安装。第一次灌浆后待 1～2h，等砂浆初凝后应检查一下是否有移动，确定无误后，进行第二层灌浆，第二层灌浆高度为 200～300mm，待初凝后再灌第三层，第三层灌至低于板上口 50～100mm 处为止。但必须注意防止临时固定石板的石膏块掉入砂浆内，避免因石膏膨胀导致外墙面泛白、泛浆。

擦缝：板材安装前宜在板材背面刮一道掺水泥重 5％建筑胶的素水泥浆，这样在板材背面形成一道防水层，防止雨水渗入板内。石板安装完毕，缝隙必须在擦缝前清理干净，尤其注意固定石材的石膏渣不得留在缝隙内，然后用与板色相同的颜色调制纯水泥浆擦缝，使缝隙密实、干净、颜色一致。也可在缝隙两边的板面上先粘贴一层胶带纸，用密封胶嵌板缝隙，扯掉胶带纸后形成一道凸出板面1mm 的密封胶线缝，使缝隙既美观又防水。

柱子贴面：安装柱面石材板，其基层处理、弹线、钻眼、绑扎钢筋和安装等施工工序流程与镶贴墙面方法相同。但应注意灌浆前用木方钉成槽形木卡子，双面卡住石板，以防灌浆时石板外胀。

清理墙面：石材板安装完要及时进行清理，由于板面有许多肉眼看平见的小孔，如果水泥砂浆污染表面，时间一长就不易清理掉，会形成色斑，应用酸液洗去后用清水充分冲洗干净，以达到美观的效果。

三、质量保证

（一）砖面质量标准

砖面层采用陶瓷地砖应在结合层上铺设。

有防腐蚀要求的砖面层采用的耐酸瓷砖、浸渍沥青砖、缸砖的材质、铺设以及施工质量验收应符合现行国家标准《建筑防腐蚀工程施工及验收规范》（GB 50212）的规定。

在水泥砂浆结合层上铺贴陶瓷地砖面层时，应符合下列规定。

在铺贴前，应对砖的规格尺寸、外观质量、色泽等进行预选，浸水湿润晾干待用。勾缝和压缝应采用同品种、同强度等级、同颜色的水泥，并做养护和保护。

1. 主控项目

（1）面层所用的板块的品种、质量必须符合设计要求。检验方法：观察检查和检查材质合格证明文件及检测报告。

（2）面层与下一层的结合（粘结）应牢固，无空鼓。检验方法：用小锤轻击检查。

2．一般项目

（1）砖面层的表面洁净，图案清晰，色泽一致，接缝平整，深浅一直，周边顺直。板块无裂纹、掉角和缺楞等缺陷。检验方法：观察检查。

（2）面层邻接处的镶边用料及尺寸应符合设计要求，边角整齐、光滑。地砖留缝宽度、深度、勾缝材料颜色符合设计要求及规范有关规定。检验方法：观察和用钢尺检查。

（3）踢脚线表面应洁净，高度一致、结合牢固、处墙厚度一致。检验方法：观察和用小锤轻击及钢尺检查。

（4）楼梯踏步和台阶板块的缝隙宽度应一致，齿角整齐；楼梯梯段相邻踏步高度差不应大于10mm；防滑条顺直。检验方法：观察和用钢尺检查。

（5）面层表面的坡度应符合设计要求，不倒泛水、无积水；与地漏、管道接合处应严密牢固，无渗漏。检验方法：观察、泼水或坡度尺及蓄水检查。

砖面层的允许偏差详见表3-5-2。

表3-5-2   砖 面 层 的 允 许 偏 差

项次	项目	允许偏差（mm）	检验方法
1	表面平整度	2.0	用2m靠尺和楔形塞尺检查
2	缝格平直	3.0	拉5m线和用钢尺检查
3	接缝高低差	0.5	用钢尺和楔形塞尺检查
4	踢脚线上口平直	3.0	拉5m线和用钢尺检查
5	板块间隙宽度	2.0	用钢尺检查

3．成品保护

在铺贴板块操作过程中，对已安装好的门框、管道都要加以保护，如门框钉装保护铁皮，运灰车采用窄车等。

切割地砖时，不得在刚铺贴好的砖面层上操作。

刚铺贴砂浆抗压强度达1.2MPa时，方可上人进行操作，但必须注意油漆、砂浆不得存放在板块上，铁管等硬器不得碰坏砖面层。喷浆时要对面层进行覆盖保护。

4．应注意的质量问题

（1）板块空鼓：基层清理不净、撒水湿润不均、砖未浸水、水泥浆结合层刷的面积过大、风干后起隔离作用、上人过早影响粘结层强度等因素都是导致空鼓的原因。

（2）板块表面不洁净：主要是做完面层之后，成品保护不够，油漆桶放在地砖上、在地砖上拌和砂浆、刷浆时不覆盖等，都造成层面被污染。

（3）有地漏的房间倒坡：做找平层砂浆时，没有按设计要求的泛水坡度进行弹线找坡。因此必须在找标高，弹线时找好坡度，抹灰饼和标筋时，抹出泛水。

（4）地面铺贴不平，出现高低差：对地砖未进行预先选挑，砖的薄厚不一致造成高低差，或铺贴时未严格按水平标高线进行控制。

（5）地面标高错误：多出现在卫生间。原因是防水层过厚或结合层过厚。

（6）卫生间泛水过小或局部倒坡：地漏安装过高或+50cm线不准。

（二）洗浴区域及卫生间等墙面陶瓷锦砖施工质量标准

1．主控项目

陶瓷锦砖的品种、规格、颜色、图案必须符合设计要求和现行标准的规定。

陶瓷锦砖镶贴必须牢固，无歪斜、缺楞、掉角和裂缝等缺陷。

2．一般项目

（1）表面：平整、洁净，颜色协调一致。

（2）接缝：填嵌密实、平直，宽窄一致，颜色一致，阴阳角处的砖压向正确，非整砖的使用部位适宜。

（3）套割：用整砖套割吻合，边缘整齐；墙裙、贴脸等突出墙面的厚度一致。

（4）坡向、滴水线：流水坡向正确；滴水线顺直。

瓷砖表面、接缝、套割的允许偏差详见表3-5-3。

表3-5-3　　　　　　　　表面、接缝、套割的允许偏差

序　号	检 查 项 目	允许偏差（mm）	检 查 方 法
1	陶瓷锦砖室内	2	
	室外	3	
2	表面平整	2	用2m靠尺和塞尺检查
3	阳角方正	2	用20cm方尺和塞尺检查
4	接缝平直	2	拉5m小线和尺量检查
5	墙裙上口平直室内	0.5	
	室外	1	拉5m小线和尺量检查

3．成品保护

镶贴好的陶瓷锦砖墙面，应有切实可靠的防止污染的措施；同时要及时清擦干净残留在门窗框、扇上的砂浆。特别是铝合金门窗框、扇，事先应粘贴好保护膜，预防污染。

各抹灰层在凝结前应防止风干、暴晒、水冲、撞击和振动。

少数工种（水电、通风、设备安装等）的各种活应做在陶瓷锦砖镶贴之前，防止损坏面砖。

拆除架子时注意不要碰撞墙面。

4．应注意的质量问题

（1）因冬季气温低，砂浆受冻，到来年春天化冻后因陶瓷锦砖背面比较光滑容易发生脱落。因此在进行镶贴陶瓷锦砖操作时，应保持正温，室外陶瓷锦砖不宜冬季施工。

（2）基层表面偏差较大，基层处理或施工不当，如每层抹灰跟的太紧；陶瓷锦砖勾缝不严，又没有洒水养护，各层之间的粘结强度很差，面层就容易产生空鼓、脱落。

（3）砂浆配合比不准，稠度控制不好，砂子含泥量过大；或在同一施工面上，采用几种不同配合比的砂浆，因而产生不同的干缩，也会造成空鼓。应认真严格按照工艺标准操作，重视基层处理和自检工作，发现空鼓的应随即返工重贴。整间或独立部位宜一次完成。

（4）分格缝不匀，墙面不平整：主要是施工前没有认真按图纸尺寸去核对结构施工的实际情况，施工时对基层处理又不够认真；同时贴灰饼控制点少，故造成墙面不平整。由于弹线排砖不细，每张陶瓷锦砖的规格尺寸不一致，施工中选砖不细、操作不当等，造成分格缝不匀。应把选好相同尺寸的陶瓷锦砖镶贴在一面墙上，非整砖甩活应设专人处理。

（5）阴阳角不方正：主要是打底子灰时，不按规矩去吊直、套方、找规矩所致。

（6）墙面污染：主要是勾完缝后砂浆没有及时擦净，或由于其他工种和工序造成墙面污染等。可用棉丝蘸稀盐酸刷洗，然后用清水冲净。

（三）洗浴区域及卫生间等墙面瓷砖施工质量标准

1．主控项目

（1）饰面砖的品种、规格、级别、颜色、图案必须符合设计要求。检验方法：观察；检查产品合格证书、进场验收记录、性能检测报告和复验报告。

（2）饰面砖粘贴工程的找平、防水、粘结和勾缝材料及施工方法应符合设计要求及国家现行产品

标准和工程技术标准的规定。检验方法：检查产品合格证书、复验报告和隐蔽工程验收记录。

（3）饰面砖粘贴必须牢固。检验方法：检查样板件粘结强度检测报告和施工记录。

（4）满粘法施工的饰面砖工程应无空鼓、裂缝。检验方法：观察；用小锤轻击检查。

2．一般项目

（1）饰面砖工程表面应表面平整、洁净、色泽一致，无裂痕和缺损。检验方法：观察。

（2）阴阳角出搭接方式、非整砖使用部位应符合设计要求。检验方法：观察。

（3）墙面突出物周围的饰面砖应采用整砖套割吻合，尺寸正确，边缘整齐。墙裙、贴脸突出墙面厚度应一致。检验方法：观察；尺量检查。

（4）饰面砖接缝应平直、光滑，填嵌应连续、密实；宽度和深度应符合设计要求。检验方法：观察；尺量检查。

（5）有排水要求的部位应做滴水线（槽）。滴水线（槽）应顺直，流水坡向应正确，坡度应符合设计要求。检验方法：观察；用水平尺检查。

贴瓷砖（饰面砖）工程表面允许偏差详见表3-5-4。

表3-5-4　　　　　　　　　　饰面砖工程表面允许偏差

项　次	项　目	允许偏差（mm）	检　验　方　法
1	立面垂直度	2	用2m垂直检测尺检查
2	表面平整度	3	用2m靠尺和塞尺检查
3	阴阳角方正	3	用直角检测尺检查
4	接缝直线度	2	拉5m线，不足5m拉通线，用钢直尺检查
5	接缝高低差	0.5	用钢直尺和塞尺检查
6	接缝宽度	1	用钢直尺检查

3．成品保护

同镶贴好的陶瓷锦砖墙面的保护内容。

4．应注意的质量问题

同陶瓷锦砖墙面应注意的质量问题内容。

（四）墙面石材施工质量标准

1．主控项目

（1）饰面板及其嵌缝材料的品种、规格、等级、颜色及性能等应符合设计要求。检验方法：观察；检查产品合格证、进场检验记录和性能检测报告。

（2）石材板安装开孔、槽的位置、数量和尺寸，开孔、槽的壁厚应符合设计要求。检验方法：观察；尺量检查。

（3）饰面板安装工程的预埋件（或后置件）、连接件的数量、规格、位置、连接方法和防腐、防锈、防火处理必须符合设计要求。后置件的现场拉拔强度必须符合设计要求，饰面板安装必须牢固。检验方法：观察、尺量和手扳检查；检查进场检验记录、现场拉拔性能检测报告、隐蔽工程检查记录。

（4）饰面板接缝、嵌缝做法应符合设计要求。检验方法：观察、检查施工记录。

（5）饰面板排列应符合设计要求，应尽量使饰面板排列合理、整齐、美观，非整砖宜排在不明显处。检验方法：观察。

2．一般项目

（1）饰面板表面应平整、洁净、色泽均匀，无划痕、磨痕、翘曲、裂缝和缺损。检验方法：观察。

（2）饰面板上的孔洞套割应尺寸正确，边缘整齐、方正，与电器口盖交接严密、吻合。检验方法：观察。

（3）饰面板接缝应平直、光滑、宽窄一致、纵横交缝处无明显错台错位；若使用嵌缝材料，填嵌应连续、密实；宽度、深度、颜色应符合设计要求。密缝饰面板无明显缝隙，缝线平直。检验方法：观察。

（4）采用湿作业法施工的石材板，施工前宜对石材板进行防碱背涂处理，将石材板背面及侧面均匀涂刷防护剂，石材板饰面工程表面应无泛碱、水渍现象。石材板与基体之间的灌注材料应饱满、密实。检验方法：观察；用小锤轻击检查；检查产品合格证、隐蔽工程检查记录。

饰面板安装的允许偏差和检验方法应符合表3-5-5的规定。

表3-5-5　　　　　　　　　饰面板安装的允许偏差和检验方法

项次	项目	允许偏差（mm）			检验方法
		光面	剁斧石	蘑菇石	
1	立面垂直度	2	3	3	用2m垂直检测尺检查
2	表面平整度	1	3	—	用2m靠尺和塞尺检查
3	阴阳角方正	2	4	4	用直角检测尺检查
4	接缝直线度	1	4	4	拉5m线，不足5m拉通线，用钢直尺检查
5	墙裙、勒脚上口直线度	1	3	3	拉5m线，不足5m拉通线，用钢直尺检查
6	接缝高低差	0.5	3	—	用钢直尺和塞尺检查
7	接缝宽度	1	2	2	用钢直尺检查

四、课后作业

【理论思考题】

1. 洗浴中心装修施工有哪些内容？
2. 墙面石材施工主控质量标准有哪些？
3. 泳池底板施工的主要方法有哪些？

【实训题】

参观洗浴中心施工现场。

3.5.3.2　线槽配线安装施工

某洗浴中心电路设计施工图如图3-5-3所示。

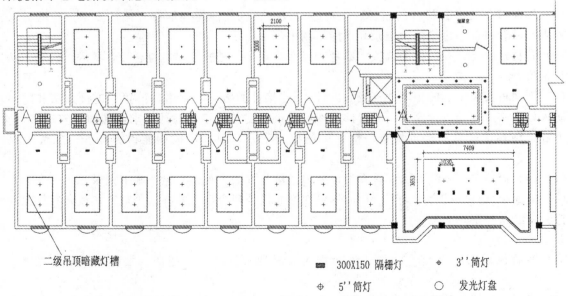

二级吊顶暗藏灯槽

▬ 300×150 隔栅灯　　　⊕ 3''筒灯

⊕ 5''筒灯　　　○ 发光灯盘

图3-5-3　某洗浴中心电路设计施工图

一、相关知识

1. 材料要求

金属线槽及其附件：应采用经过镀锌处理的定型产品。其型号、规格应符合设计要求。线槽内外应光滑平整，无棱刺，不应有扭曲，翘边等变形现象。

绝缘导线：其型号、规格必须符合设计要求，并有产品合格证。

2. 主要机具

铅笔、卷尺、线坠、粗线袋、锡锅、喷灯。电工工具、手电钻、冲击钻、兆欧表、万用表、工具袋、工具箱、高凳等。

二、任务实施

（1）弹线定位：根据设计图确定出进户线、盒、箱、柜等电气器具的安装位置，从始端至终端（先干线后支线）找好水平或垂直线，用粉线袋沿墙壁、顶棚和地面等处，在线路的中心线进行弹线，按照设计图要求及施工验收规范规定，分匀档距并用笔标出具体位置。

（2）预留孔洞：根据设计图标注的轴线部位，将预制加工好的木质或铁制框架，固定在标出的位置上，并进行调直找正，待现浇混凝土凝固模板拆除后，拆下框架，并抹平孔洞口（收好孔洞口）。

（3）支架与吊架：

1）支架与吊架安装要求。

支架与吊架所用钢材应平直，无显著扭曲。下料后长短偏差应在 5mm 范围内，切口处应无卷边、毛刺。

钢支架与吊架应焊接牢固，无显著变形、焊缝均匀平整，焊缝长度应符合要求，不得出现裂纹、咬边、气孔、凹陷、漏焊、焊漏等缺陷。

支架与吊架应安装牢固，保证横平竖直，在有坡度的建筑物上安装支架与吊架应与建筑物有相同坡度。

支架与吊架的规格一般不应小于扁铁 30mm×3mm；扁钢 25mm×25mm×3mm。

严禁用电气焊切割钢结构或轻钢龙骨任何部位，焊接后均应做防腐处理。

万能吊具应采用定型产品，对线槽进行吊装，并应有各自独立的吊装卡具或支撑系统。

固定支点间距一般不应大于 1.5～2m。在进出接线盒、箱、柜、转角、转弯和变形缝两端及丁字接头的三端 500mm 以内应设置固定支持点。

支架与吊架距离上层楼板不应小于 150～200mm；距地面高度不应低于 100～150mm。

严禁用木砖固定支架与吊架，轻钢龙骨上敷设线槽应各自有单独卡具吊装或支撑系统，吊杆直径不应小于 5mm；支撑应固定在主龙骨上，不允许固定在辅助龙骨上。

2）预埋吊杆、吊架。

采用直径不小于 5mm 的圆钢，经过切割、调直、煨弯及焊接等步骤制做成吊杆、吊架。其端部应攻丝以便于调整。在配合土建结构中，应随着钢筋上配筋的同时，将吊杆或吊架锚固在所标出的固定位置。在混凝土浇筑时，要留有专人看护以防吊杆或吊架移位。拆模板时不得碰坏吊杆端部的丝扣。

（4）预埋铁：自制加工尺寸不应小于 120mm×60mm×6mm；其锚固圆钢的直径不应小于 5mm。紧密配合土建结构的施工，将预埋铁的平面放在钢筋网片下面，紧贴模板，可以采用绑扎或焊接的方法将锚固圆钢固定在钢筋网上。模板拆除后，预埋铁的平面应明露、或吃进深度一般在 10～20mm，再将用扁钢或角钢制成的支架、吊架焊在上面固定。

（5）钢结构：可将支架或吊架直接焊在钢结构上的固定位置处。也可利用万能吊具进行安装。

（6）金属膨胀螺栓安装：

1）金属膨胀螺栓安装要求。

适用于 C5 以上混凝土构件及实心砖墙上，不适用于空心砖墙。

钻孔直径的误差不得超过＋0.5～－0.3mm；深度误差不得超过＋3mm；钻孔后应将孔内残存的碎

屑清除干净。螺栓固定后，其头部偏斜值不应大于2mm。螺栓及套管的质量应符合产品的技术条件。

2）金属膨胀螺栓安装方法。

首先沿着墙壁或顶板根据设计图进行弹线定位，标出固定点的位置。

根据支架式吊架承受的荷重，选择相应的金属膨胀螺栓及钻头，所选钻头长度应大于套管长度。

打孔的深度应以将套管全部埋入墙内或顶板内后，表现平齐为宜。

应先清除干净打好的孔洞内的碎屑，然后再用木锤或垫上木块后，用铁锤将膨胀螺栓敲进洞内，应保证套管与建筑物表面平齐，螺栓端都外露，敲击时不得损伤螺栓的丝扣。

埋好螺栓后，可用螺母配上相应的垫圈将支架或吊架直接固定在金属膨胀螺栓上。

（7）线槽安装：

1）线槽安装要求。

线槽应平整，无扭曲变形，内壁无毛刺，各种附件齐全。线槽的接口应平整，接缝处应紧密平直。槽盖装上后应平整，无翘角，出线口的位置准确。在吊顶内敷设时，如果吊顶无法上人时应留有检修孔。不允许将穿过墙壁的线槽与墙上的孔洞一起抹死。线槽的所有非导电部分的铁件均应相互连接和跨接，使之成为一连续导体，并做好整体接地。

当线槽的底板对地距离低于2.4m时，线槽本身和线槽盖板均必须加装保护地线。2.4m以上的线槽盖板可不加保护地线。

线槽经过建筑物的变形缝（伸缩缝、沉降缝）时，线槽本身应断开，槽内用内连接板搭接，不需固定。保护地线和槽内导线均应留有补偿余量。

敷设在竖井、吊顶、通道、夹层及设备层等处的线槽应符合的有关防火要求。

2）线槽安装方法。

线槽直线段连接应采用连接板，用垫圈、弹簧垫圈、螺母紧固，接茬处应缝隙严密平齐。

线槽进行交叉、转弯、丁字连接时，应采用单通、二通、三通、四通或平面二通、平面三通等进行变通连接，导线接头处应设置接线盒或将导线接头放在电气器具内。

线槽与盒、箱、柜等接茬时，进线和出线口等处应采用抱脚连接，并用螺丝紧固，末端应加装封堵。

建筑物的表面如有坡度时，线槽应随其变化坡度。待线槽全部敷设完毕后，应在配线之前进行调整检查。确认合格后，再进行槽内配线。

（8）吊装金属线槽：

1）金属线槽吊装要求。

万能型吊具一般应用在钢结构中，如工字钢、角钢、轻钢龙骨等结构，可预先将吊具、卡具、吊杆、吊装器组装成一整体，在标出的固定点位置处进行吊装，逐件地将吊装卡具压接在钢结构上，将顶丝拧牢。

2）金属线槽吊装方法。

线槽直线段组装时，应先做干线，再做分支线，将吊装器与线槽用蝶形夹卡固定在一起，按此方法，将线槽逐段组装成形。

线槽与线槽可采用内连接头或外连接头，配上平垫和弹簧垫用螺母紧固。线槽交叉、丁字、十字应采用二通、三通、四通进行连接，导线接头处应设置接线盒式放置在电气器具内，线槽内绝对不允许有导线接头。

转弯部位应采用立上弯头和立下弯头，安装角度要适宜。出线口处应利用出线口盒进行连接，末端部位要装上封堵，在盒、箱、柜进出线处应采用抱脚连接。

（9）线槽内保护地线安装：保护地线应根据设计图要求敷设在线槽内一侧，接地处螺丝直径不应小于6mm；并且需要加平垫和弹簧垫圈，用螺母压接牢固。金属线槽的宽度在100mm以内（含100mm），两段线槽用连接板连接处（即连接板做地线时），每端螺丝固定点不少于4个；宽度在

200mm 以上（含 200mm）两端线槽用连接板连接的保护地线每端螺丝固定点不少于 6 个。

（10）线槽内配线：

1）线槽内配线要求。

线槽内配线前应消除线槽内的积水和污物。在同一线槽内（包括绝缘在内）的导线截面积总和应该不超过内部截面积的 40%。

线槽底向下配线时，应将分支导线分别用尼龙绑扎带绑扎成束，并固定在线槽底板下，以防导线下坠。

不同电压、不同回路、不同频率的导线应加隔板放在同一线槽内。下列情况时，可直接放在同一线槽内：电压在 65V 及以下；同一设备或同一流水线的动力和控制回路；照明花灯的所有回路；三相四线制的照明回路。

导线较多时，除采用导线外皮颜色区分相序外，也可利用在导线端头和转弯处做标记的方法来区分。

在穿越建筑物的变形缝时，导线应留有补偿余量。

接线盒内的导线预留长度不应超过 15cm；盘、箱内的导线预留长度应为其周长的 1/2。

从室外引入室内的导线，穿过墙外的一段应采用橡胶绝缘导线，不允许采用塑料绝缘导线。穿墙保护管的外侧应有防水措施。

2）线槽内配线方法。

清扫线槽，清扫明敷线槽时，可用抹布擦净线槽内残存的杂物和积水，使线槽内外保持清洁；清扫暗敷于地面内的线槽时，可先将带线穿通至出线口，然后将布条绑在带线一端，从另一端将布条拉出，反复多次就可将线槽内的杂物和积水清理干净。也可用空气压缩机将线槽内的杂物和积水吹出。

放线时应注意：

①放线前应先检查管与线槽连接处的护口是否齐全；导线和保护地线的选择是否符合设计图的要求；管进入盒时内外根母是否锁紧，确认无误后再放线。②放线时，先将导线抻直、捋顺，盘成大圈或放在放线架（车）上，从始端到终端（先干线，后支线）边放边整理，不应出现挤压背扣、扭结、损伤导线等现象。每个分支应绑扎成束，绑扎时应采用尼龙绑扎带，不允许使用金属导线进行绑扎。③地面线槽放线时，利用带线从出线一端至另一端，将导线放开、抻直、捋顺，削去端部绝缘层，并做好标记，再把芯线绑扎在带线上，然后从另一端抽出即可。

（11）导线连接。

导线连接的目的是使连接处的接触电阻最小，机械强度和绝缘强度均不降低。连接时应正确区分相线、中性线、保护地线，用绝缘导线的外皮颜色区分，使用仪表测试对号并做标记，确认无误后方可连接。

三、质量保证

（一）质量标准

1. 主控项目

导线及金属线槽的规格必须符合设计要求和有关规范规定，导线之间和导线对地之间的绝缘电阻值必须大于 0.5MΩ。

2. 一般项目

（1）线槽敷设：线槽应紧贴建筑物表面，固定牢靠，横平竖直，布置合理，盖板无翘角，接口严密整齐，拐角、转角、丁字连接、转弯连接正确严实，线槽内外无污染。

（2）支架与吊架安装：可用金属膨胀螺栓固定或焊接支架与吊架，也可采用万能卡具固定线槽，支架与吊架应布置合理、固定牢固、平整。

（3）线路保护：线路穿过梁、墙、楼板等处时，线槽不应被抹死在建筑物上；跨越建筑物变形缝处的线槽底板应断开，导线和保护地线均应留有补偿余量；线槽与电气器具连接严密，导线无外露现象。

（4）导线的连接：连接牢固、包扎严密、绝缘良好，不伤线芯，接头应设置在器具或接线盒内，线槽内无接头。

（5）允许偏差项目：线槽水平或垂直敷设直线部分的平直程度和垂直度允许偏差不应超过5mm。

（二）成品保护

安装金属线槽及槽内配线时，应注意保持墙面的清洁。

接、焊、包完成后，接线盒盖，线槽盖板应齐全平实，不很遗漏，导线不允许裸露在线槽之外，并防止损坏和污染线槽。

配线完成后，不得再进行喷浆和刷油。以防止导线和电气器具受到污染。

使用高凳时，注意不要碰坏建筑物的墙面及门窗等。

（三）应注重的质量问题

（1）支架与吊架固定不牢。主要原因是金属膨胀螺栓的螺母未拧紧，或者是焊接部位开焊，应及时将螺栓上的螺母拧紧，将开焊处重新焊牢；金属膨胀螺栓固定不牢，或吃墙过深或出墙过多，钻孔偏差过大造成松动，应及时修复。

（2）支架式吊架的焊接处未做防腐处理，应及时补刷遗漏处的防锈漆。

（3）保护地线的线径和压接螺丝的直径不符合要求，应全部按规范要求执行。

（4）线槽穿过建筑物的变形缝时未做处理，过变形缝的线槽应断开底板，并在变形缝的两端加以固定，保护地线和导线留有补偿余量。

（5）线槽接茬处不平齐，线槽盖板有残缺，线槽与管连接处灼护口破损遗漏，暗敷线槽未做检修人孔，应调整加以完善。

（6）导线连接时，线芯受损，缠绕圈数和倍数不符合规定要求，涮锡不饱满，绝缘层包扎不严密，应按照导线连接的要求重新进行导线连接。

（7）线槽内的导线放置杂乱无章，应将导线理顺平直，并绑扎成束。竖井内配线未做防坠落措施，应按要求予以补做。不同电压等级的线路，敷设于同一线槽内，应分开，切割钢结构或轻钢龙骨，应及时采取补救措施，进行补焊加固。

3.5.3.3 灯具安装施工

某洗浴中心灯具效果图见图3-5-4，顶面灯具安装施工图见图3-5-5。

图3-5-4 某洗浴中心灯具效果图

一、相关知识

（一）施工准备

1. 材料要求

各型灯具：灯具的型号、规格必须符合设计要求和国家标准的规定。灯内配线严禁外露，灯具配

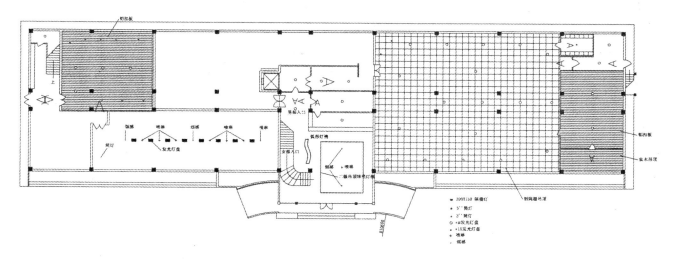

图 3-5-5　某洗浴中心顶面灯具安装施工图

件齐全，无机械损伤、变形、油漆剥落，灯罩破裂，灯箱歪翘等现象。所有灯具应有产品合格证。

灯具导线：照明灯具使用的导线其电压等级不应低于交流 500V，其最小线芯截面应符合设计要求。

吊管：采用钢管作为灯具的吊管时，钢管内径一般不小于 10mm。

吊钩：花灯的吊钩其圆钢直径不小于吊挂销钉的直径，且不得小于 6mm；吊扇的挂钩不应小于悬挂销钉的直径，且不得小于 10mm。

瓷接头：应完好无损，所有配件齐全。

支架：必须根据灯具的重量选用相应规格的镀锌材料做成支架。

灯卡具（爪子）：塑料灯卡具（爪子）不得有裂纹和缺损现象。

其他材料：胀管、木螺丝、螺栓、螺母、垫圈、弹簧、灯头铁件、铅丝、灯架、灯口、日光灯脚、灯泡、灯管、镇流器、电容器、起辉器、起辉器座、熔断器、吊盒（法兰盘）、软塑料管，自在器、吊链、线卡子、灯罩、尼龙丝网、焊锡、焊剂（松香、酒精）、橡胶绝缘带、粘塑料带、黑胶布、砂布、抹布、石棉布等。

2. 主要机具

红铅笔、卷尺、小线、线坠、水平尺、手套、安全带、扎锥、手锤、錾子、钢锯、锯条、压力案子、扁锉、圆锉、剥线钳、扁口钳、尖嘴钳、丝锥、一字改锥、十字改锥、活扳手、套丝板、电炉、电烙铁、锡锅、锡勺、台钳、台钻、电钻、电锤、射钉枪、兆欧表、万用表、工具袋、工具箱、高凳。

3. 作业条件

在结构施工中做好预埋工作，混凝土楼板应预埋螺栓，吊顶内应预下吊杆。

盒子口修好，木台、木板油漆完。

对灯具安装有影响的模板、脚手架已拆除。棚、墙面的抹灰工作、室内装饰浆活及地面清理工作均已结束。

（二）操作工艺

1. 工艺流程

检查灯具→组装灯具→安装灯具→通电试运行。

2. 灯具检查

（1）根据灯具的安装场所检查灯具是否符合要求：①在易燃和易爆场所应采用防爆式灯具；②有

腐蚀性气体及特征潮湿的场所应采用封闭式灯具,灯具的各部件应做好防腐处理;③潮湿的厂房内和户外的灯具应采用有泄水孔的封闭式灯具;④多尘的场所应根据粉尘的浓度及性质,采用封闭式或密闭式灯具;⑤灼热多尘场所(如出钢、出铁、轧钢等场所)应采用投光灯;⑥可缺受机械损伤的厂房内,应采用有保护网的灯具;⑦震动场所(如有锻锤、空压机、桥式起重机等),灯具应有防装措施(如采用吊链软性连接);⑧除开敞式外,其他各类灯具的灯泡容量在100W及以上者均应采用瓷灯口。

(2)灯内配线检查:①灯内配线应符合设计要求及有关观定;②穿入灯箱的导线在分支连接处不得承受额外应力和磨损,多股软线的端头需盘圈,涮锡;③灯箱内的导线不应过于靠近热光源,都应采取隔热措施。④使用螺灯口时,相线必须压在灯芯柱上。

(3)特征灯具检查:①各种标志灯的指示方向正确无误;②应急灯必须灵敏可靠;③事故照明灯具应有特殊标志;④供局部照明的变压器必须是双圈的,初次级均应装有熔断器;⑤携带式局部照明灯具用的导线,宜采用橡套导线,接地或接零线应在同一护套内。

3.灯具组装

(1)组合式吸顶花灯的组装。

1)首先将灯具的托板放平,如果托板为多块拼装而成,就要将所有的边框对齐,并用螺丝固定,将其连成一体,然后按照说明书及示意图把各个灯口装好。

2)确定出线和走线的位置,将端子板(瓷接头)用机螺丝固定在托板上。

3)根据已固定好的端子板(瓷接头)至各灯口的距离掐线,把掐好的导线削出线芯,盘好圈后,进行涮锡。然后压入各个灯口,理顺各灯头的相线和零线,用线卡子分别固定,并且按供电要求分别压入端子板。

(2)吊顶花灯组装。

首先将导线从各个灯口穿到灯具本身的接线盒里。一端盘圈、测锡后压入各个灯口。理顺各个灯头的相线和零线,另一端涮锡后根据相序分别连接,包扎并甩出电源引入线,最后将电源引入线从吊杆中穿出。

4.灯具安装

(1)普通灯具安装。

1)塑料(木)台的安装。将接灯线从塑料(木)台的出线孔中穿出,将塑料(木)台紧贴住建筑物表面,塑料(木)台的安装孔对准灯头盒螺孔,用机螺丝将塑料(木)台固定牢固。

2)把从塑料(木)台甩出的导线留出适当维修长度,削出线芯,然后推入灯头盒内,线芯应高出塑料(木)台的台面。用软线在接灯线芯上缠绕5~7圈后,将灯线芯折回压紧。用粘塑料带和黑胶布分层包扎紧密。将包扎好的接头调顺,扣于法兰盘内,法兰盘(吊盒、平灯口)应与塑料(木)台的中心找正,用长度小于20mm的木螺丝固定。

3)自在器吊灯安装:首先根据灯具的安装高度及数量,把吊线全部预先掐好,应保证在吊线全部放下后,其灯泡底部距地面高度为800~1100mm之间。削出线芯,然后盘圈、涮锡、砸扁。根据已掐好的吊线长度断取软塑料管,并将塑料管的两端管头剪成两半,其长度为20mm,然后把吊线穿入塑料管。把自在器穿套在塑料管上。将吊盒盖和灯口盖分别套入吊线两端,挽好保险扣,再将剪成两半的软塑料管端头紧密搭接,加热粘合,然后将灯线压在吊盒和灯口螺柱上。如为螺钉口,找出相线,并做好标记,最后按塑料(木)台安装接头方法将吊线灯安装好。

(2)日光灯安装。

1)吸顶日光灯安装。根据设计图确定出日光灯的位置,将日光灯贴紧建筑物表面,日光灯的灯箱应完全遮盖住灯头盒,对着灯头盒的位置打好进线孔,将电源线甩入灯箱,在进线孔处应套上塑料管以保护导线。找好灯头盒螺孔的位置,在灯箱的底板上用电钻打好孔,用机螺丝拧牢固,在灯箱的另一端应使用胀管螺栓加以固定。如果日光灯是安装在吊顶上的,应该用自攻螺丝将灯箱固定在龙骨上。灯箱固定好后,将电源线压入灯箱内的端子板(瓷接头)上。把灯具的反光板固定在灯箱上,并

将灯箱调整顺直,最后把日光灯管装好。

2)吊链日光灯安装。根据灯具的安装高度,将全部吊链编好,把吊链挂在灯箱挂钩上,非全在建筑物顶棚上安装好塑料(木)台,将导线依顺序编叉在吊链内,并引入灯箱,在灯箱的进线孔处应套上软塑料管以保护导线,压入灯箱内的端子板(瓷接头)内。将灯具导线和灯头盒中甩出的电源线连接,并用粘塑料带和黑胶布分层包扎紧密。理顺接头扣于法兰盘内,法兰盘(吊盒)的中心应与塑料(木)台的中心对正,用木螺丝将其拧牢固。将灯具的反光板用机螺丝固定在灯箱上,调整好灯脚,最后将灯管装好。

(3)壁灯的安装。

先根据灯具的外形选择合适的木台(板)或灯具底托把灯具摆放在上面,四周留出的余量要对称,然后用电钻在木板上开好出线孔和安装孔,在灯具的底板上也开好安装孔,将灯具的灯头线从木台(板)的出线孔中甩出,在墙壁上的灯头盒内接头,并包扎严密,将接头塞入盒内。把木台或木板对正灯头盒,贴紧墙面,可用机螺丝将木台直接固定在盒子耳朵上,如为木板就应该用胀管固定。调整木台(板)或灯具底托使其平正不歪斜,再用机螺丝将灯具拧在木台(板)或灯具底托上,最后配好灯泡,灯个或灯罩。安装在室外的壁灯,其台板或灯具底托与墙面之间应加防水胶垫,并应打好泄水孔。

(4)特殊灯具的安装。

1)行灯安装:①电压不得超过 36V;②灯体及手柄应绝缘良好,坚固耐热,耐潮湿;③灯头与灯体结合紧固,灯头应无开关;④灯泡外部应有金属保护网;⑤金属网、反光罩及悬吊挂钩,均应固定在灯具的绝缘部分上。

在特别潮湿场所或导电良好的地面上,或工作地点狭窄,行动不便的场所(如在锅炉内、金属容器内工作),行灯电压不得超过 12V。

2)携带式局部照明灯具所用的导线宜采用橡套软线,接地或接零线应在同一护套线内。

3)安装在重要场所的大型灯具的玻璃罩,应有防止其碎裂后向下溅落的措施(除设计要求外),一般可用透明尼龙丝编织的保护网,网孔的规格应根据实际情况决定。

4)金属卤化物灯(钠铊铟灯、镝灯等)安装:①灯具安装高度直在 5m 以上,电源线应经接线柱连接,并不得使电源线靠近灯具的表面;②灯管必须与触发器和限流器配套使用。

5)投光灯的底座应固定牢固,按需要的方向将驱轴拧紧固定。

6)事故照明的线路和白炽灯泡容量在 100W 以上的密封安装时,均应使用 BV—105 型的耐温线。

7)36V 及其以上照明变压器安装:①变压器应采用双圈的,不允许采用自耦变压器。初级与次级应分别在两盒内接线;②电源侧应有短路保护,其熔丝的额定电流不应大于变压器的额定电流;③外壳、铁芯和低压侧的一端或中心点均应接保护地线。

8)公共场所的安全灯应装有双灯。

9)固定在移动结构(如活动托架等)上的局部照明灯具的敷线要求:①导线的最小截面应符合表;②导线应敷于托架的内部;③导线不应在托架的活动连接处受到拉力和磨损,应加套塑料套予以保护。

5. 通电试运行

灯具、配电箱(盘)安装完毕,且各条支路的绝缘电阻摇测合格后,方允许通电试运行。通电后应仔细检查和巡视,检查灯具的控制是否灵活、准确;开关与灯具控制顺序相对应,吊扇的转向及调速开关是否正常,如果发现问题必须先断电,然后查找原因进行修复。

二、质量保证

(一)主控项目

灯具的规格、型号及使用场所必须符合设计要求和施工规范的规定。3kg 以上的灯具,必须预埋吊钩或螺栓，预埋件必须牢固可靠。低于 2.4m 以下的灯具的金属外壳部分应做好接地或接零保护。吊扇的防松装置齐全可靠，扇叶距地不应小于 2.5m。

检验方法：观察检查和检查安装记录。

（二）一般项目

（1）灯具的安装。

灯具、吊扇安装牢固端正，位置正确，灯具安装在木台的中心。器具清洁干净，吊杆垂直，吊链日光灯的双链平行、平灯口，马路弯灯、防爆弯管灯固定可靠，排列整齐。

检验方法：观察检查。

（2）导线与灯具的连接。

导线进入灯具、吊扇处的绝缘保护良好，留有适当余量。连接牢固紧密，不伤线芯。压板连接时压紧无松动，螺栓连接时，在同一端子上导线不超过两根，吊扇的防松垫圈等配件齐全。吊链灯的引下线整齐美观。

检验方法：观察、通电检查。

（3）允许偏差项目，器具成排安装的中心线允许偏差 5mm。

检验方法：拉线、尺量检查。

（三）成品保护

灯具、吊扇进入现场后应码放整齐、稳固。并要注意防潮，搬运时应轻拿轻放，以免碰坏表面的镀锌层、油漆及玻璃罩。安装灯具、吊扇时不要碰坏建筑物的门窗及墙面。灯具、吊扇安装完毕后不得再次喷浆，以防止器具污染。

（四）应注意的质量问题

（1）成排灯具、吊扇的中心线偏差超出允许范围。在确定成排灯具、吊扇的位置时，必须拉线，最好拉十字线。

（2）木台固定不牢，与建筑物表面有缝隙。木台直径在 150mm 及以下时，应用两条螺丝固定；木台直径在 150mm 以上时，应用三条螺丝成三角形固定。

（3）法兰盘、吊盒、平灯口不在塑料（木）台的中心上。其偏差超过 1.5mm。安装时应先将法兰盘、吊盒、平灯口的中心对正塑料（木）台的中心。

（4）吊链日光灯的吊链选用不当，应按下列要求进行更换：①单管无罩日光灯链长不超过 1m 时，可使用爪子链；②带罩或双管日光灯以及单管无罩日光灯链长超过 1m 时，应使用铁吊链。

（5）采用木结构明（暗）装灯具时，导线接头和普通塑料导线裸露，应采取防火措施，导线接头应放在灯头盒内或器具内，塑料导线应改用护套线进行敷设，或放在阻燃型塑料线槽内进行加固。

参 考 文 献

[1] 严金楼.建筑装饰施工技术与管理［M］.北京：中国电力出版社，2004.

[2] 黎冠明，贾鸿儒.门窗装饰施工技术［M］.北京：中国劳动和社会保障出版社，2009.

[3] 郭洪武.室内装修工程［M］.北京：中国林业出版社，2003.

[4] 张书梅.建筑装饰材料［M］.北京：机械工业出版社，2006.

[5] 汪正荣，朱国梁.简明施工手册［M］.4版.北京：中国建筑工业出版社，2005.

[6] 中国建筑工业出版社.建筑装饰装修行业最新标准法规汇编［M］.北京：中国建筑工业出版社，2002.

[7] 周耀.建筑装饰施工技术［M］.北京：化学工业出版社，2008.

[8] 付成喜，伍志强.建筑装饰施工技术［M］.电子工业出版社，2007.

[9] 姚美康.建筑装饰工程实务［M］.北京：清华大学出版社，交通大学出版社，2007.